CORNELSEN STUDIEN-BAUSTEIN WIRTSCHAFT

SUSANNE CZECH-WINKELMANN
Vertrieb
*Kundenorientierte
Konzeption und Steuerung*

Cornelsen

Die im Buch angegebenen Internetadressen entsprechen dem Stand bei Drucklegung. Da das Internet sehr schnelllebig ist, kann es sein, dass einige der angegebenen Adressen nicht mehr gültig sind. Wir können auch nicht ausschließen, dass unter einer solchen Adresse inzwischen ein ganz anderer Inhalt angeboten wird. Daher distanzieren wir uns hiermit vorsorglich von den Inhalten aller verlagsfremden Internetseiten, zu denen die in diesem Buch genannten Links führen.

Verlagsredaktion: Annette Preuß
Technische Umsetzung: Type Art, Grevenbroich
Umschlaggestaltung: Bauer + Möhring grafikdesign, Berlin

 http://www.cornelsen-berufskompetenz.de

1. Auflage   Druck 4 3 2 1   Jahr 06 05 04 03

© 2003 Cornelsen Verlag, Berlin

Das Werk und seine Teile sind urheberrechtlich geschützt. Jede Verwertung in anderen als den gesetzlich zugelassenen Fällen bedarf der vorherigen schriftlichen Einwilligung des Verlages. Hinweis zu § 52a UrhG:
Weder das Werk noch seine Teile dürfen ohne vorherige schriftliche Einwilligung des Verlages öffentlich zugänglich gemacht werden. Dies gilt auch bei einer entsprechenden Nutzung für Unterrichtszwecke!

Druck: Lengericher Handelsdruckerei

ISBN 3-464-49523-x

Bestellnummer 495230

 Gedruckt auf säurefreiem Papier,
umweltschonend hergestellt aus chlorfrei gebleichten Faserstoffen.

Inhaltsverzeichnis

1 Einführung — 7
1.1 Vertrieb – ein Instrument im Marketing-Mix — 8
1.2 Kundenorientierung als Herausforderung — 12

2 Management des Vertriebs — 15
2.1 Überblick über die Managementaufgaben der Vertriebsleitung — 16
2.2 Analyse der Vertriebssituation — 17
2.2.1 Unternehmensexterne Vertriebssituation — 18
2.2.2 Unternehmensinterne Situation — 21
2.3 Planung der Vertriebsziele — 24
2.4 Vertriebsstrategie und operative Massnahmen — 27
2.5 Der Vertriebsplan — 29
2.5.1 Kundenplan — 29
2.5.2 Vertriebsressourcenplan — 32
2.5.3 Ergebnisplan — 33
2.5.4 Erstellung des Vertriebsplans — 35
2.5.5 Praxis der Vertriebsplanung — 37

3 Organisation der Kundenbearbeitung — 41
3.1 Key-Account-Management zur Betreuung der Grosskunden — 42
3.1.1 Ziele und Aufgaben — 42
3.1.2 Stellung in der Vertriebsorganisation — 44
3.2 Kundenbetreuung in der Fläche — 47
3.2.1 Der Außendienstmitarbeiter — 48
3.2.2 Weitere Berufsbilder in der Feldorganisation — 53
3.2.3 Größe der Außendienstorganisation — 55
3.2.4 Bildung von Verkaufsbezirken — 62
3.2.5 Touren- und Routenplanung — 66

3.3	**INNENDIENST**	73
3.3.1	Aufgaben des Innendienstes	73
3.3.2	Team Innendienst – Außendienst	74
3.4	**ORGANISATION DER VERTRIEBSABTEILUNG**	76
3.4.1	Möglichkeiten der Aufbauorganisation	76
3.4.2	Effizienzsteigerung in der Ablauforganisation	82
3.5	**EINSATZ EIGENER ODER FREMDER VERTRIEBSMITARBEITER**	85
3.5.1	Ausgangssituation	85
3.5.2	Zusammenarbeit mit Handelsvertretungen	87
3.5.3	Kundenbearbeitung durch Service-Organisationen	95
4	**MANAGEMENT DER KUNDENBEZIEHUNGEN**	**99**
4.1	**KUNDENMANAGEMENT ALS PROZESS**	100
4.2	**PRE-SALES-PHASE**	105
4.2.1	Identifikation und Kontaktaufnahme	105
4.2.2	Buying Center	106
4.2.3	Kundenbedürfnisse und Qualifikation	109
4.3	**SALES-PHASE**	111
4.3.1	Angebot	112
4.3.2	Interaktion Verkäufer – Einkäufer	113
4.3.3	Vertragsabschluss	114
4.3.4	Auftragsabwicklung	114
4.4	**AFTER-SALES-PHASE**	116
4.4.1	Nachkauf-Service	116
4.4.2	Beschwerdemanagement	117
4.4.3	Kundenzufriedenheit und Kundenbindung	119
5	**FÖRDERUNG DER MITARBEITER BEI DER KUNDENBEARBEITUNG**	**125**
5.1	**MOTIVATION**	126
5.1.1	Grundlagen	127
5.1.2	Motivationsinstrumente	133
5.1.3	Thesen zur Motivation	138

5.2	**VERGÜTUNG**	139
5.2.1	Anforderungen an Vergütungssysteme	139
5.2.2	Vergütungsformen	142
5.2.3	Umstellung von Vergütungssystemen	150
5.3	**TRAINING UND SCHULUNG**	153
5.3.1	Stellenwert	153
5.3.2	Entwicklung von Trainingsprogrammen	157
5.4	**VERKAUFSGESPRÄCH**	161
5.4.1	Zentrale „Bausteine" des Verkaufsgesprächs	161
5.4.2	Aufbau des Verkaufsgesprächs	164
5.4.3	Techniken zur Gesprächsführung	167
5.4.4	Transaktions-Analyse	173
5.4.5	NLP	177
5.4.6	Nonverbale Kommunikation	180
5.5	**SALESFOLDER UND ANDERE VERKAUFSHILFEN**	184
5.5.1	Schriftliche Unterlagen für den Einsatz beim Kunden	184
5.5.2	Elektronische Verkaufshilfen	189
5.6	**COMPUTER AIDED SELLING (CAS)**	193
5.6.1	Einführung und Abgrenzung	193
5.6.2	Kernelemente eines CAS-Systems	198
5.6.3	Projektdurchführung	200
6	**KUNDEN- UND VERTRIEBSCONTROLLING**	**205**
6.1	**CONTROLLING IM VERTRIEB**	206
6.2	**KUNDEN-CONTROLLING**	207
6.2.1	Kundenstatus – Loyalitätsleiter	207
6.2.2	Kundenlebenszyklus/Customer Life Cycle (CLC)	208
6.2.3	ABC-Analyse/Multifaktoren-Analyse	209
6.2.4	Portfolio-Analyse	213
6.2.5	Kundendeckungsbeitrag	217
6.2.6	Kundenkapitalwert/Customer Lifetime Value (CLV)	218
6.2.7	Analyse der Kundenzufriedenheit	219

6.3	**CONTROLLING DER VERTRIEBSERGEBNISSE**	221
6.3.1	Berichtswesen	221
6.3.2	Kennzahlen	223
6.3.3	Vertriebsergebnisrechnung	224
6.3.4	Beurteilungen	226
6.3.5	Benchmarking und Balanced Scorecard	227
	LITERATURVERZEICHNIS	233
	ABKÜRZUNGSVERZEICHNIS	239
	STICHWORTVERZEICHNIS	240

1 Einführung

1.1	Vertrieb – ein Instrument im Marketing-Mix	8
1.2	Kundenorientierung als Herausforderung	12

1.1 Vertrieb – ein Instrument im Marketing-Mix

Zu einer Einführung in den „Vertrieb" gehört eine Definition sowie die Einordnung des Gegenstandes in den betriebswirtschaftlichen Kontext. Es erweist sich jedoch als sehr schwierig, eine Definition für „Vertrieb" zu finden, denn es ist wenig Einheitlichkeit in Bezug auf die Verwendung der verschiedenen Begriffe Marketing, Vertrieb, Verkauf und Absatz festzustellen. Dies gilt für die Aussagen in der Literatur wie auch für die Praxis der Unternehmen.

In der betriebswirtschaftlichen Literatur hat der „Vertrieb" bislang nur einen recht reduzierten Stellenwert (vgl. Pepels 2002, S. 4 f.), der seiner Bedeutung in der Praxis überhaupt nicht gerecht wird. Eine intensive Auseinandersetzung mit Definition und Einordnung des „Vertriebs" hat Winkelmann vorgenommen (vgl. Winkelmann 2000, S. 1 ff.)

Es besteht weitgehende Einigkeit darüber, dass der **„Vertrieb"** der **Distributionspolitik** zuzuordnen ist und damit neben der Produktpolitik, der Preispolitik und der Kommunikationspolitik zu den Marketing-Mix-Instrumenten zählt. (Einige Wissenschaftler betonen allerdings den kommunikativen Aspekt des Verkaufs und ordnen diesen der Kommunikationspolitik zu (vgl. Winkelmann 2000, S. 15)). Gelegentlich wird darauf hingewiesen, dass dem amerikanisch geprägten Begriff „Distributionspolitik" auch der Begriff „Vertriebspolitik" gleichgesetzt werden kann (vgl. Bruhn 1997, S. 247).

Der Vertrieb zählt zu den Marketing-Mix-Instrumenten

> Der Begriff „Vertrieb" soll hier verstanden werden als Inbegriff aller Maßnahmen, die ein Anbieter trifft, um seine Leistungen in den Verfügungsbereich der Nachfrager/der Kunden zu bringen.

Die Aufgaben des Vertriebs – also der **Vertrieb im funktionalen Sinn** – können unterschieden werden in den **akquisitorischen Vertrieb** und die **physische Distribution** oder Logistik (vgl. Nieschlag/Dichtl/Hörschgen 1997, S. 1041f.; Bruhn 1997, S. 247; Winkelmann 2000, S. 14; Specht 1998, S. 14).

Vertrieb im funktionalen Sinn

Gleichzeitig ist unter „Vertrieb" die **organisatorische Einheit** zu verstehen, „die sich aus internen Aufgabenträgern und u. U. auch Absatzhelfern zusammensetzt und die Aufgaben des Vertriebs im funktionalen Sinne erfüllt (**Vertrieb im institutionellen Sinn**)." (Nieschlag/Dichtl/ Hörschgen, 1997, S. 1083)

Vertrieb im institutionellen Sinn

Der Begriff **„Verkauf"** ist enger ausgelegt als „Vertrieb". „Verkauf" bezieht sich auf die Grundfunktion des Vertriebs, das Verkaufen. Verkauf beinhaltet die Anbahnung und Beratung (**Pre-Sales**), den Kaufvertragsabschluss einschl. Verhandlung (**Sales**) sowie auch nach dem

Kaufabschluss anfallende Tätigkeiten wie Auftragsverfolgung oder Beschwerdemanagement (**After-Sales**).

Welche Funktionen hat der Vertrieb eines Unternehmens im Einzelnen zu erfüllen? Was ist Gegenstand des Vertriebs?
    Der **akquisitorische Vertrieb** befasst sich mit der Gesamtheit der Maßnahmen, die der Anbahnung und Festigung von Kontakten zu Kunden dienen (vgl. Nieschlag/Dichtl/Hörschgen 1997, S. 1041). Diese können in die Themenkreise **Absatzwegepolitik** und **Vertriebsmanagement** unterschieden werden:

Funktionen des Vertriebs:

Akquisitorischer Vertrieb:
Absatzwegepolitik und Vertriebsmanagement

- Unter dem **Absatzweg** oder **Vertriebsweg** sind die rechtlichen und wirtschaftlichen Beziehungen sowie gegenseitige Abhängigkeiten aller beteiligten, ineinander greifenden Personen und Institutionen zu verstehen, die notwendig sind, um ein Produkt oder eine Dienstleistung den privaten oder gewerblichen Kunden verfügbar zu machen. (Es gibt eine Reihe von Synonymen für den Begriff „Absatzweg", z. B. Vertriebskanal, Vertriebsschiene, Distributionskanal, Distributionsweg oder auch marketing channel, trade channel oder distribution channel.)

  Die **Absatzwegepolitik** hat die Grundsatzentscheidungen über die Gestaltung der Absatzwege zu treffen. „Die hier gefällten Entscheidungen haben strategische Bedeutung für das Auftreten der Unternehmung im Markt" (Bruhn 1997, S. 251). **Objekte der Absatzwegepolitik** sind:

  Absatzwegepolitik:
  Strategische Marketingplanung

  - *1* die Grundsatzentscheidung, ob die Produkte **direkt und/oder indirekt vertrieben** werden, *ohne*
  - *2* die Festlegung *mit Händler* über **Einweg- oder Mehrwegabsatz** („Multi-Channel-Distribution"),
  - *3* die **Selektionsstrategie**, d. h. die strategische Entscheidung über Art und Anzahl der eingeschalteten Absatzmittler **bei indirekter Distribution**, *(exklusive Distri. / intensive Distri.)*
  - *4* der strategische **Verhaltensstil**, der **gegenüber den Absatzmittlern** eingesetzt werden soll,
  - *5* sowie die Entscheidung über den Einsatz **vertraglicher Vertriebsbindungssysteme**.

- Während die Entscheidungen in der Absatzwegepolitik der strategischen Marketingplanung zuzuordnen sind, gehören die Aufgaben des **Vertriebsmanagements** eher in den Bereich der operativen Marketingplanung. **Objekte des Vertriebsmanagements** sind:

  Vertriebsmanagement:
  Operative Marketingplanung

  - *1* die konzeptionelle und strategische Gestaltung der Vertriebsarbeit (**Vertriebskonzeption**),

2. die Gestaltung der Organisation der Vertriebsabteilung, die zur Umsetzung der Vertriebsaufgaben notwendig ist,
3. das Management der Kundenbeziehungen,
4. die Festlegung der Maßnahmen und Aktivitäten, welche die Vertriebsmitarbeiter bei der Umsetzung ihrer Aufgaben bei den Kunden unterstützen und im Sinne der Zielerreichung steuernd wirken.
5. Weiterhin das Controlling der erreichten Ergebnisse.

Die physische Distribution ist in der Praxis nicht dem Vertrieb zugeordnet

Die **physische Distribution**, die Logistik, befasst sich mit dem **Transfer von Gütern zum Abnehmer**. Dieser Aufgabenbereich ist in der Praxis nicht dem Vertrieb zugeordnet, obwohl die Vertriebsmitarbeiter, insbesondere die Key Account Manager, zunehmend in die Entwicklung und Ausgestaltung logistischer Prozesse zwischen ihrem Unternehmen und den Kunden eingeschaltet werden bzw. diese Prozesse begleiten müssen (Supply Chain Management).

Die Objektbereiche des akquisitorischen Vertriebs und seine Einordnung in die Vertriebspolitik zeigt nachfolgendes Schaubild:

Abb. 1.1:   Objektbereiche der Vertriebspolitik

Die Entscheidungen über die **Gestaltung der Distribution** und insbesondere über die Absatzwegepolitik sind äußerst **kritische Marketingentscheidungen**. Sie binden das Unternehmen **relativ langfristig** und sind meist nur, wenn überhaupt, unter (hohem) finanziellem Aufwand zu verändern oder rückgängig zu machen.

Strategiewechsel in der Absatzwegepolitik nur schwer möglich

So ist es z. B. praktisch unmöglich, von einer einmal eingeschlagenen Anpassungsstrategie gegenüber Handelsorganisationen in eine Kooperationsstrategie umzuschwenken. Auch die Entscheidung, Waren nicht mehr (indirekt) über den Handel zu vertreiben, sondern nur noch selbst direkt die Waren an die Kunden zu verkaufen, ist praktisch nicht möglich.

Insofern ist durch die Unternehmensleitung **eine Reihe von Grundsatzentscheidungen bzgl. der Absatzwegepolitik** zu treffen, welche die Konzeption des Vertriebsmanagements und die operativen Umsetzungen in der täglichen Vertriebsarbeit entscheidend beeinflussen (vgl. Czech-Winkelmann 2002, S. 29–46).

Dieses Buch befasst sich mit dem „Vertriebsmanagement" und behandelt die Themen und Aufgaben, die von der Vertriebsabteilung eines Unternehmens wahrgenommen werden, nachdem die Grundsatzentscheidungen getroffen wurden.

ZUSAMMENFASSUNG **ÜBUNG**

- Während die Bedeutung des Vertriebs in der Praxis unverkennbar ist, hat sich die Wissenschaft, von Ausnahmen abgesehen, bislang nur recht begrenzt mit diesem Themenkreis beschäftigt. Es besteht sowohl in der Literatur wie auch in der Praxis wenig Einheitlichkeit bei der Definition von Begriffen wie Marketing, Vertrieb, Verkauf oder Absatz.
- Weitgehende Einigkeit besteht darin, dass der Vertrieb der Distributionspolitik zuzuordnen ist und zu den Marketing-Mix-Instrumenten gehört.
- Die Aufgaben der Vertriebspolitik lassen sich unterscheiden in den akquisorischen Vertrieb und die physische Distribution/Logistik.
- Der akquisitorische Vertrieb wiederum beschäftigt sich mit Fragen der Absatzwegepolitik und des Vertriebsmanagements.
- Der vorliegende Studienbaustein befasst sich mit dem aquisitorischen Vertrieb und im Schwerpunkt mit den Aufgaben und Fragestellungen des Vertriebsmanagements.

> **ZUSAMMENFASSUNG** **ÜBUNG**
>
> - Definieren Sie die Begriffe „Vertrieb" und „Verkauf".
> - Versuchen Sie, sich die unterschiedlichen Aufgaben der Absatzwegepolitik und des Vertriebsmanagements deutlich zu machen und einzuprägen.
> - Inwieweit ist in Ihnen bekannten Unternehmen der Vertrieb an logistischen Fragestellungen beteiligt?

1.2 Kundenorientierung als Herausforderung

Marktbearbeitung der Zukunft:
- Engere Vernetzung mit den Kunden
- Erschließung neuer Vertriebswege
- Gewinnung neuer Kunden

„**Der Kunde ist König!**" Im Mittelpunkt der Aktivitäten eines Unternehmens steht der Kunde. Der Kunde, das kann ein **Industrieunternehmen** (B2B-Vertrieb/direkte Distribution), ein **Handelsunternehmen** (B2B-Vertrieb/indirekte Distribution) oder ein **privater Konsument** (B2C-Vertrieb/direkte Distribution) sein.

Untersuchungen zeigen, dass Kundenorientierung immer noch eine Herausforderung für die meisten Unternehmen und insbesondere für deren Vertriebsabteilungen ist. „Kundenorientierung auf allen Ebenen" und „Kundenspezifisches Marketing" stehen ganz oben auf der Liste der Aufgaben in Vertrieb und Verkauf (vgl. Kutzschenbach 1997, S. 9). Die **Vertriebsabteilungen** sehr vieler Unternehmen befinden sich **im Umbruch**. Eine engere Vernetzung mit den Kunden, die Erschließung neuer Vertriebswege und die Gewinnung neuer Kunden kennzeichnen die Marktbearbeitung der Zukunft (Hanser 2002, S. 42).

Über den **Mangel an Kundenorientierung** darf auch nicht hinwegtäuschen, dass gegenüber den privaten Kunden die Ergebnisse des deutschen Kundenbarometers eine leichte Verbesserung bzgl. Kundenfreundlichkeit und Kundenorientierung bei vielen Unternehmen zeigen. Immerhin, das Unwort von der „Servicewüste Deutschland" beginnt aufzuweichen.

Anspruch: Bessere Kundenorientierung, als sie der Wettbewerber erbringen kann

Im horizontalen Wettbewerb um den privaten oder gewerblichen Kunden ist „bessere Kundenorientierung, als sie der Wettbewerber erbringen kann", das Instrument der Wahl, um erfolgreich zu sein und am Markt zu bestehen.

Customer-Relationship-Management (CRM) ist der heutige gängige Begriff für Kundenorientierung eines Unternehmens. Der „Run" auf CRM-Software in den letzten Jahren zeigt, welche großen Hoffnungen Unternehmen in die Verbesserung der Kundenorientierung durch IT-Systemunterstützung gesetzt haben.

Doch zeigen die Ergebnisse von Untersuchungen auch, dass die Implementierung von CRM in vielen Unternehmen nicht zu dem gewünschten Erfolg geführt hat.

> *Kundenorientierung ist weit mehr ist als der Einsatz einer abteilungsübergreifenden, Kundendaten erfassenden Software.*

Es gibt eine Reihe von Methoden, Techniken und Maßnahmen, die für eine professionelle Kundenorientierung notwendig sind.

Letztlich entscheidend ist jedoch, dass die **Kundenorientierung von allen Mitarbeitern** im Unternehmen **getragen** wird. Diese müssen verstehen, welche Bedeutung der Kunde für das Unternehmen hat: Der **Kunde** bildet die **Existenzgrundlage** des Unternehmens.

Dabei stehen die Mitarbeiter im Verkauf ganz vorne, nämlich als Speerspitze zum Kunden. Sie stellen den Kontakt zum Kunden her, führen die Verkaufsgespräche durch und sorgen nach Erfüllung der Leistung dafür, dass der Kontakt zum Kunden bestehen bleibt. Darüber hinaus müssen sie dafür Sorge tragen, dass die Kundenbeziehung für ihr Unternehmen wirtschaftlich erfolgreich ist. Daher nehmen die **Verkaufsmitarbeiter** in allen Unternehmen eine **ganz besondere Stellung** ein und haben auch entsprechende Freiräume.

Der Vertriebsleitung obliegt es heute mehr denn je, dafür zu sorgen, dass die Vertriebsmitarbeiter und insbesondere die Mitarbeiter im Verkauf
- die Kundenorientierung nicht verlieren,
- den Kundenkontakt effizient nutzen
- und im Interesse des eigenen Unternehmens und der Kunden ihrer Tätigkeit professionell nachkommen.

ZUSAMMENFASSUNG | **ÜBUNG**

- Achten Sie einmal darauf, wie oft bei Ihrer Ausbildung oder in Ihrem Unternehmen vom „Kunden" gesprochen wird.
- Erarbeiten Sie eine Liste mit Aussagen über die Bedeutung von Kunden für ein Unternehmen.

Marginalien:
- Implementierung von CRM hat in vielen Unternehmen nicht zu dem gewünschten Erfolg geführt
- Kundenorientierung muss von allen Mitarbeitern im Unternehmen getragen werden
- Der Kunde bildet die Existenzgrundlage des Unternehmens

2 MANAGEMENT DES VERTRIEBS

2.1	ÜBERBLICK ÜBER DIE MANAGEMENTAUFGABEN DER VERTRIEBSLEITUNG	16
2.2	ANALYSE DER VERTRIEBSSITUATION	17
2.2.1	Unternehmensexterne Vertriebssituation	18
2.2.2	Unternehmensinterne Situation	21
2.3	PLANUNG DER VERTRIEBSZIELE	24
2.4	VERTRIEBSSTRATEGIE UND OPERATIVE MASSNAHMEN	27
2.5	DER VERTRIEBSPLAN	29
2.5.1	Kundenplan	29
2.5.2	Vertriebsressourcenplan	32
2.5.3	Ergebnisplan	33
2.5.4	Erstellung des Vertriebsplans	35
2.5.5	Praxis der Vertriebsplanung	37

2.1 Überblick über die Managementaufgaben der Vertriebsleitung

Ziele und Aufgaben der Vertriebsleitung leiten sich aus den Gesamtzielsetzungen des Unternehmens ab

Die **Ziele und Aufgaben**, die durch die Vertriebsleitung verfolgt werden müssen, leiten sich aus den **Gesamtzielsetzungen des Unternehmens** und der sich daraus ergebenden **strategischen Marketingplanung** ab.

Zu der strategischen Marketingplanung gehören neben der Festlegung von Geschäftsfeldzielen und -strategien beispielsweise auch die Grundsatzentscheidungen über die **Gestaltung der Absatzwege bzw. des Vertriebssystems**. Das sind die Entscheidungen über direkten oder indirekten Absatz, Einweg- oder Mehrwegabsatz, die Anzahl der Handelspartner in einem Absatzkanal, die mögliche Bindung zu den Vertriebspartnern durch vertragliche Vertriebssysteme und die Entscheidung über den absatzmittlergerichteten Verhaltensstil, soweit im Absatzkanal mit Handelsunternehmen zusammengearbeitet wird.

Managementaufgaben

Die **Managementaufgaben** der Vertriebsleitung umfassen im Wesentlichen **analytische Aufgaben**, **Planungsaufgaben** (zu denen in der Praxis insbesondere auch die Umsatzplanung gehört), des Weiteren **Steuerungsaufgaben** und **Controllingaufgaben**.

Ziel der Vertriebsabteilung

→ *Das Ziel der Arbeit der Vertriebsleitung ist es, alle vertriebsbezogenen Maßnahmen einzuleiten, durch welche die Waren oder Dienstleistungen des Unternehmens gewinnbringend verkauft werden können.*

Kundenzufriedenheit

Die Vertriebsleitung hat dafür zu sorgen, dass bei den richtigen und für das Unternehmen wichtigen Kunden eine **hohe Kundenzufriedenheit** entsteht.

Kundenbeziehung

Dem Gedanken des Relationship-Management folgend, hat die Vertriebsleitung auch dafür Sorge zu tragen, dass eine **auf Dauer angelegte Beziehung** zwischen dem Unternehmen und eben diesen wichtigen Kunden eintreten kann. Auf diese Weise erreicht das Unternehmen eine Verbesserung der Position im horizontalen Wettbewerb oder auch eine sog. **„preferred supplier position"** (bevorzugte Lieferantenposition).

Die **Managementaufgaben** im Einzelnen:
- Analyse der Vertriebssituation
- Planung der Vertriebsziele und Strategien
- Planung und Durchführung der Vertriebsmaßnahmen
- Planung und Steuerung der Organisation der Kundenbearbeitung
- Management der Kundenbeziehungen

- Förderung der Mitarbeiter bei der Kundenbearbeitung
- Budgetierung der Vertriebskosten
- Controlling der Kunden- und Vertriebsergebnisse

Die Analyse der Vertriebssituation entspricht einer **Bestandsaufnahme**. Sie hat das Ziel, eine Beurteilung der eigenen Situation, aber auch der Situation der Wettbewerber zu erhalten, und ist daher **regelmäßig durchzuführen**.

In der Situationsanalyse wird aus dem Blickwinkel der Vertriebsorganisation die unternehmensexterne wie auch die unternehmensinterne Vertriebssituation untersucht. Die einzelnen Themenkreise zeigt das Schaubild:

2.2 ~~Ziel der Analyse~~
ANALYSE DER VERTRIEBSSITUATION

Unternehmensintern und unternehmensextern

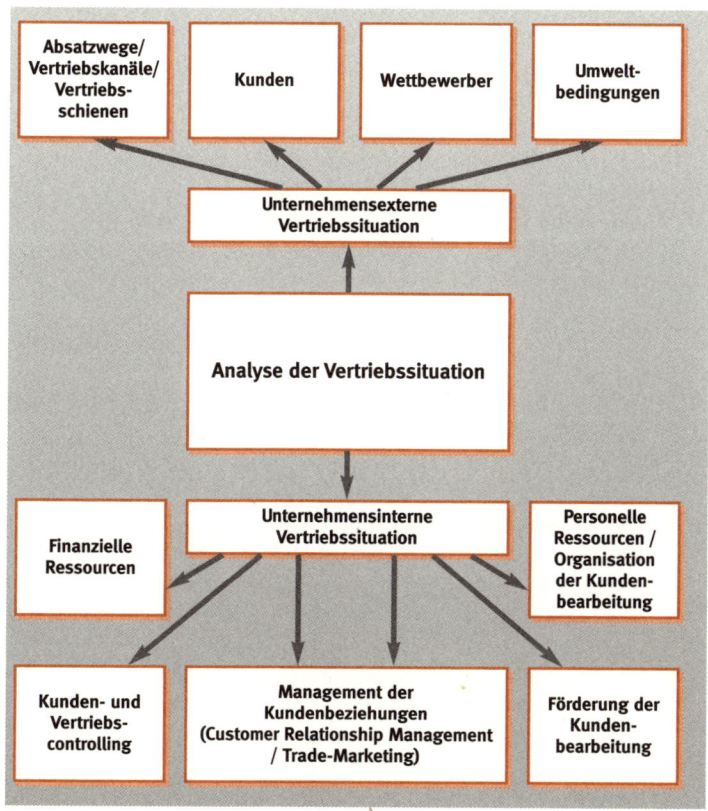

Abb. 2.1: Inhalte der Analyse der Vertriebssituation

2.2.1 Unternehmensexterne Vertriebssituation

externe Faktoren

Unternehmensexterne Faktoren, die im Vertrieb analysiert werden, sind die Absatzwege, die Kunden in den Absatzwegen, die Wettbewerber in ihrer Bedeutung in den Absatzwegen und bei den Kunden sowie verschiedene Umweltbedingungen.

Im Folgenden werden die **wichtigsten Themenkreise** dieser unternehmensexternen Faktoren anhand von Fragen umrissen:

- **Absatzwege**:
  - In welchen **Vertriebskanälen** sind wir vertreten?
  - Welche wirtschaftliche **Bedeutung** haben die verschiedenen Absatzwege für uns? Welche Bedeutung/Marktanteil haben wir in den Vertriebskanälen?
  - Welche Bedeutung und welche **Dynamik** werden die verschiedenen Vertriebskanäle in der Zukunft haben? Welche **zukünftige Position** wollen wir in den Vertriebskanälen einnehmen?
  - Ist die **Bearbeitung** aller Kanäle gleichermaßen gut oder bestehen Qualitätsunterschiede?
  - Bestehen **Konflikte** zwischen verschiedenen Kanälen bzw. sind zukünftig Konflikte zu befürchten? Wie werden die Konflikte gelöst?
  - Wird es zur **Entwicklung** neuer Vertriebswege kommen?
  - Welche noch nicht genutzten Vertriebswege sollten auf Chancen für **Umsatz- und Ertragspotenziale** untersucht werden?

Welche zukünftige Position wollen wir in den Vertriebskanälen einnehmen?

- **Kunden** (Handelsunternehmen/Industrieunternehmen, Dienstleistungsunternehmen):
  - Wie viele und welche **Neukunden** können wir gewinnen – welcher Aufwand ist damit verbunden?
  - Welche **Kundenverluste** werden wir haben – was bedeuten diese Verluste für uns?
  - Welche **Ziele** hat der einzelne Kunde?
  - Wie positioniert er sich im **Wettbewerbsumfeld**? Wie ist seine Stellung/Marktanteil im Absatzkanal? Wer sind seine wichtigsten **Wettbewerber**?
  - Wie ist unser **persönlicher Kontakt** zum Kunden?
  - Welche **Stärken und Schwächen** hat der Kunde?
  - Wie ist die **finanzielle Situation** des Kunden? Wie ist seine Bonität? Wie ist sein Zahlungsverhalten?
  - Wie ist der Kunde organisiert?
  - Welche geschäftlichen, persönlichen oder sonstigen **Veränderungen** stehen bei dem Kunden an – und sind wir dafür gerüstet?

Wie sieht das Wettbewerbsumfeld des Kunden aus?

- Warum arbeitet der Kunde mit uns zusammen – welche Probleme lösen wir für den Kunden? Was schätzt der Kunde an uns? Wie stark ist die **Kundenzufriedenheit**?
- Und wie ausgeprägt ist wirklich die **Kundenbindung**?
- Wie ist der Bekanntheitsgrad und das **Ansehen** unseres Unternehmens bei den Kunden? Wo sind Schwachstellen in der Zusammenarbeit mit dem Kunden?
- Wie ist die **Entwicklung des Kunden** in der Zukunft?
- Wie können wir eine **zukünftige Zusammenarbeit** mit dem Kunden sicherstellen?
- Welche **wirtschaftliche Bedeutung** hat der Kunde für uns (aktueller/zukünftiger Umsatz/Kosten/Deckungsbeitrag)?

- **Wettbewerber**:
  - Welchen **Lieferanteil** haben die Wettbewerber bei unseren Kunden? Welche **Konsequenzen** kann das für uns haben?
  - Wie ist der Vertrieb der Wettbewerber organisiert – und wie ist die **Qualität** der Vertriebsmitarbeiter einzuschätzen?
  - Welches **Image** hat die Vertriebsorganisation des Wettbewerbers bei den (gemeinsamen) Kunden?
  - Welche vertriebsbezogenen **Stärken und Schwächen** weist der Wettbewerber auf und wie schätzt der Kunde diese ein?
  - Welche **Veränderungen** stehen bei dem Wettbewerber an, die unsere Vertriebsarbeit beeinflussen?
  - Wie ausgeprägt ist das **Kundenbeziehungsmanagement** (CRM) auf Wettbewerbsseite – mit welchen Konsequenzen für uns?

> Wie ist der Vertrieb der Wettbewerber organisiert?

- **Umweltbedingungen**:
  - Welche **neuen Technologien** und Entwicklungen müssen in der vertrieblichen Arbeit berücksichtigt werden?
  - Gibt es **gesetzliche Aspekte/Veränderungen**, die Einfluss auf den Vertrieb nehmen?
  - Welche **nationalen/internationalen Einflüsse** müssen in der Vertriebsarbeit berücksichtigt werden?

> Welche Entwicklungen müssen berücksichtigt werden?

Für **Hersteller, die indirekt distribuieren**, insbesondere also für Konsumgüterhersteller, ergeben sich in der Zusammenarbeit mit den Handelskunden noch **weitere Fragen**, die analysiert werden müssen um das so genannte „**Trade-Marketing**", also die Zusammenarbeit mit dem Kunden Handel, optimal gestalten zu können.

Diese beziehen sich auf den Status und die Entwicklung der Vertriebsschienen, in denen die Kunden tätig sind, auf die Vertriebslinien

> Für Hersteller, die indirekt distribuieren, kommen weitere Fragen hinzu

der Handelskunden und auf die Konsumenten/Shopper, die in diesen Vertriebslinien einkaufen.

Man unterscheidet also: **„Vertriebsschiene"** ist das heute gebräuchliche Synonym für Betriebstyp, also die Art eines Verkaufsgeschäftes, z. B. Drogeriemarkt oder Verbrauchermarkt.

Vertriebsschiene ist das Synonym für Betriebstyp

Mit **„Vertriebslinie"** hingegen wird die durch eine Firmenbezeichnung markierte Vertriebsschiene eines bestimmten Handelsunternehmens bezeichnet (vgl. Czech-Winkelmann 2002, S. 95 ff. und S. 173 ff.).

Vertriebslinie [handschriftlich]

Beispiel

- „MiniMal" ist eine Vertriebslinie der REWE-Gruppe in der Vertriebsschiene „Große Supermärkte"
- „Extra" eine Vertriebslinie der METRO AG in der Vertriebsschiene Verbrauchermarkt

---

weitere Faktoren [handschriftlich]

- **Vertriebsschienen und Vertriebslinien der Handelskunden:**
  - In welche Vertriebsschienen werden unsere Kunden in **Zukunft** ihren **Schwerpunkt** legen?
  - Welche bestehenden Vertriebslinien werden sich in den Vertriebsschienen behaupten?
  - Welche Informationen über die Positionierung, Handelsmarketing-Strategie etc. einer Vertriebslinie haben wir?
  - Welchen Status haben **Category-Management-Aktivitäten** in unserer Warengruppe in den Vertriebslinien?
  - Welche Bedeutung haben wir im Category-Management-Prozess?
  - Wie werden sich die **Handelsmarken** in unserer Warengruppe entwickeln? Welche Aktivitäten erwarten wir für die Handelsmarken?
  - Werden **Neuprodukte** von uns erwartet und wenn ja, mit welchen Neuprodukten können wir uns in der Vertriebslinie profilieren?
  - Welchen Erfolg hatten unsere **POS-Aktivitäten** und welchen Erfolg hatten die der Wettbewerber?

Category-Management-Prozess:
Prozess der Optimierung von Warengruppen

- **Shopperverhalten:**
  - **Käuferreichweite** als Prozentsatz der Käufer von allen Käufern, die in einer Vertriebslinie des Handels einkaufen
  - **Kundenfrequenz**, also die Anzahl der Einkäufe pro Haushalt pro Jahr in einer Vertriebsschiene

- **Bedarfsdeckung** als Ermittlung von loyalen Geschäftsstättenkunden, Wechselkäufern oder Gelegenheitskäufern usw.

2.2.2 Unternehmensinterne Situation

In der Analyse der unternehmensinternen Situation wird untersucht, welche Ressourcen dem Unternehmen für die Durchführung der **Vertriebsaufgaben** und die **Kundenbearbeitung** zur Verfügung stehen. Hierzu gehören im Einzelnen:

Welche Ressourcen stehen dem Unternehmen für die Durchführung der Vertriebsaufgaben und für die Kundenbearbeitung zur Verfügung?

Inhalte der internen Analyse

- **Finanzielle Ressourcen** für die Vertriebsarbeit:
  - Wie ist die **Kostenentwicklung** bei den Kunden? In welchen Kostenarten? Zu welchen Konditionen?
  - Welcher finanzielle Spielraum besteht, Kundenforderungen nachzukommen? Steht unseren finanziellen und geldwerten Leistungen entsprechendes Verhalten der Kunden gegenüber?
  - Welcher finanzielle Spielraum besteht, **Kundenbearbeitungsmaßnahmen zu optimieren** bzw. zu intensivieren?
  - Welche Kosten verursacht die Vertriebsorganisation?
  - Sind die Möglichkeiten Kosten einzusparen ausgeschöpft? Welche Möglichkeiten bestehen, **effizienter** zu werden?

- **Personelle Ressourcen** für die Vertriebsarbeit:
  - Wie hoch ist der **Auslastungsgrad** der Vertriebsmitarbeiter? Was muss daran ggf. verändert werden? Müssen neue Mitarbeiter eingestellt werden?
  - Welche Anforderungen stellen die Kunden heute an die Qualität der Vertriebsmitarbeiter und wie ist die **Qualität** unserer Vertriebsmitarbeiter aus eigener und aus Kundensicht in den verschiedenen Funktionen?
  - Wissen die Mitarbeiter, welche Anforderungen an sie gestellt werden und welche Aufgaben sie zu erfüllen haben? Bestehen **Stellenbeschreibungen**? Wie erfolgt die Einarbeitung?

Wissen die Mitarbeiter, welche Anforderungen an sie gestellt werden und welche Aufgaben sie zu erfüllen haben?

- **Organisation der Kundenbearbeitung**:
  - Entspricht die **Organisationsstruktur** des Vertriebs insgesamt den heutigen Kundenerfordernissen?
  - Entspricht die Aufgabenstellung und organisatorische Eingliederung des **Key-Account-Managements** und der **Feldmitarbeiter** den Anforderungen?
  - Welche Aufgaben nimmt der **Innendienst** wahr? Wie ist der Innendienst/Customer Service in die Kundenbetreuung integriert?
  - Sind die Prozesse und Zeitschienen optimal?

Sind die Prozesse und Zeitschienen optimal?

- Inwieweit könnte durch den Einsatz externer Organisationen **flexibler, effizienter und kostengünstiger** gearbeitet werden?
- Wo sind **Schnittstellenprobleme** zu den Kunden/innerhalb der Vertriebsabteilung/zu anderen Abteilungen im Unternehmen und wie können sie abgebaut werden?

- **Förderung** der Mitarbeiter bei **der Kundenbearbeitung**:
  - Wie ist die Struktur unserer **Vergütungssysteme** – ist sie motivierend und leistungsfördernd für die Mitarbeiter und ist das Vergütungssystem im Wettbewerbsumfeld attraktiv?
  - Welche weiteren **Motivationsinstrumente** werden eingesetzt, um die Erreichung der Ziele zu unterstützen?
  - Sind unsere Mitarbeiter fit und ihren Aufgaben voll gewachsen oder bedarf es weiterer **Schulungen und Trainings**? Sind wir z. B. mit Art und Inhalt der Verkaufsgesprächsführung einverstanden?
  - Wie sehen die **Verkaufsunterlagen** aus, die unsere Mitarbeiter für die Kundenbesuche erhalten? Entsprechen sie den Anforderungen?
  - Werden im **CAS-System/Reporting** alle wesentlichen Fakten korrekt berichtet? Wie ist überhaupt der Umgang mit CAS bei allen betroffenen Mitarbeitern? Was sagen unsere Kunden zu dem Einsatz von Laptop/CAS bei den Verkaufsgesprächen?
  - Sind die verschiedenen **elektronischen Verkaufshilfen** von Handy bis Laptop untereinander abgestimmt? Haben wir kostengünstige und flexible Tarife?

CAS:
Computer Aided Selling

- **Management der Kundenbeziehungen**:
  - Wie gestaltet sich die **Pre-Sales-, Sales- und After-Sales-Phase**?
  - Wie erfolgreich ist der **Außendienst** bei der Kontaktaufnahme zu Kunden?
  - Kennen wir bei allen (wichtigen) Kunden die Mitglieder im **Buying** Center? Wie harmonieren unsere Verkäufer mit den Mitgliedern im Buying Center?
  - Sind wir ausreichend über die **Kundenbedürfnisse** informiert – kennen wir sie im Detail?
  - Welchen komparativen **Wettbewerbsvorteil** liefern wir den Kunden?
  - Wie ist unsere **Angebotserstellung** zu beurteilen? Sind unsere Angebote schnell genug ausgearbeitet? Sind sie vollständig?
  - Sind alle **Details der Verträge** aktuell und z. B. rechtlich abgesichert? Wie ist die **optische Gestaltung/Corporate Identity** unserer gesamten Formulare?

- Wie ist die Qualität der **Auftragsverfolgung**? Wie ist das **Beschwerdemanagement** organisiert?
- Sind unsere Kunden mit uns zufrieden? Ist die **Kundenzufriedenheit** mit allen Abteilungen, die im Kundenkontakt sind, gleich gut?
- Wie stark sind die Kunden an uns gebunden – im Vergleich zum Wettbewerber? Womit binden wir die Kunden? Sind die Instrumente der **Kundenbindung** auch zukünftig wirksam?

- **Kunden- und Vertriebscontrolling**:
    - Mit **welchen Controllinginstrumenten** arbeiten wir? Wird das den heutigen Anforderungen gerecht?
    - Wie schnell und wie häufig sind die **Informationen verfügbar**? Wie ist die **IT-Unterstützung** – kann sie verbessert werden?
    - Wie ist die Nutzung der Controlling-Ergebnisse, d. h., **wer macht was mit den Daten/Informationen**?

> Wie schnell und wie häufig sind Informationen verfügbar?

ZUSAMMENFASSUNG ÜBUNG

- Die Analyse der Vertriebssituation ist eine Bestandsaufnahme. Alle für die Vertriebsarbeit wichtigen externen und internen Faktoren werden hier zusammengestellt. Diese Analyse ist wichtig, um zu einer Beurteilung der eigenen Situation wie auch der Situation der Wettbewerber zu kommen. Sie ist die Basis für die Ableitung der Ziele und Aufgaben im Vertrieb.
- Folgende unternehmensexterne Bereiche sind zu untersuchen: Absatzwege/Vertriebskanäle bzw. Vertriebsschienen (bei Handelskunden!), Kunden, Wettbewerber und Umweltbedingungen.
- Unternehmensinterne Bereiche sind: finanzielle Ressourcen, personelle Ressourcen, Organisation der Kundenbearbeitung, Förderung der Kundenbearbeitung, Management der Kundenbeziehungen und Instrumente im Kunden- und Vertriebscontrolling.

ZUSAMMENFASSUNG ÜBUNG

- Versuchen Sie sich in die Situation eines Vertriebsleiters zu versetzen, der neu in einem Unternehmen eingestellt wurde. Er soll die Ziele und Aktivitäten seiner Vertriebsabteilung für das nächste Geschäftsjahr planen. Was wollen bzw. was müssen Sie alles wissen, um eine Ziel- und Maßnahmenplanung erstellen zu können?
- Sie stehen vielleicht bald vor der Situation, sich für eine bestimmte Funktion in einer Firma in einer bestimmten Branche ent-

> scheiden zu müssen. Machen Sie doch einmal eine Analyse Ihrer persönlichen Situation anhand der externen Gegebenheiten und Ihrer persönlichen Eigenschaften, Fähigkeiten und Wünsche. Dann sind Sie in der Lage, eine persönliche Ziel- und Maßnahmenplanung zu erstellen!

2.3 PLANUNG DER VERTRIEBSZIELE

An die Situationsanalyse schließt sich der **Prozess der Zielbildung** an. Er wird eingeleitet durch eine **Analyse der Chancen und Risiken sowie der Stärken und Schwächen** der Vertriebsabteilung.

Chance u. Risiken →

Chancen und Risiken sind das Ergebnis aus der Zusammenfassung und Komprimierung von unternehmensexternen Informationen, wohingegen sich die Stärken und Schwächen unternehmensintern ergeben.

Der Vergleich der eigenen Bewertung mit der eines Wettbewerbers im Rahmen eines sog. Benchmarkings erhöht die Aussagekraft

Bei der Erfassung der Stärken und Schwächen bietet es sich an, diese über ein **Polaritätenprofil** darzustellen (vgl. Becker 1998, S. 104). Dazu werden die in der Situationsanalyse erhobenen **Informationen in Kriterien zusammengefasst** und einer qualitativen **Bewertung** unterzogen. Der Vergleich der eigenen Bewertung mit der eines Wettbewerbers im Rahmen eines sog. Benchmarkings erhöht die Aussagekraft (vgl. Becker 1998, S. 102; vgl. Kap. 6.3.5). So lassen sich jene Bereiche identifizieren, in denen das eigene Unternehmen **spezifische Wettbewerbsvorteile**, aber auch **Wettbewerbsnachteile** besitzt (vgl. Meffert 1998, S. 64).

Benchmarking
branchenübergreifend

Man kann auch, anstelle des stärksten Wettbewerbers in der eigenen Branche, **Wettbewerber aus anderen Branchen** analysieren und den Vergleich mit ihnen anstellen: Dieser **„Blick über den eigenen Zaun"** hilft, Standards in anderen Branchen zu erkennen und ggf. **innovative Konzepte** und Ideen in die eigene Branche einzubringen.

Die SWOT-Analyse hilft, die Zielbereiche zu identifizieren

In der sog. SWOT-Analyse („Strengths, Weaknesses, Opportunities, Threats") erfolgt dann im nächsten Schritt eine **Verbindung der extrahierten unternehmensexternen Chancen und Risiken sowie der unternehmensinternen Stärken und Schwächen**.

Durch die SWOT-Analyse wird es möglich, die **wesentlichen Zielbereiche und Projekte** zu **identifizieren**, die in der Zukunft / im nächsten Geschäftsjahr durch den Vertrieb bearbeitet werden müssen, um die Zusammenarbeit mit den Kunden voranzubringen, die Vertriebsarbeit erfolgreich zu gestalten und die notwendigen ökonomischen Ergebnisse zu erzielen.

SWOT-Analyse	Chancen	Risiken
Stärken	Unsere Serviceleistungen sind einer unser Erfolgsfaktoren bei den Kunden. Der größte Kunde hat einen 3-Jahresvertrag mit uns abgeschlossen.	Um das Niveau der Serviceleistungen auch künftig aufrecht erhalten zu können, sind neue Maschinen notwendig, deren Finanzierung derzeit nicht gesichert ist.
Schwächen	Wir erhalten auf Messen vermehrt Anfragen von potenziellen Kunden aus China. Auf den asiatischen Markt sind wir (noch) nicht eingestellt.	Zu viele Außendienstmitarbeiter sind fachlich-technisch nicht ausreichend versiert, um mit den Kunden neue Konzepte zu entwickeln.

Abb. 2.2: Beispielhafte Darstellung der Ergebnisse einer SWOT-Anyalyse

Nach Identifikation der Zielbereiche müssen **konkrete Ziele** entwickelt werden. Es lassen sich ergebnisbezogene, kundenbezogene und mitarbeiterbezogene Vertriebsziele unterscheiden:
- **Ergebnisbezogene Vertriebsziele**: Umsatz/Absatzziele, Erlösschmälerungen, Retouren und Gutschriften, Kosten der Logistik / des Supply Chain Managements, Kosten der werblichen Unterstützung der Kunden, Kosten der Vertriebsorganisation, Deckungsbeitrag (nach verschiedenen Kriterien wie einzelne Kunden, Kundengruppen, Außendienstbezirke usw.)
- **Kundenbezogene Vertriebsziele**: Kundenzufriedenheit, Kundenbindung, Kooperationsbereitschaft der Kunden, Marktanteile bei den Kunden (= Bedeutung als Lieferant/Lieferanteil), Umsatz, Kunden-Deckungsbeitrag, Lieferbereitschaft, Lieferzeit, Lieferzuverlässigkeit. Handelt es sich bei den Kunden um **Handelsorganisationen**, so kommen weitere Zielbereiche hinzu: Distributionsgrad, Regalplatz, Lagerbestände, Reichweiten, Umschlagsgeschwindigkeit, Vermeidung von Out-of-stock-Situationen, Sicherstellung des VK-Preisniveaus, Akzeptanz der erzielbaren Handelsspanne, DPR/Flächenproduktivität.
- **Mitarbeiterbezogene Vertriebsziele**: Qualifikation der Vertriebsmitarbeiter, Image der Vertriebsmitarbeiter bei den Kunden, Leistungsbereitschaft und Motivation der Vertriebsmitarbeiter.

Wie immer bei Zielformulierungen, müssen auch bei der Zielfestlegung im Vertrieb bestimmte **„Regeln"** beachtet werden:

- Die **Ziele müssen** untereinander **vereinbar sein** (**komplementäre Ziele**), d. h., sie dürfen nicht im Widerspruch zueinander stehen (= konfliktäre Ziele) oder sich gegenseitig ausschließen (= antinome Ziele).
- Weiterhin gilt für sämtliche Zielformulierungen die **SMAC-Regel**. Derzufolge müssen Ziele:
  - **S**pecific (spezifisch und zeitlich begrenzt)
  - **M**easurable (messbar)
  - **A**chievable (erreichbar und realistisch)
  - **C**onsistent (vereinbar mit den Unternehmenszielen) sein

Regeln bei der Formulierung von Zielen

Beispiel

„Ziel ist es, in den nächsten zwölf Monaten 150 neue Kunden zu gewinnen".
Diese Zielformulierung ist spezifisch und messbar. Sie ist erreichbar, wenn z. B. Marktanalysen dieses Potenzial an Neukunden aufzeigen, und sie ist vereinbar mit den Unternehmenszielen, wenn aus diesen gefolgert werden kann, dass eine Ausweitung in diesem Kundenkreis zielführend ist.

Die präzise Formulierung erhält im Vertrieb eine ganz besondere Bedeutung vor dem Hintergrund, dass sich die Beurteilung und Honorierung der Vertriebsmitarbeiter wie in keinem anderen Funktionsbereich an der Erreichung von Zielen orientiert. Es muss auch sichergestellt sein, dass die Strategien und Maßnahmen, die durch den Vertrieb verabschiedet werden und von den Vertriebsmitarbeitern umgesetzt werden müssen, stimmig sind und eine Zielerreichung ermöglichen.

Beurteilung und Honorierung der Vertriebsmitarbeiter orientiert sich an der Zielerfüllung

ZUSAMMENFASSUNG   ÜBUNG

- Eine umfassende Situationsanalyse ist die Voraussetzung für die Vertriebsplanung. In der SWOT-Analyse werden die Zielbereiche verdichtet und der mögliche Handlungsrahmen wird auf die wirklich wichtigen und zukunftsträchtigen Themenkreise eingeengt.
- Die Vertriebsziele können in drei Gruppen zusammengefasst werden: ergebnisbezogene, kundenbezogene und mitarbeiterbezogene Vertriebsziele.

- Die Formulierung der Ziele muss spezifisch, messbar, realistisch sowie vereinbar mit den Unternehmenszielen sein. Die Messbarkeit und Realitätsnähe der Vertriebsziele ist sehr wichtig, weil die Vertriebsmitarbeiter in vielen Organisationen abhängig von der Zielerfüllung entlohnt werden.

ZUSAMMENFASSUNG **ÜBUNG**

- Überlegen Sie sich jeweils Ziele, die kompatibel, konfliktär und antinom sind.
- Üben Sie das Formulieren von präzisen Zielen, z. B. indem Sie sich Gedanken über den Ablauf und Ausgang Ihres Studiums machen.
- Schauen Sie sich Ihre zuletzt gemachten Zielformulierungen an und überprüfen Sie, ob SMAC erfüllt ist.

2.4 Vertriebsstrategie und operative Massnahmen

„Mit den Leistungszielen offenbart das Management, wie viel es erreichen will, die Strategie zeigt auf, was zur Zielerreichung getan werden muss, und die operative Taktik bestimmt, wie es getan wird." (Kotler/Bliemel 2001, S. 138)

Die grundsätzlichen Strategien, die für die Gestaltung des Absatzwegesystems getroffen werden müssen, sind **langfristig wirksam** und von konstitutiver Bedeutung für ein Unternehmen (vgl. Kap. 1.1).

In der operativen Vertriebsarbeit müssen auch eine Reihe von strategischen Entscheidungen getroffen werden, die eher **mittelfristige Wirkung** haben. Hierzu gehören:

Strategische Entscheidungen für die operative Vertriebsarbeit

- **Stimulierungsstrategie**: Das betrifft die **Instrumente**, die eingesetzt werden, **um den Kunden zu beeinflussen**. Es handelt sich hier beispielsweise um Konditionen, Kommunikation, Service und Einsatz der Feldorganisation. Weiterhin kann in der Zusammenarbeit mit dem Handel **„Efficient Consumer Response"** (ECR) zu den Stimulierungsinstrumenten eingeordnet werden (vgl. hierzu z. B. Czech-Winkelmann 2002, S. 129 ff. und Meffert 1996., S. 587 ff.).
- **Organisation der Kundenbearbeitung**: Hierzu gehören z. B. die Ausgestaltung eines Key-Account-Managements, der Einsatz einer Feldorganisation oder die Aufgaben einer Innendienstorganisation (vgl. Kap. 3.1, 3.2 und 3.3).
- **Make-or-Buy-Strategie** in der Kundenbearbeitung: Einsatz eigener Außendienstmitarbeiter oder externer Organisationen wie Han-

delsvertreter oder Leasing von Sales-Service-Organisationen (vgl. Kap. 3.5).
- **Organisation der Vertriebsabteilung**: Funktional, nach Gebieten, nach Produkten oder nach Kunden (vgl. Kap. 3.4).
- **Vergütungsstrategie**: Festgehalt, Prämien oder Provisionen (vgl. Kap. 5.2).
- **Führungsrichtlinien**: Einzelkämpfer versus Team, Führungsstil, Coaching.
- **Motivationsstrategie**: Monetäre und nicht-monetäre Motivationsinstrumente (vgl. Kap. 5.1)

Die jährlich durchzuführende operative Vertriebsplanung entzieht sich weitgehend dem Einsatz systematischer Strategien. Für die Zielerreichung sind grundsätzliche Entscheidungen zur Vorgehensweise – aus einer Auswahl möglicher Vorgehensweisen – zu treffen, die keine systematische Darstellung zulassen.

> **Beispiel**
>
> Für das Ziel, in den nächsten 12 Monaten 150 neue Kunden zu gewinnen, gibt es folgende strategische Ansätze zur Kundengewinnung:
> - Einstellung von neuen Außendienstmitarbeitern, die ausschließlich potenzielle Kunden ansprechen sollen.
> - Beauftragung der vorhandenen Außendienstmitarbeiter, neue Kunden in ihren Gebieten zu rekrutieren.
> - Kombination von beiden Möglichkeiten.

Vor Verabschiedung einer Strategie müssen die Maßnahmen inkl. der Kosten bekannt sein

Bevor eine **Strategie** endgültig verabschiedet werden kann, müssen die wichtigsten **operativen Maßnahmen** und die damit verbundenen Ergebnisse, insbesondere auch die damit **verbundenen Kosten**, grob abgeschätzt werden.

Nach der Entscheidung für eine Strategie folgt dann die **detaillierte Planung** der operativen Maßnahmen. Diese Planung beinhaltet auch eine exakte Planung der **Kosten**, des **Timings** und der für die einzelnen Projektschritte **verantwortlichen Personen** im Unternehmen.

> **ZUSAMMENFASSUNG** **ÜBUNG**
>
> - Überlegen Sie, welche operativen Maßnahmen, Kosten und Zielerreichungschancen die im Beispiel genannten drei möglichen strategischen Ansätze zur Folge haben könnten. Welche Voraus-

setzungen müssen bei der gegebenen Außendienstorganisation vorliegen?
- Wiederholen Sie die strategischen Entscheidungen, die zur Festlegung des Absatzwegesystems getroffen werden müssen. Weiterhin die verschiedenen strategischen Entscheidungen, die in die operative Vertriebsarbeit einwirken und die mittelfristig überprüft werden müssen.

2.5 DER VERTRIEBSPLAN

Die Ergebnisse der Situationsanalyse, die Ziele und die entwickelten Strategien samt operativen Plänen werden in einem so genannten **Vertriebsplan** schriftlich festgehalten. In der Konsumgüterindustrie, in der die Produkte überwiegend über den Handel vertrieben werden, wird dieser Vertriebsplan auch als **Trade-Marketing-Plan** bezeichnet (vgl. Czech-Winkelmann 2002, S. 91 ff.). In der Investitionsgüterindustrie wird man, dem Ansatz des Relationship-Managements folgend, von einem **Customer-Relationship-Management-Plan** (CRM-Plan) sprechen.

Situationsanalyse, Ziele, Strategien und operative Pläne werden schriftlich festgehalten

Trade-Marketing-Plan (Konsumgüter)
CRM-Plan (Industriegüter)

Der Vertriebsplan setzt sich aus drei Bausteinen zusammen:
- Kundenplan
- Vertriebsressourcenplan
- Ergebnisplan

Bausteine des Vertriebsplans

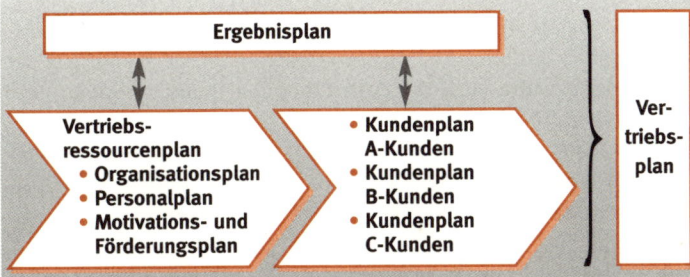

Abb. 2.3: Zusammensetzung des Vertriebsplans

2.5.1 Kundenplan

Der Kundenplan ist das „Herzstück" des Vertriebsplans. **Für A-Kunden** (und ggf. auch für besonders profitable B-Kunden) sollte aufgrund ihrer Bedeutung möglichst ein jeweils **individueller eigener Kundenplan** erstellt werden. Darüber hinaus werden summarische Kundenpläne für B-Kunden und für C-Kunden erstellt.

Für A-Kunden jeweils individueller Kundenplan

Bei verschiedenen Absatzwegen: Differenzierung nach Vertriebskanälen

Ist das Unternehmen in **verschiedenen Absatzwegen** aktiv, sollte eine Differenzierung nach diesen Vertriebskanälen vorgenommen werden. Bei Handelsunternehmen beispielsweise sollten die Kundenpläne nach den **Vertriebsschienen** getrennt werden (vgl. Czech-Winkelmann 2002, S. 120 ff.).

Ein Kundenplan kann folgendermaßen aussehen:

Plan für Kunde A
1 Zusammenfassung
2 Status laufendes Geschäftsjahr
3 Aktuelle Vertriebssituation
4 SWOT-Ergebnisse
5 Ziele nächstes Geschäftsjahr mit Ausweis der Prioritätsziele
6 Strategische Stoßrichtung einschließlich Maßnahmen, Kosten, Timing, Verantwortlichkeiten
7 Wirtschaftliche Ergebnisse/Kunden-Deckungsbeitragsrechnung

Abb. 2.4: Beispiel für den Aufbau eines Kundenplans

Der **„Status laufendes Geschäftsjahr"** beinhaltet zur Übersicht:
- ein „Zahlenwerk" mit Angaben über
  - Soll (=Budget),
  - Ist (= Ergebnisstand bei der Erstellung des Plans) und
  - Jahresendschätzung der wichtigsten quantitativen Ziele, also Umsatz, Deckungsbeitrag sowie Daten über die Bedeutung des Unternehmens bzw. die Bedeutung von Produktgruppen beim Kunden,
- die Erläuterung der Ergebnisse abgeschlossener Projekte und Maßnahmen, vor allem solcher Projekte, die als besonders wichtig zur Zielerreichung erklärt wurden (sog. Prioritätsprojekte).

In dem Kapitel **„Aktuelle Vertriebssituation"** werden, ähnlich wie in der Situationsanalyse, die **wichtigsten Informationen** zum Markt, zum Kunden, zu den Wettbewerbern bei dem Kunden, zur Umwelt, und zur eigenen Situation bei diesem Kunden dargestellt.

SWOT-Ergebnisse mit Fokus auf essenzielle Themenkreise

Um die Vertriebsarbeit in die „richtige" Erfolg bringende Zukunft zu steuern, sollten die **„SWOT-Ergebnisse"** den Fokus auf die Themenkreise richten, die für die Bearbeitung des Kunden bzw. der Kundengruppe essenziell sind.

Die **„Ziele nächstes Geschäftsjahr mit Ausweis der Prioritätsziele"** beinhalten ein Fortführung des Zahlenwerks aus dem „Status laufendes Geschäftsjahr" mit **Ausweis der quantitativen Ziele** bei Umsatz, DB usw. für das nächste und ggf. auch weitere Geschäftsjahre. Die quantitativen Ziele werden unterlegt mit einer **verbalen Beschreibung** der einzelnen Ziele/Projekte, die bei dem Kunden bzw. der Kundengruppe bearbeitet werden müssen, um die quantitativen Ziele zu erreichen.

Ausweis der quantitativen Ziele und verbale Beschreibung

 Hier ist es hilfreich, diese Ziele in eine Rangfolge zu bringen. Besonders wichtige Ziele sollten als Prioritätsziele bezeichnet werden.

Unter der Überschrift **„Strategische Stoßrichtung einschließlich Maßnahmen, Kosten, Timing, Verantwortlichkeiten"** erfolgt die Darstellung, was grundsätzlich getan werden soll, um die Ziele zu erreichen, und weiterhin, wie es getan wird, d. h. welche Maßnahmen im Einzelnen ergriffen werden. Hier ist insbesondere auch an den Einsatz der verschiedenen **Instrumente der Stimulierungsstrategie** (wie z. B. Neuprodukteinführungen, Verkaufsförderungsaktionen, Service, Konditionen) oder an den Einsatz der **Feldorganisation** gedacht.

Was wird getan? Wie wird es getan?

Die Maßnahmen werden unterlegt mit den Kosten, die sie verursachen, sowie einem Plan zum Timing und der Aussage über Mitarbeiterverantwortlichkeiten.

Die Transparenz wird erhöht, wenn sämtliche Zielprojekte in einem **Übersichtsblatt** zusammengestellt werden:

Plan Kunde A für Geschäftsjahr 20xx / Übersicht Zielprojekte					
Projekt	**Strategische Stoßrichtung**	**Maßnahmen**	**Kosten**	**Timing**	**Verantwortlich**
EDI-Anbindung	Durchführung durch externe Organisation	• Erste Vorlage • Fertigstellung • Einsatz beim Kunden	xy	Februar 20xx August 20xx September 20xx	xy
Erhöhung der Distribution	Sonderdurchgang bei Einzelhändlern	• Festlegung des Angebotspakets • Abstimmung mit Großhandel	xy	... ...	xy
usw.					

Abb. 2.5: Zusammenfassung der wichtigsten Projekte für einen Kunden bzw. eine Kundengruppe in einem Übersichtsblatt

Als letzter Punkt im Kundenplan können die **„Wirtschaftlichen Ergebnisse" bzw. die „Kunden-Deckungsbeitragsrechnung"** gezeigt werden, und zwar mit Angabe von Soll/Ist-Ergebnissen sowie den Entwicklungen im Zeitablauf.

2.5.2 Vertriebsressourcenplan

Wichtig: finanzielle und personelle Ressourcen

Für die Durchführung der Kundenpläne müssen die **finanziellen Ressourcen** gegeben sein, die **organisatorischen Voraussetzungen** im Vertrieb stimmen und es muss die **qualitative und quantitative personelle Ausstattung** vorhanden sein.

Organisatorische Voraussetzungen müssen stimmen

Weiterhin muss gewährleistet werden, dass die **Mitarbeiter motiviert** sind und bei ihrer Arbeit unterstützt und gefördert werden. Dies alles sollte in einem Plan über die Vertriebsressourcen dargestellt werden.

Der Vertriebsressourcenplan besteht daher aus:
- Organisationsplan
- Personalplan
- Motivations- und Förderungsplan

Zentrale Kundenbetreuung und Kundenbetreuung in der Fläche sicherstellen

Der **Organisationsplan** enthält die Maßnahmen und Aktivitäten einschließlich der Kosten, die notwendig sind, um sowohl die zentrale Kundenbetreuung als auch die Kundenbetreuung in der Fläche sicherzustellen.

Beispielhaft könnte ein Organisationsplan nachfolgende Themen beinhalten:
- Art und Weise von Veränderungen in der Kundenbetreuung durch das Key-Account-Management
- Benennung der Kunden, für die Kundenteams eingesetzt werden
- Einsatz von weiteren regionalen Key-Account-Managern
- Veränderungen in der Zusammenarbeit zwischen Kunden und Innendienst, z.B. durch Implementierung von EDI (Electronic Data Interchange)
- Einstellung weiterer Außendienstmitarbeiter, dadurch Verkleinerung der Verkaufsbezirke und Erhöhung der Besuchsfrequenzen bei bestimmten Kundenkreisen
- Überprüfung der Tourenplanung und Zentralisierung beim Innendienst
- Auswahl und Einsatz einer Sales-Service-Organisation zur Durchführung von Verkaufsförderungsaktivitäten
- Kosten, Timing, Projektverantwortliche

Im **Personalplan** werden die quantitativen und qualitativen Mitarbeiterressourcen des Vertriebs beleuchtet und notwendige Veränderungen dargestellt.

Er könnte beispielsweise folgende Themengebiete zum Inhalt haben:
- Veränderungen im Personalbestand
- Notwendige Einstellungen von Mitarbeitern, Ausscheiden von Mitarbeitern, jeweils mit Begründung
- Maßnahmen zur Einstellung und Einarbeitung der neuen Mitarbeiter
- Anforderungen an die Qualifikation von Mitarbeitern: Soll-Ist-Vergleich und notwendige Maßnahmen zur Soll-Erreichung
- Urlaubsplanung/Vertretungsplanung
- (Gehalts-)Kostenplan, Timing, Verantwortliche

Der **Motivations- und Förderungsplan** enthält konkrete Angaben darüber, wie die Mitarbeiter gefördert und unterstützt werden können bzw. sollen.

Er beinhaltet folgende Themenkreise:
- Art der immateriellen Motivationsinstrumente, die im nächsten Geschäftsjahr eingesetzt werden
- Umfang der materiellen Motivationsinstrumente wie Prämien, Provisionen, Sachpreise, Ausstattung der Arbeitsplätze und Anbindung dieser Instrumente an die Zielvorgaben für den Außendienst
- Art und Inhalt von Trainings- und Schulungsmaßnahmen
- Unterstützung der Mitarbeiter in Form von Salesfoldern, Produkten, Proben, Preislisten
- Erprobung des Nutzens von elektronischen Verkaufshilfen wie z. B. Navigationssystemen
- Erweiterungen/Veränderungen bei CAS/CRM-Systemen
- Maßnahmen zur Erhöhung der Akzeptanz von CAS/CRM durch die Mitarbeiter
- Kostenplan, Timing, Projektverantwortliche

2.5.3 Ergebnisplan

Der Ergebnisplan enthält die **ertrags- und kostenmäßigen Auswirkungen der Vertriebstätigkeit**.

Möglichst übersichtlich sollten die Entwicklungen und Tendenzen dargestellt und erkennbar gemacht werden.

Der Ergebnisplan kann folgendes Format haben:

Ergebnis nach Kunden/ Kundengruppen	Ist letztes Jahr	Budget lfd. Jahr	% Veränderung z. Vorjahr	Ergebnis z. Jahresende	% Veränderung z. Budget	Budget nächstes Jahr	% Veränderung z. Vorjahr
A-Kunde A:							
Bruttoumsatz							
Erlösschmälerung							
Nettoumsatz							
Deckungsbeitrag							
A-Kunde B:							
Bruttoumsatz							
Erlösschmälerung							
Nettoumsatz							
Deckungsbeitrag							
A-Kunde C:							
Bruttoumsatz							
Erlösschmälerung							
Nettoumsatz							
Deckungsbeitrag							
Summe B-Kunden							
Bruttoumsatz							
Erlösschmälerung							
Nettoumsatz							
Deckungsbeitrag							
Summe C-Kunden							
Bruttoumsatz							
Erlösschmälerung							
Nettoumsatz							
Deckungsbeitrag							
Gesamt							
Bruttoumsatz							
Erlösschmälerung							
Nettoumsatz							
Deckungsbeitrag							

Abb. 2.6: Darstellung des Vertriebsergebnisses nach Kunden bzw. Kundengruppen

Neben einer Darstellung der
- **Ergebnisse nach Kunden,** ohne Berücksichtigung verschiedener Absatzkanäle, kann auch eine
- **Darstellung der Ergebnisse der Kunden in den jeweiligen Absatzkanälen bzw. Vertriebsschienen** erfolgen.
- Weiterhin können die **aggregierten Absatzkanäle vergleichend gegenübergestellt** werden.

Die verschiedenen Betrachtungen ermöglichen ein immer deutlicheres Bild der wirtschaftlichen Bedeutung von Kunden und Vertriebskanälen und von Kunden in Vertriebskanälen. Sie erlauben die Beantwortung der entscheidenden Frage: Welche Kunden und welche Kanäle weisen Schwachstellen auf und welche Kunden und welche Kanäle sind für das Unternehmen besonders interessant?

> Welche Kunden und welche Kanäle weisen Schwachstellen auf, welche sind besonders interessant?

Zuletzt sollte der Ergebnisplan eine **Darstellung des Gesamt-Vertriebsergebnisses** enthalten, die dem Aufbau einer Deckungsbeitragsrechnung entspricht:

Vertriebsgesamtergebnis nach Kunden/ Kundengruppen	Ist letztes Jahr	Budget lfd. Jahr	% Veränderung z. Vorjahr	Ergebnis z. Jahresende	% Veränderung z. Budget	Budget nächstes Jahr	% Veränderung z. Vorjahr
	%	%	%	%	%	%	%
Bruttoumsatz	130						
– Retouren/Gutschriften	5						
– Erlösschmälerungen	25						
Nettoumsatz	100	100	100	100	100	100	100
– variable Herstellkosten	40						
Vertriebsdeckungsbeitrag I	60						
– Kosten der Logistik	5						
– Kosten der Werbung/ Verkaufsförderung bzw. Service bei den Kunden	5						
– Kosten des Vertriebs	25						
Vertriebsdeckungsbeitrag II	25						

Abb. 2.7: Schema für eine Gesamt-Vertriebsdeckungsbeitragsrechnung

2.5.4 Erstellung des Vertriebsplans

Nachdem gezeigt wurde, welchen Aufbau und welche Inhalte ein Vertriebsplan haben sollte, stellt sich spätestens jetzt die Frage: **Wer ist in welchen Phasen für die Planerstellung verantwortlich?**

- **Zusammenstellung der Informationen**: Hieran sollten **alle Mitarbeiter im Vertrieb**, insbesondere auch die Gebietsverkaufsleiterleiter, (ausgewählte) Außendienstmitarbeiter und die Key-Account-Manager beteiligt werden.
- **Situationsanalyse, SWOT-Analyse und Ableitung der Zieldefinitionen**: Erfolgt durch die **Vertriebsleitung** selbst. SWOT-Analyse und

Ziele sollten einen gemeinsamen Konsens durch alle leitenden Mitarbeiter im Vertrieb haben.
- **Erstellung der Kundenpläne**: Hierfür sind die **Key-Account-Manager** und die **Gebietsleiter** verantwortlich.
- **Aggregation zum Vertriebsplan**: Aus den Kundenplänen ergeben sich die Anforderungen an die Vertriebsressourcenplanung. Dies sollte wieder in den Händen der **Vertriebsleitung** liegen.

Die **Vertriebsleitung** hat auch (zum Teil zusammen mit der Marketingabteilung) die Verantwortung dafür, **Informationen über neue Projekte**, wie Produkteinführungen oder besondere Werbemaßnahmen, in den Planungsprozess einzubringen.

Die Vertriebsleitung muss die Informationen in den Planungsprozess einbringen

Weiterhin muss die Vertriebsleitung den **Rahmen für die Umsatz- und Ertragsziele**, die sich aus der Gesamtunternehmensplanung ergeben, verbindlich **bekannt geben**.

→ *Die Vertriebsplanung sollte sich als „Down-up"-Planung darstellen, also als „Gegenstromplanung", an der möglichst viele Vertriebsmitarbeiter beteiligt sind.*

Dieses Vorgehen **hilft**, einen gemeinsamen Konsens herbeizuführen und die Mitarbeiter für die Erreichbarkeit der Ziele **zu motivieren**.

Zeitbedarf von 3 und mehr Monaten für die Erstellung des Vertriebsplanes

Dass diese Planung viele iterative (wiederholende) Schritte beinhaltet, um sich einer möglichst guten Lösung zu nähern, ist selbstverständlich. Ähnlich wie bei der Erstellung von Marketingplänen kann mit einem Zeitbedarf von 3 und mehr Monaten für die Erstellung gerechnet werden.

ZUSAMMENFASSUNG **ÜBUNG**

- Zum Vertriebsmanagement gehört die Erstellung von Plänen, die Ziele, Strategien und Maßnahmen, einschl. Kosten, Timing und Benennung der Verantwortlichen für die Durchführung enthalten.
- Der sog. „Vertriebsplan" setzt sich aus drei Bausteinen zusammen: Kundenplan, Vertriebsressourcenplan und Ergebnisplan.
- Der Vertriebsplan muss jährlich erstellt werden.
- Der Vertriebsplan sollte als „Down-up"-Plan erstellt werden, an dem möglichst viele Vertriebsmitarbeiter beteiligt sind und den ein gemeinsamer Konsens trägt, durch den die Mitarbeiter motiviert werden.

> **ZUSAMMENFASSUNG** **ÜBUNG**
>
> - In der o. g. Vertriebsdeckungsbeitragsrechnung sind verschiedene Kostenarten aufgeführt. Welche Kosten im Einzelnen verstecken sich hinter: „Erlösschmälerungen", „Kosten der Logistik", „Kosten der Werbung", „Kosten des Vertriebs"? (Tipp: Schauen Sie mal in Kap. 6.3 nach.)
> - Übrigens: Was genau ist ein Deckungsbeitrag? Was sind variable und was sind fixe Kosten? Was hat der Deckungsbeitrag mit dem Gewinn zu tun?

2.5.5 Praxis der Vertriebsplanung

In dem dargestellten Planungsprozess haben die Verkaufsmitarbeiter die **Ergebnisse** und die **Einschätzung zukünftiger Entwicklungen** bei den Kunden eingegeben. Außerdem wurden alle Fakten wie **Neuprodukte**, **Werbeinitiativen** usw. in die Planung eingearbeitet. Auch steht fest, welche **Förderung** bei der Kundenbearbeitung und welches **Trainings- und Schulungsprogramm** die Verkaufsmitarbeiter erhalten, um die Ziele zu erreichen. Das ist die Basis, um für jeden einzelnen Mitarbeiter das individuelle Umsatz- und Kostenbudget festzulegen.

Die Art und Weise, die hier für die **Budgetermittlung** vorgeschlagen wird, wird als **„Ziel-und-Aufgaben-Methode"** („Objective and Task Method") bezeichnet: Aus den Zielen, die im Vertriebsplan festgehalten sind, leiten sich die Aufgaben ab.

Aus den Zielen, die im Vertriebsplan festgehalten sind, leiten sich die Aufgaben ab

In der Praxis des Vertriebs erfolgt die „Planung" und Budgeterstellung jedoch leider sehr oft auf andere Weise.

„Planung ist der Entwurf einer Ordnung, nach der sich das betriebliche Geschehen in der Zukunft vollziehen soll, sie ist das gedankliche, systematische Gestalten des zukünftigen Handelns." (Ehrmann, S. 894) Die **Planung** der kurzfristig und mittelfristig erzielbaren Umsätze ist „für jedes Unternehmen **von besonderer Bedeutung**. Leider ist es in der Praxis häufig so, dass einer systematischen Planung vom Umsatz und Deckungsbeitrag oft nicht die erforderliche Beachtung geschenkt wird." (Weiss 2000, S. 346)

In der Praxis findet eine systematische Planung leider nicht die erforderliche Beachtung

In der Realität ist die **Planung** im Vertrieb zumeist nur **(sehr) kurzfristig**. Sie befasst sich, wenn dann im Wesentlichen mit (vgl. Czech-Winkelmann 2002a, S. 55f):
- der **Umsatzplanung** als Fortschreibung der Umsätze der Vergangenheit,

- daraus resultierend den **Zielvorgaben** für die Verkaufsmitarbeiter und den damit wiederum verbundenen **Prämien- oder Provisionsbudgets**,
- der Planung von **Rabatten, Boni, Retouren und Gutschriften**, ebenfalls meist an Vergangenheitswerten orientiert, sowie der Planung von **Skonto**, abgeschätzt auf Basis des Bruttoumsatzes,
- der Planung von **Verkaufskampagnen** (die mit der Marketingabteilung abgestimmt werden) und
- der Planung der **Verkaufsunterstützung** (von Displays bis Salesfolder).

Doch zunächst einmal: **Mit welcher Management-Methode kann Planung durchgeführt werden?** Weiter oben wurde bereits die Down-up-Methode, die auch als Gegenstromplanung bezeichnet wird, angesprochen. Sie setzt sich aus dem Top-down-Ansatz in Kombination mit dem Bottom-up-Ansatz zusammen. Das Schaubild verdeutlicht den Richtungsverlauf der Planung in der Unternehmenshierarchie:

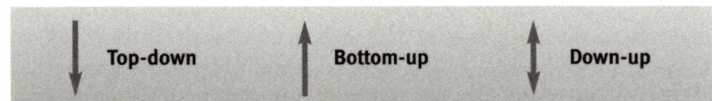

Abb. 2.8: Richtungsverlauf von Planungsmethoden

- **Top-down-Ansatz**: Das Top-Management gibt die Ziele und die Planungsgrößen vor, z. B. eine Umsatzsteigerung von 5 % gegenüber dem Vorjahr. Zur **Planzielerreichung** haben die einzelnen Abteilungen entsprechende Maßnahmen einzuleiten. Die Verkaufsmitarbeiter auf den verschiedenen Ebenen müssen ggf. darlegen, warum sie diese Ziele nicht erreichen konnten.

  Die **Akzeptanz** von Zielen, an deren Entwicklung man nicht beteiligt war, kann besonders dann **gering** sein, wenn die **Ziele als nicht erreichbar eingeschätzt** werden.

  → *Aufgrund der Anbindung von Provisionen und Prämien an Umsatzziele kann der Top-down-Ansatz zur Demotivation bei den Verkaufsmitarbeitern führen.*

- **Bottom-up-Ansatz**: Hier plant der **Verkaufsmitarbeiter** vom einzelnen Kunden ausgehend seine möglichen Umsatzziele. Sie werden Stufe für Stufe in der Hierarchie überarbeitet und **zusammengefasst**, bis das **Gesamtumsatzziel** feststeht.

Diese Methode ist **aufwendiger und zeitintensiver** und hat **größere Abstimmungsprobleme** als die Top-Down-Methode. Es wird zudem so sein, dass Mitarbeiter eher niedrigere Ziele angeben, um diese auf alle Fälle zu erreichen. Eine kluge Steuerung von Provision und Prämien kann solchen Tendenzen jedoch entgegenwirken (vgl. Weiss 2000, S. 348).

Kluge Steuerung von Provision und Prämien kann der Zielminimierung entgegenwirken

In den **meisten Firmen** erfolgt die Umsatzplanung nach dem Top-Down-Ansatz. Die **Geschäftsleitung bestimmt die Gesamt-Umsatzziele**. Der Umsatz des vergangenen Jahres wird zugrunde gelegt und eine prozentuale Steigerung von x % vorgegeben. Dieser Gesamtumsatz wird dann auf die einzelnen Verkaufsmitarbeiter „runtergebrochen".

Nach der erfolgten Umsatzplanung sind die **Kostenbudgets** zu planen. Dafür steht, neben der „Ziel-und-Aufgaben-Methode" eine Reihe weiterer heuristischer Methoden zur Verfügung. In der Praxis sehr häufig anzutreffen ist die:

Nach der Umsatzplanung sind die Kostenbudgets zu planen

- **Prozent-vom-Umsatz-Methode** („Percentage-of-Sales-Method"): Hier wird für Erlösschmälerungen, Retouren/Gutschriften, Kosten der Vertriebsmitarbeiter usw. **ein bestimmter Prozentsatz** zugrunde gelegt, der meist über die Jahre hinweg **recht konstant** bleibt.

Andere mögliche Methoden sind:
- **Ausgabenorientierte Methode** („All-you-can-afford-Method"): Was kann oder will sich das Unternehmen leisten? Hier werden keine konkreten Bezugsgrößen zugrunde gelegt. Die Unternehmensleitung gibt jeweils bekannt, wie viel Geld ausgegeben werden darf.
- **Konkurrenzorientierte Methode** („Competitive-Parity-Method"): Die eigenen Ausgaben orientieren sich an den Ausgaben der Wettbewerber.
- **Anteil-je-Produkteinheit-Methode** (Per-Unit-Method): Aus jeder produzierten Produkteinheit resultiert ein bestimmter Betrag, der ausgegeben werden darf.

ZUSAMMENFASSUNG ÜBUNG

- In der Praxis erfolgt die Planung von Umsätzen oft sehr kurzfristig und unsystematisch, meist Top-down.
- Der Gesamtumsatz wird auf die einzelnen Verkaufsmitarbeiter heruntergebrochen.

- Die Kostenplanung ist ebenso pragmatisch, indem ein bestimmter Prozentsatz vom Umsatzbudget, der meist über viele Jahre konstant bleibt, zugrunde gelegt wird.

3 Organisation der Kundenbearbeitung

3.1	Key-Account-Management zur Betreuung der Grosskunden	42
3.1.1	Ziele und Aufgaben	42
3.1.2	Stellung in der Vertriebsorganisation	44
3.2	Kundenbetreuung in der Fläche	47
3.2.1	Der Außendienstmitarbeiter	48
3.2.2	Weitere Berufsbilder in der Feldorganisation	53
3.2.3	Größe der Außendienstorganisation	55
3.2.4	Bildung von Verkaufsbezirken	62
3.2.5	Touren- und Routenplanung	66
3.3	Innendienst	73
3.3.1	Aufgaben des Innendienstes	73
3.3.2	Team Innendienst – Außendienst	74
3.4	Organisation der Vertriebsabteilung	76
3.4.1	Möglichkeiten der Aufbauorganisation	76
3.4.2	Effizienzsteigerung in der Ablauforganisation	82
3.5	Einsatz eigener oder fremder Vertriebsmitarbeiter	85
3.5.1	Ausgangssituation	85
3.5.2	Zusammenarbeit mit Handelsvertretungen	87
3.5.3	Kundenbearbeitung durch Service-Organisationen	95

3.1 KEY-ACCOUNT-MANAGEMENT ZUR BETREUUNG DER GROSSKUNDEN

3.1.1 Ziele und Aufgaben

 Der Key-Account-Manager ist für die Betreuung der „Schlüsselkunden" eines Unternehmens verantwortlich. Schlüsselkunden sind die umsatzstärksten Kunden.

Auch potenzielle Großkunden können dem Kreis der Key Accounts zugeordnet werden.

Entstanden ist das Key-Account-Management im **Investitionsgüterbereich**. Hier bedürfen viele Projekte und Aufträge aufgrund der **Individualität der Problemlösungen** einer engen Zusammenarbeit und Abstimmung zwischen Hersteller und Kunde. In den 70er Jahren wurde diese Funktion auch in der **Konsumgüterindustrie** eingeführt. Die **zunehmende Konzentration** des Handels und die Bildung von mächtigen Handelszentralen erforderte eine **Intensivierung der Zusammenarbeit** zwischen Einkauf und Verkauf (vgl. Diller 1993, S. 50). Mittlerweile ist es in allen Branchen üblich, Großkunden durch ein Key-Account-Management zu betreuen.

Intensivierung der Zusammenarbeit erforderlich

Die **Ziele**, die mit dem Key-Account-Management verwirklicht werden sollen, sind (vgl. Kotler/Bliemel 2001, S. 1025):

- **Stabilisierung bzw. kontinuierliche Verbesserung der Geschäftsbeziehungen**: Durch regelmäßige Kommunikation und den Austausch von Informationen soll das Geschäftsklima zwischen den Beteiligten auf einem guten Niveau gehalten oder weiter verbessert werden. Das ist die Basis für eine möglichst erfolgreiche und reibungslose Zusammenarbeit.
- **Reduzierung des Koordinationsaufwands**: Dies bezieht sich sowohl auf die Zusammenarbeit mit dem Kunden als auch auf die innerbetrieblich vorzunehmenden Koordinationstätigkeiten zwischen den verschiedenen Abteilungen, die in Kundenprojekte involviert sind.
- **Verbesserung bzw. Stärkung der horizontalen Marktstellung**: Die Key-Account-Manager sollen aufgrund ihrer Expertenfunktion die Stärkung der Position des eigenen Unternehmens im Vergleich zu der des Wettbewerbsunternehmens erreichen. Das Key-Account-Management ist also bestrebt, einen sog. **komparativen Konkurrenzvorteil** (KKV) zu verwirklichen (vgl. Backhaus 1999, S. 28), indem es sich konsequent an den Bedürfnissen der Kunden unter Berücksichtigung des Wettbewerbsumfeldes orientiert. Eine **starke horizontale Marktstellung** soll dazu führen, dass das Unternehmen eine bevorzugte Stellung als Lieferant erhält (**„prefered supplier position"**).

Ziele, die mit dem Key-Account-Management verwirklicht werden sollen

Konsequente Orientierung an den Bedürfnissen der Kunden unter Berücksichtigung des Wettbewerbsumfeldes

- **Verbesserung der vertikalen Marktposition**: Dieses Ziel ist typisch für die indirekte Distribution. Das Angebot des Herstellers soll möglichst derartig über den Handel bis zum Endverbraucher durchdringen, wie dies im Interesse des Herstellers ist.

Aus dieser Zieldarstellung wird deutlich (vgl. Dannenberg 2002, S. 581; vgl. Kleinaltenkamp/Fließ 1999, S. 13f.):

 Das Key-Account-Management wird umso wichtiger, je stärker die Integration des Lieferanten in die Leistungserstellung und die Wertschöpfung beim Kunden ist.

Das Key-Account-Management hat folgende Aufgabenschwerpunkte (vgl. Diller 1989, S. 214, vgl. derselbe 1993 a, S. 50 f.):
- **Koordination**: Hierunter sind Abwicklungs- und Koordinationsaufgaben zu verstehen. Sie beziehen sich hauptsächlich auf andere Funktionsbereiche im eigenen Unternehmen.

Aufgabenschwerpunkte des Key-Account-Managements

Beispiel

- Koordination mit der Produktionsabteilung zur Entwicklung kundenindividueller Verpackungen
- Koordination mit der Finanz- und IT-Abteilung zwecks EDI-Einführung zur Automatisierung der Administration
- Koordination mit der Marketingabteilung, um einen gemeinsamen Messeauftritt zu gestalten

- **Promotor**: In dieser Funktion soll der Key-Account-Manager die Zusammenarbeit mit dem Kunden aktiv beeinflussen und vorantreiben. Ziel ist es, die Zusammenarbeit auf jene Themenbereiche zu legen, die im besonderen Interesse des Herstellerunternehmens liegen.
- **Planung und Konzeption**: Dem Key-Account-Manager obliegt die Planung und konzeptionelle Gestaltung der kurz- bis mittelfristigen und auch langfristigen Entwicklung der Zusammenarbeit mit dem Kunden. Sie mündet in der Erstellung von **vertikalen Marketingkonzeptionen** oder auch sog. Kundenplänen.
- **Information**: Der Key-Account-Manager ist eine „Informationsdrehscheibe". Alle wichtigen Informationen, die er von den Kunden erhält, leitet er in seinem Unternehmen weiter. Der Einsatz von CAS/CRM-Software erleichtert diese Informationsweitergabe durch

das integrierte Berichtswesen und die (automatische) Verteilerfunktion.

> **Beispiel**
>
> Informationen über
> - organisatorische Veränderungen beim Kunden,
> - Reklamationen,
> - Ergebnisse von gemeinsamen Entwicklungen usw.

- **Kontrolle**: Der Key-Account-Manager muss regelmäßig kontrollieren, ob er seine kundenbezogenen Zielvorgaben wie Umsatz, Absatz, Deckungsbeitrag usw. erreicht hat. Weiterhin gehört zu der Kontrolltätigkeit die Prüfung, inwieweit mit dem Kunden ergriffene Aktivitäten und Maßnahmen erfolgreich im Rahmen der vereinbarten Budgets und der Terminschienen durchgeführt werden.
- **Diplomatenfunktion**: In dieser Funktion ist der Key-Account-Manager gefragt, ausgleichend bei unterschiedlichen Standpunkten zu wirken, Konflikte zu vermeiden und insgesamt für eine harmonische Beziehung zwischen Lieferant und Kunde zu sorgen.

Kundenbezogene Zielvorgaben müssen regelmäßig kontrolliert werden

3.1.2 Stellung in der Vertriebsorganisation

Die **organisatorische Eingliederung des Key-Account-Managers** in die Vertriebsorganisation wird in der Praxis in den verschiedenen Branchen **sehr unterschiedlich** gehandhabt (vgl. Sidow 2000, S. 60 ff.).

Für die effiziente Arbeit des Key-Account-Managements ist allerdings weniger die Organisationsform ausschlaggebend als vielmehr der wahrgenommene **Aufgabenumfang** und die **Entscheidungskompetenzen**, die dem Key-Account-Manager zugewiesen werden.

Es besteht die Möglichkeit, den Key-Account-Manager als Stabsstelle oder als Linienstelle einzugliedern. In vielen Organisationen wird auch die Matrixform gewählt.

Als **Stabsstelle** ist der Key-Account-Manager **der Vertriebsleitung zugeordnet** und berichtet an diese. Er hat im Wesentlichen eine **Informations- und Koordinationsfunktion** und unterstützt die Vertriebsleitung.

In dieser organisatorischen Eingliederung entspricht der Key-Account-Manager nur in Teilen dem oben genannten idealtypischen Aufgabenprofil.

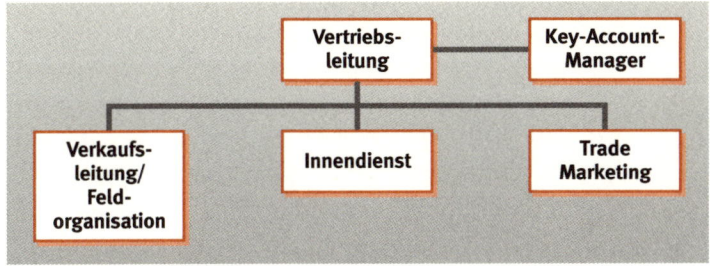

Abb. 3.1: Eingliederung des Key-Account-Managers als Stabsstelle in die Vertriebsorganisation

In der **Linienfunktion** berichten die nationalen Key-Account-Manager an die Vertriebsleitung. Gleichzeitig sind regionale Key-Account-Manager dem nationalen Key-Account-Manager unterstellt.

Kompetenzüberschneidungen zwischen nationaler und regionaler Kundenbetreuung, wie sie beispielsweise in der Matrixorganisation vorkommen, gibt es hier nicht.

Keine Kompetenzüberschneidungen

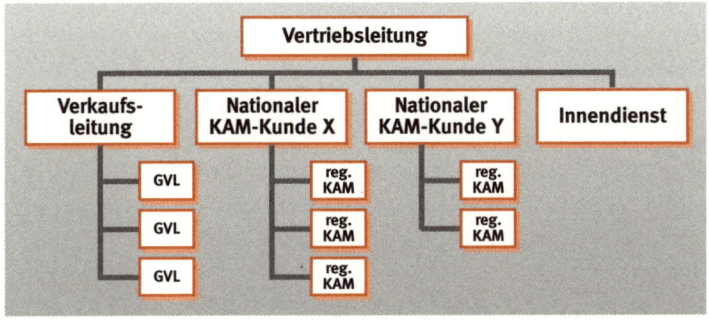

Abb. 3.2: Key-Account-Management als Linienorganisation

In der **Matrixform** sind nationale Key-Account-Manager der Vertriebsleitung unterstellt und stehen gleichberechtigt neben der für die Flächenbetreuung zuständigen Verkaufsleitung. Die regionalen Key-Account-Manager, die regionale Niederlassungen von Großkunden betreuen, sind der Verkaufsleitung unterstellt und hierarchisch mit den Gebietsverkaufsleitern gleichgestellt (bzw. in Personalunion als Gebietsverkaufsleiter und regionaler Key-Account-Manager tätig).

Die nationale Kundenbetreuung liegt damit beim nationalen Key-Account-Manager, die regionale Kundenbetreuung bei der Feldorganisation (vgl. Diller 1993a, S. 55). So kommt es **zwangsläufig** zu **Kompetenzüberschneidungen**.

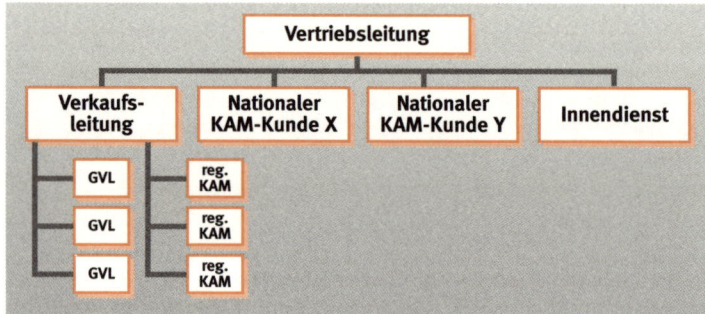

Abb. 3.3:   Matrixorganisation des Key-Account-Managements

Customer-Teams aufgrund der Komplexität und Verflechtung der Aufgaben und der großen wirtschaftlichen Bedeutung einzelner Key Accounts

Häufig sind **in der Praxis Teamstrukturen** im Key-Account-Management vorzufinden. Die Komplexität der Aufgaben, die Verflechtung dieser Aufgaben mit praktisch allen Unternehmensbereichen und die große wirtschaftliche Bedeutung der Key Accounts führt in vielen Unternehmen zu der Bildung von Kundenteams, auch **„Customer-Teams"** genannt.

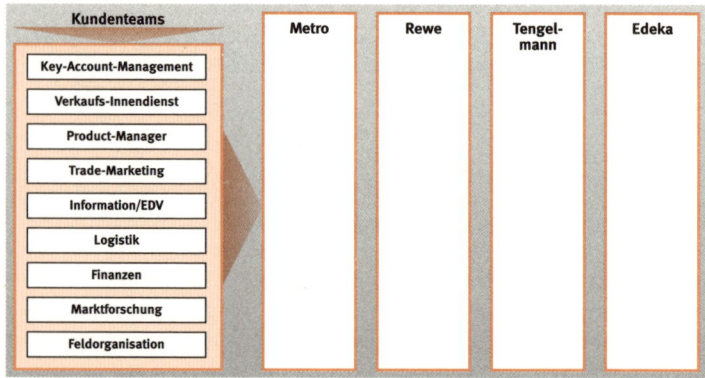

Abb. 3.4:   Beispiel für die Struktur von Kundenteams für Großkunden im Lebensmittelhandel

Die Aufgabe des **Key-Account-Managers** ist es, diese **Teams** zu **leiten** und zu **moderieren**. Dem Customer-Team des Lieferanten stehen auf Kundenseite ebenfalls oft Teams gegenüber.

> **ZUSAMMENFASSUNG**
>
> - Key-Account-Manager werden für die wichtigen „Schlüsselkunden" eines Unternehmes in praktisch allen Branchen und Unternehmen eingesetzt.
> - Sie sollen zu einer Verbesserung der Geschäftsbeziehungen beitragen ebenso wie zu einer Reduzierung des Koordinationsaufwands. Insbesondere aber haben sie für eine Stärkung der horizontalen Marktstellung und in der indirekten Distribution auch für eine Verbesserung der vertikalen Marktstellung zu sorgen.
> - In der Praxis sind nationale und regionale Key-Account-Manager auf verschiedene Arten in die Vertriebsorganisation integriert. Zunehmend finden sich auch sog. Kundenteams, die unter der Leitung des Key-Account-Managers die komplexen und vernetzten Problemstellungen der Kunden lösen.

> **ÜBUNG**
>
> - Erläutern Sie die Zielsetzungen, die mit dem Key-Account-Management verbunden sind.
> - Welche Aufgaben hat ein Key-Account-Manager zu erfüllen?
> - Welche Funktionen haben die Mitglieder eines Key-Account-Teams? Versuchen Sie anhand von möglichst konkreten Beispielen zu begründen, warum diese verschiedenen Funktionen in solchen Kundenteams vorzufinden sind.
> - Wie ist die organisatorische Eingliederung des Key-Account-Managements in die Vertriebsorganisation?
> - Warum fordern Unternehmen oftmals eine akademische betriebswirtschaftliche Ausbildung bei der Rekrutierung eines Key-Account-Managers?

3.2 Kundenbetreuung in der Fläche

Die Kundenbetreuung in der Fläche erfolgt durch die so genannte **Feldorganisation**. Die Mitarbeiter der Feldorganisation nehmen ein **weites Spektrum an Aufgaben** wahr. Es reicht von der Kundenakquisition, beratenden Tätigkeiten, Auftragseinholung bis hin zu Controllingaufgaben.

Eine Reihe verschiedener Berufsbilder findet sich bei den Mitarbeitern in Vertrieb. Je nachdem, ob es sich um Konsumgüter, die indirekt vertrieben werden, oder um Investitionsgüter/Dienstleistungen handelt, die direkt vertrieben werden, lassen sich bei den Feldmitarbeitern im Wesentlichen die im Folgenden beschriebenen Berufsbilder finden.

3.2.1 Der Außendienstmitarbeiter

Konsumgüterindustrie

Die **Tätigkeiten**, die die Außendienstmitarbeiter in der **Konsumgüterindustrie** heute bei den Handelskunden erbringen müssen, sind im Schwerpunkt **beratender und auch gestaltender Art**. Die Auftragseinholung macht nur noch einen geringen Teil der Tätigkeit aus. So kann das Verhältnis von Auftragseinholung zu Beratung mit 20% zu 80% abgeschätzt werden. Das Berufsbild hat sich eindeutig vom Auftragseinholer zum Handelsberater gewandelt (vgl. Biehl 2000, S. 48).

Das Berufsbild hat sich eindeutig vom Auftragseinholer zum Handelsberater gewandelt

Wird der Außendienstmitarbeiter **in zentral gesteuerten, filialisierten Handelunternehmen** (wie z.B. der Metro-Gruppe) eingesetzt, ist es noch treffender und zukunftsweisender ihn als **„POS-Manager"** zu bezeichnen (vgl. Puhlmann 1998, S. 40). Zu einem großen Teil entfällt hier die Auftragseinholung komplett. Die **Versorgung** der angeschlossenen Häuser/Filialen in den Großformen des Handels erfolgt heute **primär über die Zentralläger des Handelsunternehmens**. Durch **geschlossene Warenwirtschaftssysteme** wird der Warenabgang elektronisch festgestellt und für die erforderliche Nachdisposition gesorgt.

Bei Großformen des Handels: Durch geschlossene Warenwirtschaftssysteme wird der Warenabgang elektronisch festgestellt und für die erforderliche Nachdisposition gesorgt

Die **Auftragseinholung** gewinnt an Bedeutung, wenn man den **selbstständigen Einzelhandel** betrachtet. Die meisten Hersteller kontaktieren aus Kostengründen lediglich den Großhandel. Um den Einzelhändler kümmern sich zunehmend weniger Firmen. Aktuelle Praxisergebnisse zeigen allerdings, dass es wirtschaftlich sinnvoll sein kann, den Einzelhandel direkt zu besuchen (vgl. Biehl 2001, S. 41 ff.). Auch ein Einzelhändler hat – wie die Großformen des Handels – Beratungsbedarf.

Die **Beratungsfunktionen** der Außendienstmitarbeiter sind sehr umfangreich:
- **Überprüfung der Warenbestände**, insbesondere bei auslistungsgefährdeten Artikeln, um frühzeitig angemessene Gegenmaßnahmen einleiten zu können. Zu der Überprüfung der Warenbestände gehört auch die **Kontrolle des Abverkaufs von Sondergrößen und Sonderaufmachungen**. Der Außendienstmitarbeiter stellt die Restmengen einschließlich Sortierungen fest. In manchen Fällen muss er auch entscheiden, ob Restmengen an andere Kunden bzw. Filialen mit höherem Abverkauf geliefert werden sollen.

- **Physische Listungsdurchsetzung**: In der Praxis besteht ein zum Teil erheblicher Zeitunterschied (time-lag) zwischen der positiven Listungsentscheidung in den Zentralen der Handelsunternehmen und der physischen Listungsumsetzung, also der Distribution der Ware vor Ort. Durch ein intensives und koordiniertes Nachfassen durch die Feldmitarbeiter wird erreicht, dass die Durchsetzung der Ware an den POS schneller erfolgt, sodass keine Umsätze von Endverbrauchern verloren gehen. Das ist besonders wichtig, wenn die Werbung für das Produkt bereits gestartet ist.

    Oft erhebliches „time-lag" zwischen positiver Listungsentscheidung und physischer Listungsumsetzung

- **Neuproduktvorstellung**: Neuprodukte werden durch das Key-Account-Management in den Handelszentralen und im Großhandel vorgestellt und erläutert, denn weder die Zentralen der Handelsorganisationen noch der Großhandel erläutern den Mitarbeitern bzw. den selbstständigen Einzelhändlern die neuen Produkte der Hersteller. In der Praxis macht es jedoch einen erheblichen Unterschied, ob das – wenn auch knappe – Personal geschult ist oder nicht. Mögliche Fragen der Shopper können dann beantwortet werden und insgesamt verbessert sich die Einstellung der Handelsmitarbeiter und der selbstständigen Einzelhändler zu dem Industrieunternehmen und dessen Produkten.

- **Schulung**: Die Neuproduktvorstellung kann auch als Teil von Schulungsmaßnahmen gesehen werden. Zur Schulung zählt weiterhin die Unterrichtung in Fachthemen wie Sortimente (einschließlich Informationen zu Inhaltsstoffen, Zusammensetzung, Anwendung, Nutzen usw. der Produkte), richtige Beratung oder Vermarktungsmöglichkeiten usw. Insbesondere der selbstständige Einzelhändler nimmt diese Schulungen gern an, um seine Sortiments- und Vermarktungspolitik zu optimieren. Auch das Handelspersonal steht solchen Schulungen offen gegenüber und lässt sich dadurch motivieren.

- **Aktionsabsprachen, -durchführung und -überwachung**: Hersteller führen die verschiedensten Aktionen am POS in Abstimmung mit der Handelszentrale durch. Die Außendienstmitarbeiter sprechen die Aktionen detailliert in den Filialen ab. Sie sorgen dafür, dass die **Aktionsware rechtzeitig bestellt** wird, dass die **richtigen Mengen disponiert** werden und dass der für die Aktion **richtige Platz im Geschäft** ausgewählt wird. Oft werden allerdings auch externe Sales-Service-Agenturen eingeschaltet, die komplett für die Abwicklung zuständig sind. In solchen Fällen hat ein eigener Außendienst die Aufgabe, die Aktionsdurchführung zumindest stichprobenartig zu überwachen und festzustellen, ob die Abwicklung der Aktion in der vertraglich vereinbarten Weise erfolgt.

    Bei Einsatz von externen Sales-Service-Agenturen stichprobenartige Überwachung der Aktionen

- **Platzierungsoptimierung**: Die Anordnung der Waren im Regal wird von den Handelszentralen vorgegeben bzw. vom Einzelhändler selbstständig entschieden. Oft werden sog. **„Platzierungs- oder Regalspiegel"** eingesetzt, das sind Planogramme, die detailliert die Platzierung der Ware im Regal aufzeigen. In der Praxis ergeben sich gelegentlich Differenzen zwischen den zentralseitig vorgegebenen Platzierungsspiegeln und den Platzverhältnissen im Regal vor Ort. Hier kann der Außendienstmitarbeiter dafür sorgen, dass das Regal um die richtigen Produkte ergänzt wird und dass insgesamt die Platzierung der Ware wie mit der Zentrale vereinbart umgesetzt wird. Im selbstständigen Einzelhandel kann der Außendienstmitarbeiter den Einzelhändler beraten, die Produkte entsprechend der Marktbedeutung, die oft nicht bekannt ist, zu platzieren.

> Einsatz von „Platzierungsspiegeln", das sind Planogramme, die detailliert die Platzierung der Ware im Regal aufzeigen

- **Zweitplatzierungsabsprachen**: Neben der Erstplatzierung im Regal sind Zweit- bzw. Mehrfachplatzierungen für den Hersteller interessant. Es kann sich um dauerhafte Zweitplatzierungen oder um Aktionsplatzierungen bzw. sog. Sonderplatzierungen handeln.
- **Preispflege**: Hier erstellt der Außendienstmitarbeiter Übersichten über die vor Ort vorzufindenden Preise. Ziel ist die Einhaltung der mit der Zentrale abgesprochenen Normalpreise sowie weiterhin die Einhaltung von Aktionspreisen und der Übergang zu Normalpreisen nach dem zeitlichen Ablauf der Aktion.
- **Mitbewerberbeobachtung**: Es werden insbesondere Informationen über den Umfang des gelisteten Sortiments, die Qualität der Platzierung, Art und Umfang von Aktionen sowie Preislagen der Wettbewerbsprodukte in den verschiedenen Vertriebsschienen und Vertriebslinien eingeholt.
- **Überprüfung des Mindesthaltbarkeitsdatums (MHD)**: Diese Leistung wird nach Absprache mit den Zentralen häufig durch die Hersteller erbracht.
- **Merchandising/Regalservice**: „Merchandising" bedeutet die Betreuung und Pflege des Regals im Verkaufsgeschäft des Händlers. Auch diese Leistung wird von Herstellerseite erbracht.

Aus Kostengründen sind es oft nicht die Außendienstmitarbeiter, sondern eigens eingestellte **Merchandiser** bzw. Fremdorganisationen wie **Sales-Service-Agenturen**, die mit der Regalpflege beauftragt werden. In der Praxis ist ein fließender Übergang der Tätigkeiten, die von einem Außendienstmitarbeiter bzw. von einen Merchandiser vorgenommen werden, festzustellen. Eine klare Trennungslinie ist nicht gegeben. In der Großfläche des Handels arbeiten beide oft miteinander bei

> Aus Kostengründen werden oft Merchandiser bzw. Fremdorganisationen mit der Regalpflege beauftragt

einem Kunden und teilen sich die Aufgaben auf. In anderen Fällen ist nur der Merchandiser im Markt tätig, ohne dass dieser Markt durch einen Außendienstmitarbeiter besucht wird. Im klassischen Einzelhandel dagegen werden normalerweise keine Merchandiser eingesetzt, hier arbeiten nur Außendienstmitarbeiter.

Im klassischen Einzelhandel arbeiten normalerweise nur Außendienstmitarbeiter

Beispiel

Ein Tag im Leben eines Außendienstmitarbeiters in der Konsumgüterindustrie:
Herr Jung ist Außendienstmitarbeiter bei Gillette. An diesem Septembertag besucht er auf seiner Tour fünf SB-Märkte. Er beginnt im Kaufland Lampertheim. Hier ist er alle 14 Tage, um den optimalen Abverkauf der Markenprodukte sicherstellen zu können.
Am Informationsschalter muss Herr Jung warten, bis er sich endlich anmelden kann. Die Mitarbeiterin reicht ihm ein Besucher-Schild und den Ordner „Drogerie" mit der Bestell-Liste für die Gillette-Produkte. Hier wird er später gegen Gegenzeichnung eintragen, wie viele Rasierklingen etc. an das Geschäft geliefert werden sollen.
Herr Jung geht in die Abteilung Drogeriewaren und sorgt für Ordnung beim Nassrasur-Equipment, hängt die Rasierer an den richtigen Haken, ordnet die Gels und holt einen Karton vom Hochregallager, um neue Klingen aufzumachen.
Nun kommt die Bestellung, wozu er allerdings erst die Bestände im Hochregal und Lager sichten muss. Dann kommt der Pentop mit beschreibbarem Touchscreen-Bildschirm zum Einsatz. Mit „Click" kann er u.a. abrufen, was Gillette auf Lager hat, welche Aktionen, Handzettel, Neulistungen zentral oder lokal bei Kaufland geplant sind usw.
Den Bestellzettel von Kaufland füllt er per Hand aus und überträgt den Auftrag ebenfalls auf einen Auftragsblock. Erst abends gibt er die Daten ins System ein, um sie dann an Gillette zu überspielen. Dann „füttert" er den Computer mit „Shelf-Conditions" Distribution, Preisen, Out-of-Stock-Ware und Warenmengen, die von ihm aufgefüllt werden mussten.
Zur Marktbeobachtung zählt er noch die Haken eines Wettbewerbers. Dann geht Herr Jung weiter zu den Zahnbürsten, auch hier ordnet er und füllt die Bestell-Liste aus.
Jetzt braucht er die Unterschrift von der Abteilungsleiterin, die fast unbesehen unterschreibt. Herr Jung trägt seinen nächsten Besuchstermin und den Liefertermin ein. (Eine Agentur übernimmt das Verräumen der Ware, die sechs Tage später geliefert wird!)
Herr Jung gibt sein Besucher-Schild und die Bestell-Liste am Informationsschalter ab und fährt zu seinem nächsten Markt: Toom in Griesheim.

Dort parkt er am Lieferanteneingang und meldet sich bei dem Security-Mitarbeiter am Wareneingang an. Er verlangt eine „Pistole", die das papierlose Bestellen ermöglicht.

In der Drogerieabteilung ordnet Herr Jung wieder alle Produkte. Er geht auch an die Kasse, schlängelt sich durch die Kunden durch und bestückt alle Haken mit Rasierklingen. Dabei sammelt er alle Packungen mit ausgerissenen Aufhängern ein, die er anschließend mit Plastikaufklebern verstärken muss, in der Hoffnung, dass die Kunden die lädierten Schachteln akzeptieren. Wenig später drückt ihm eine Mitarbeiterin einen Karton mit solchen „Liegenbleibern" in die Hand in der Erwartung, dass er sie 1:1 gegen neue Ware tauscht. Herr Jung nimmt die Ware, zeigt sie dem Lagerleiter, holt Neuware aus dem Auto, zeigt sie wieder dem Lagerleiter und gibt sie dann der Abteilungsleiterin.

Einen Blick ins Lager kann er dann nicht werfen, da Mittagszeit ist. Deshalb geht er erst einmal ans Zahnregal. Ordnet wieder. Mit der Pistole schießt er die EAN-Codes an und gibt die benötigte Artikelanzahl ein. Der Security-Mann druckt die Bestellung aus, Herr Jung geht in die Kantine und legt sie der Abteilungsleiterin vor ... (vgl. Wittenhagen 2002, S. 41 f.).

Investitionsgüterindustrie

Produkte in der Investitionsgüterindustrie stellen hohe Anforderungen an die Produkt-fachliche Qualifikation der eingesetzten Mitarbeiter

Die Außendienstmitarbeiter in der **Investitionsgüterindustrie** nehmen **ähnliche Aufgaben** wahr wie die Kollegen in der Konsumgüterindustrie. Allerdings sind die **Produkte**, die sie vertreten, **wesentlich komplexer** und stellen hohe Anforderungen an die Produkt-fachliche Qualifikation der eingesetzten Mitarbeiter.

Ein weiteres Merkmal ist die in den letzten Jahren zunehmende **Produktindividualisierung**, d.h., es werden in vielen Fällen, z.B. im Maschinenbau, oft keine fertigen Produkte verkauft, sondern es erfolgen **Modifizierungen** bestehender Produkte oder komplette **Neukonzipierungen** (vgl. Kleinaltenkamp/ Fließ 1999, S. 3f).

 Die Mitarbeiter verkaufen daher weniger ein bestehendes Produkt als vielmehr die Leistung ihres Unternehmens, kundenindividuell eine Problemlösung zu schaffen bzw. gemeinsam mit dem Kunden ein neues Produkt zu entwickeln.

Kleinaltenkamp/Fließ haben in einer empirischen Untersuchung die Aufgaben der Außendienstmitarbeiter nach ihrem Umfang analysiert (vgl. Kleinaltenkamp/Fließ 1999, S. 36ff.). Die **wichtigste Aufgabe** in der Arbeit der Außendienstmitarbeiter in der Investitionsgüterindustrie ist die **Beratung**.

Die **zweitwichtigste** Tätigkeit sind die **Verhandlungen** über Konditionen, Preise und Liefertermine, gefolgt von der **Großkundenbetreuung**, die als **drittumfangreichste** Tätigkeit angesehen wird.

Nach der Bedeutung in abnehmender Reihenfolge werden folgende **weitere Tätigkeiten** ausgeübt: Angebotserstellung, Meinungsführerkontakte, After-Sales-Service, Händlerbetreuung, Sales Forecasting, Koordination, Reklamationsbearbeitung, Marktanalyse, Abwicklung, Produktgestaltung, Preispolitik, Messeplanung, PR und Werbung, Produktinformationen, Strategieplanung, Wirtschaftlichkeitsrechnung, Budgetierung, Qualitätssicherung und Controlling.

Betrachtet man den **Tagesablauf** eines Außendienstmitarbeiters, so fallen neben den Kundenbesuchen folgende, nicht direkt kundenbezogene Tätigkeiten an:
- Besuchsvorbereitung und -nachbereitung
- Reisevorbereitung
- Wartezeiten beim Kunden/Fehlbesuche
- Fahrtzeiten
- Berichte/administrative Arbeiten
- Sonstiges

Der Tagesablauf enthält viele, nicht direkt kundenbezogene Tätigkeiten

Die direkt beim Kundenbesuch stattfindenden Tätigkeiten betragen zeitlich oft ca. nur 25 % der Gesamtarbeitszeit eines Außendienstmitarbeiters. Den größten Anteil bei den nicht direkt kundenbezogenen Tätigkeiten hat die Fahrtzeit, die ebenfalls oft 25 % der Gesamtarbeitszeit ausmacht.

Die Fahrtzeit macht oft 25 % der Gesamtarbeitszeit aus

In der Praxis werden Außendienstmitarbeiter allerhöchstens intern als solche bezeichnet. Auf den Visitenkarten lassen sich die verschiedensten **Tätigkeitsbezeichnungen** finden, wie z.B. Kundenbetreuer, Kundenberater, Verkaufsberater, Gebietsleiter, Bezirksleiter, Gebietsverkaufsleiter, Repräsentant, Referent, Vertriebsbeauftragter usw.

3.2.2 Weitere Berufsbilder in der Feldorganisation

Aus den möglichen weiteren Berufsbildern der Feldorganisation werden im Nachfolgenden das Berufsbild des **Merchandisers** und das des **Verkaufsförderers/der Werbedame** (Hostess) vorgestellt. In der Pharmaindustrie spielt das Berufsbild des Pharmareferenten eine große Rolle, in der Kosmetikindustrie das der Reisekosmetikerin.

Der Schwerpunkt der Aufgabe der **Merchandiser** liegt in **Maßnahmen, die der Förderung des Abverkaufs der Waren** dienen. Dazu ist manch-

Schwerpunktaufgabe der Merchandiser: Maßnahmen, die der Förderung des Abverkaufs der Waren dienen

mal auch anstrengender körperlicher Einsatz notwendig. Merchandiser sind häufig auf der Basis von Teilzeitbeschäftigung oder 400-Euro-Jobs tätig. Es handelt sich vielfach um Hausfrauen oder Studierende. Da sich die Merchandisingmaßnahmen der Hersteller im Konsumgüterbereich auf nahezu die gleiche und überschaubare Gruppe an Geschäften konzentrieren (SB-Warenhäuser, Verbrauchermärkte und Cash&Carry-Märkte), sind externe Dienstleister in der Lage, alle entsprechenden Aktivitäten im Outlet zu koordinieren und vor allem auch kostengünstig durchzuführen.

Dazu gehören folgende Tätigkeiten:
- **Regalservice**: Sauberhalten der Regale, Auspacken der Waren, Preisauszeichnung, Einsortieren ins Regal, Entfernen von veralteter, defekter Ware aus dem Regal, Entfernen des Packmaterials.
- **Platzierung der Waren**: Dafür Sorge tragen, dass die Ware auf dem zentralseitig vereinbarten und vorgeschriebenen Platz steht, Anbringen/Entfernen von Regalmarkierungen wie Regaleinsätzen, Regalstoppern usw., soweit von der Handelsorganisation erlaubt und vom Hersteller zur Verfügung gestellt.
- **Aufstellen von Displays/Paletten**: Aus dem Lager des Geschäfts in den Ladenraum an den vereinbarten Platz bringen, Verpackungsmaterial entfernen, Ware auszeichnen.
- **Bestückung von Kassenzonen-Platzierungen**
- **Aufbau von Promotions**: Vorbereiten des Platzes im Ladengeschäft, Warenbereitstellung, ggf. Preisauszeichnung, Bereitstellung sonstiger Promotionaufbauten wie Tische, Plakate, Musik usw. und Promotionmaterial wie Broschüren, Handzettel, Proben usw. Diese Arbeit wird oft zusammen mit dem für die Promotiondurchführung zuständigen Verkaufsförderer erledigt oder von Letzterem allein übernommen.
- **Sonstige Aufgaben**: Hierzu gehören z.B. die Auftragsabwicklung und die Annahme von Retouren zwecks Gutschriftenerstellung durch den Hersteller.

Verkaufsförderer kommen zumeist von Fremdorganisationen

Verkaufsförderer, worunter auch **Werbedamen** verstanden werden können, kommen meist von Fremdorganisationen. Diesen obliegt auch die Einsatzsteuerung, Kontrolle und Abrechnung mit dem auftraggebenden Hersteller. Folgende Aufgabe werden im Wesentlichen wahrgenommen:
- **Sampling/Verteilung von Proben/Prospekten**: Im Ladengeschäft oder außerhalb, z.T. nach vorgegebenen Segmentierungskriterien.

- **Degustation**: Z. B. werden verschiedene Lebensmittel wie Käse, Wein, Bier, Wurst, Brot an Promotionständen zur Probe/zur Verkostung angeboten.
- **Produktvorführungen/Produktdemonstrationen**: Es kann sich um technische Produkte wie ein Bügeleisen oder Staubsauger oder um kosmetische Produkte wie Parfums oder auch um die Zubereitung einer Mahlzeit mit Fertigprodukten handeln usw.
- **Durchführung von Events**: Hier wird zusätzlich zu dem Produktwissen auch erwartet, dass der Verkaufsförderer oder die Werbedame rhetorische Fähigkeiten hat und in der Lage ist, vor Publikum frei zu sprechen und zu agieren/moderieren.

ZUSAMMENFASSUNG

- In der sog. Feldorganisation gibt es eine Reihe unterschiedlicher Berufsbilder, die – wie z. B. der Pharmareferent in der Arzneimittelindustrie – auch sehr branchenspezifisch sein können.
- Im Mittelpunkt einer Feldorganisation steht der „Außendienstmitarbeiter". Der Schwerpunkt seiner Tätigkeit liegt heute in fast allen Branchen in der Beratung der Kunden und in der Erbringung von Serviceleistungen, wie z. B. Regalpflege oder Schulung.
- Aufgrund der Komplexität der Produkte ist das Anforderungsprofil der Außendienstmitarbeiter in der Investitionsgüterindustrie vergleichsweise höher als in der Konsumgüterindustrie.

ÜBUNG

- Erläutern Sie die Tätigkeiten von Außendienstmitarbeitern in der Konsumgüterindustrie und in der Investitionsgüterindustrie.
- Begründen Sie, warum die Beratung den Schwerpunkt der Tätigkeiten ausmacht.
- Welche Tätigkeiten fallen im Lauf eines Tages bei einem Außendienstmitarbeiter an, die insgesamt seinen Tagesablauf und die Anzahl der Kunden, die besucht werden können, bestimmen?
- Welche Aufgaben haben Merchandiser und Verkaufsförderer wahrzunehmen?

3.2.3 Größe der Außendienstorganisation

Wie viele Mitarbeiter werden gebraucht, um die Kunden angemessen zu betreuen? Wie viele Mitarbeiter sind notwendig, um das Marktpotenzial richtig auszuschöpfen, und wie viele, um den Aktivitäten der Wettbewerber bei den Kunden zu begegnen? Wie viele Mitarbeiter kann sich das Unternehmen leisten?

 Die Bestimmung der Anzahl der Außendienstmitarbeiter ist eine der zentralen Fragen bei der Gestaltung der Feldorganisation.

Entscheidung über die Größe der Außendienstorganisation erfolgt unter kosten- und nutzenoptimalen Gesichtspunkten

Die Vertriebsleitung wird die Entscheidung unter kosten- und nutzenoptimalen Gesichtspunkten treffen. **Entscheidungskriterien** sind: Kundenerfordernisse, Auswirkungen auf das Umsatzergebnis/Potenzialausschöpfung, Arbeitsbelastung der Verkäufer und finanzielle Möglichkeiten des Unternehmens.

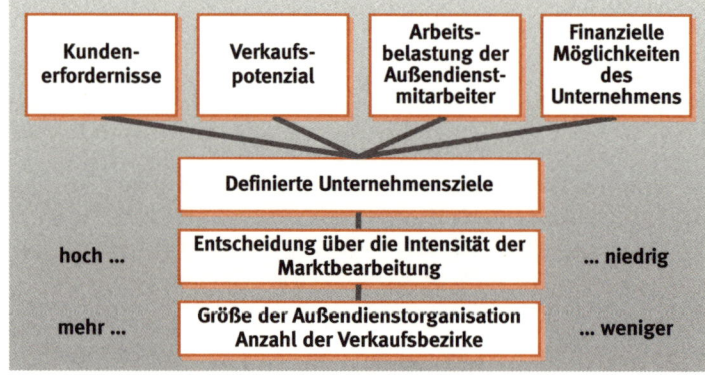

Abb. 3.5: Einflussfaktoren auf die Intensität der Marktbearbeitung durch die Außendienstmitarbeiter

Arbeitsbelastung auf jeden Verkäufer gleich verteilen

In der Praxis hat sich die Methode des „**Arbeitslastverfahrens**" als geeignet erwiesen, um die Anzahl der benötigten Mitarbeiter festzustellen. Es unterstellt, dass die Arbeitsbelastung auf jeden Verkäufer gleich zu verteilen ist (vgl. Weiss 2000, S. 343).

In die Arbeitsbelastung fließen ein: die Anzahl der aktuellen und potenziellen Kunden, die ein Außendienstmitarbeiter betreuen soll, die Häufigkeit, mit der diese Kunden besucht werden sollen, die Anzahl der zur Verfügung stehenden Besuchstage sowie die Anzahl der durchschnittlich an einem Tag möglichen Besuche. Etwas konkreter:

1. **Kunden**:
Die Kunden werden unterschieden in:

- Anzahl bestehender Kunden (= aktuelle Kunden)
- Anzahl neu zu akquirierender Kunden (= potenzielle Kunden)

Die aktuellen und die potenziellen Kunden werden nach ihrer Bedeutung für das Unternehmen – im Sinne der ABC-Analyse (vgl. Kap. 6) – in Kundengruppen aufgeteilt.

2. **Besuchshäufigkeit** – Besuchsfrequenz/Kundenkontakte:
Die Besuchshäufigkeit ist die Festlegung, wie oft ein Kunde in einem bestimmten Zeitraum, z. B. innerhalb eines Jahres, durch den Außendienst besucht werden soll. Sie wird getrennt nach
- Stammkunden und
- Neukunden sowie
- Besuchsvorgaben durch den Kunden (das ist z. B. im Lebensmittelhandel/SB-Warenhäusern üblich).

Die Besuchshäufigkeit wird weiterhin unterschieden nach der **Bedeutung des Kunden für das Unternehmen**. So werden B-Kunden häufiger besucht als C- oder D-Kunden. Wie oft die wichtigsten Kunden, die als A-Kunden klassifiziert sind, zu besuchen sind, sollte individuell geplant werden. Die Anzahl der **A-Kunden** ist normalerweise gering und die Bedeutung dieser Kunden so groß, dass der Aufwand für eine **kundenindividuelle Besuchsplanung** empfehlenswert ist.

Wird die Kundenanzahl mit der für erforderlich gehaltenen Besuchshäufigkeit multipliziert, ergibt sich die **Besuchsfrequenz** bzw. die Anzahl der Kundenkontakte in einem festgelegten Zeitraum.

Kundenanzahl multipliziert mit Besuchshäufigkeit ergibt die Besuchsfrequenz

Kundenklasse	Kundenanzahl	Besuchshäufigkeit/ festgelegter Zeitraum, z. B. Jahr	Besuchsfrequenz/ Anzahl Kundenkontakte
Fachgeschäfte			
A-Kunden	100	(individuell) 10	1.000
B-Kunden	500	8	4.000
C-Kunden	1.000	4	4.000
D-Kunden	400	2	800
Summe Fachgeschäfte	2.000		9.800
Fachmärkte			
A-Kunden	50	24	1.200
B-Kunden	400	18	7.200
C-Kunden	550	6	3.300
Summe Fachmärkte	1.000		11.700
Gesamt	3.000		21.500

Abb. 3.6: Ermittlung der Anzahl der Kundenkontakte

3. Anzahl der Besuchstage:
Die Anzahl der Besuchstage resultiert aus der Anzahl der möglichen Arbeitstage eines Außendienstmitarbeiters unter Abzug der Arbeitstage, die nicht für Besuche beim Kunden genutzt werden können. Eine beispielhafte Berechnung:

Kalendertage im Jahr	365
– Samstage/Sonntage	104
– Feiertage (individuell nach Bundesland)	12
– Urlaubstage	30
– Krankheitstage (z. B. Durchschnitt der letzten Jahre)	4
= **Durchschnittlich mögliche Arbeitstage pro Jahr**	**215**
– Schulungstage	5
– Besprechungstage	10
– Innendiensttätigkeiten	5
= **Durchschnittlich mögliche Besuchstage pro Jahr**	**195**

4. Mögliche Anzahl an Besuchen pro Tag:
Wie viele Besuche sind für einen Außendienstmitarbeiter an einem Tag möglich? Einflussgrößen sind:
- die Dauer des Aufenthalts bei den Kunden,
- die Entfernungen zwischen den Kunden,
- die Straßen- und Witterungsverhältnisse,
- die bei den Kunden üblicherweise anfallenden Wartezeiten und
- die nicht direkt kundenbezogenen Tätigkeiten, wie Besuchsvorbereitung, Berichte, administrative Arbeiten etc.

Schätzung der möglichen Anzahl von Besuchen aufgrund eigener Erfahrungen oder aufgrund von Branchenwerten

Die mögliche Anzahl von Besuchen wird in der Praxis aus eigenen Erfahrungen der Vergangenheit oder aber aus Branchenwerten abgeleitet. Erschwert wird die Ermittlung, wenn die Außendienstmitarbeiter parallel unterschiedliche Kundenkreise mit unterschiedlicher Besuchsdauer und Wartezeiten zu bearbeiten haben.

Nachdem alle Informationen vorliegen, kann die **Berechnung der notwendigen Kapazität an Außendienstmitarbeitern** erfolgen. Die Berechnungsformel für das Arbeitslastverfahren lautet:

$$\frac{\text{Anzahl erforderliche Kundenkontakte}}{\varnothing \text{ mögliche Besuche pro Tag}} = \text{erforderliche Mann-Tage}$$

$$\frac{\text{Anzahl erforderliche Mann-Tage}}{\text{Anzahl Besuchstage}} = \text{Anzahl Außendienst-MA}$$

In der Praxis erweist es sich als nachteilig, dass das **Arbeitslastverfahren sehr aufwendig und zeitintensiv** ist. Die notwendigen Informationen, z. B. Kundenklassifikationen, mögliche Besuchstage oder auch die Information über die durchschnittlich benötigte Dauer für einen Kundenbesuch, sind in vielen Fällen nicht vorhanden.

> Notwendige Informationen in vielen Fällen nicht vorhanden

Üblicherweise erfolgt ein Vergleich des Ergebnisses des Arbeitslastverfahrens mit der Methode **„Prozent Vertriebskosten/Umsatz"**. Hinter dieser Methode steht die Aussage, wie viele Kosten das Unternehmen für den Außendienst/Vertrieb aufwenden kann bzw. aufwenden will.

Sehr oft führt der **Abgleich des Ergebnisses** des Arbeitslastverfahrens **mit den zur Verfügung stehenden Budgets** zu einer Überarbeitung des Arbeitslastverfahrens. Man überprüft beispielsweise: Brauchen die Mitarbeiter mehr oder vielleicht auch weniger Schulungs- und Tagungstage? Kann die Anzahl der Kundenbesuche erhöht werden, indem z. B. künftig von kürzeren Wartezeiten bei den Kunden ausgegangen werden kann? Kann der Kundenbesuch zeitlich kürzer gestaltet werden? Ist die Besuchshäufigkeit in den verschiedenen Kundenklassen wirklich notwendig? Würde eine Veränderung der Gebiete zu effizienteren Fahrtwegen zu den Kunden führen?

> Der Vergleich mit dem zur Verfügung stehenden Budget führt oft zu einer Überarbeitung des Arbeitslastverfahrens

„Dreht" man an den verschiedenen „Stellschrauben", so ergeben sich sehr schnell große Auswirkungen, wie das folgende Beispiel zeigt.

Beispiel

Die im vorigen Beispiel genannten Fachgeschäfte brauchen 9.800 Besuchskontakte. Die Fachmärkte 11.700 Kundenkontakte.
Angenommen, es sind durchschnittlich 8 Besuche am Tag in Fachgeschäften möglich, bedeutet dies: 1.225 erforderliche Mann-Tage. Angenommen, es sind durchschnittlich 5 Besuche am Tag in Fachmärkten möglich, bedeutet dies: 2.340 erforderlich Mann-Tage.
Insgesamt kommen 3.565 Mann-Tage zusammen. Bei den berechneten 195 möglichen Besuchstagen müssen 18,3, also rund 18 Mitarbeiter eingestellt werden.

„Dreht" man nun an den „Stellschrauben", so ergeben sich z. B. folgende Auswirkungen:
- Veränderte mögliche Besuchszahl pro Tag:
  Statt 8 Besuchen am Tag in Fachgeschäften sind 8,5 Besuche möglich, d. h. 1.153 Mann-Tage. Statt 5 Besuchen am Tag in Fachmärkten sind 5,5 Besuche möglich, d. h. 2.127 Mann-Tage.

Insgesamt sind das 3.280 Mann-Tage; bei 195 möglichen Besuchstagen ergibt sich als erforderliche Mitarbeiteranzahl 16,8.
- Reduzierung der Besuchshäufigkeit:
Reduzierung der B-Fachmärkte von 18 auf 16 sowie der C-Fachmärkte von 6 auf 4 würde die Anzahl der notwendigen Mitarbeiter von 18,3 auf 16,8 reduzieren, also knapp zwei Mitarbeiter könnten eingespart werden.

So lassen sich eine Reihe von Modifikationen der Zahlen vornehmen, um die Tätigkeit wirtschaftlich werden zu lassen.

Eine weitere Möglichkeit, die Anzahl der Außendienstmitarbeiter zu ermitteln, unterstellt, dass **alle Mitarbeiter die gleiche Leistung**, d.h. das gleiche Umsatzergebnis bringen. Die Berechnungsformel lautet:

$$\frac{\text{Gesamtumsatz}}{\text{erwarteter Umsatz pro Mitarbeiter}} = \text{Anzahl der notwendigen Mitarbeiter}$$

Neben den drei hier aufgeführten Methoden stehen **mathematisch orientierte Methoden** zur Verfügung, um die optimale Größe der Außendienstorganisation zu ermitteln (vgl. Kuhlmann 2002, S. 189 ff.). Aufgrund der vielfältigen Variablen, die zum Teil nicht konkret quantifizierbar sind und vielen Veränderungseinflüssen unterliegen, sind methodische Ansätze, die eine mathematische Optimierung verfolgen, **kritisch zu betrachten**.

In der Praxis liefern **„einfache", heuristische Praktiker-Ansätze**, zu denen auch das Arbeitslastverfahren, die Methode: „Prozent Vertriebskosten/Umsatz" sowie die einfache Berechnungsformel: „Gesamtumsatz/Umsatzziel je Mitarbeiter" gehören, **angemessene und verwertbare Ergebnisse**.

Nach der Klärung, wie viele Außendienstmitarbeiter insgesamt eingesetzt werden, ist im nächsten Schritt eine **Feinplanung** einzuleiten. Das Verkaufsgebiet jedes Mitarbeiters muss im Detail analysiert werden:
- Die Anzahl der Besuchstage ist von Mitarbeiter zu Mitarbeiter meist unterschiedlich: Altersbedingte Freizeiten müssen berücksichtigt werden; die Feiertage unterscheiden sich von Bundesland zu Bundesland usw.
- Die **gebietsindividuellen Strukturen** von Absatzwegen und Kunden und die damit verbundenen Besuchsfrequenzen sind zu berücksichtigen.

- Die möglichen Besuche pro Tag können mit der Kundendichte und den Fahrtstrecken in einem Vertriebsgebiet variieren.

 Erst nach dieser Feinplanung kann eine abschließende Festlegung der Verkaufsgebiete vorgenommen werden.

Vertritt ein **Betriebsrat** die Mitarbeiter, hat dieser nach § 90 des Betriebsverfassungsgesetzes (BetrVG) ein Unterrichtungs- und Beratungsrecht, da ein Eingreifen in den Arbeitsplatz vorliegt. „Der Arbeitgeber hat mit dem Betriebsrat die vorgesehenen Maßnahmen und ihre Auswirkungen auf die Arbeitnehmer, insbesondere auf die Art ihrer Arbeit sowie die sich daraus ergebenden Anforderungen an die Arbeitnehmer so rechtzeitig zu beraten, dass Vorschläge und Bedenken des Betriebsrates bei der Planung berücksichtigt werden können." (§ 90 Abs. 2, Satz 1, BetrVG)

ZUSAMMENFASSUNG | ÜBUNG

- Die Größe der Außendienstorganisation ist eine der zentralen Fragen bei der Organisation der Kundenbearbeitung.
- Verschiedene Methoden stehen zur Verfügung. In der Praxis haben sich die heuristischen Methoden „Arbeitslastverfahren", „Prozent Vertriebskosten/Umsatz" und „Gesamtumsatz/Umsatz je Mitarbeiter" als geeignet erwiesen.
- Nach Ermittlung der Anzahl der benötigten Mitarbeiter folgt die Feinplanung, in der mögliche Besonderheiten in den Gebieten ausgelotet und ausgeglichen werden.

ZUSAMMENFASSUNG | ÜBUNG

- Welche Faktoren nehmen Einfluss auf die Intensität der Marktbearbeitung eines Unternehmens?
- Der Außendienst eines Pharmaunternehmens besucht 60 % der rund 22.000 Apotheken in Deutschland. Von diesen sind
  - 10 % A-Apotheken, die 12 x im Jahr besucht werden
  - 30 % B-Apotheken, die 6 x im Jahr besucht werden
  - alle anderen Apotheken sind C-Apotheken, die 3 x im Jahr besucht werden.
  - Insgesamt hat der Außendienst 200 Besuchstage zur Verfügung.

> Wie viele Besuche müssen die 20 Außendienstmitarbeiter im Schnitt pro Besuchstag absolvieren?
> Wie viele Mitarbeiter müssten eingestellt werden, um die Anzahl der durchschnittlichen Besuche am Tag auf 10 absenken zu können?
> - Versuchen Sie kritisch zu argumentieren, wo die Schwächen des Arbeitslastverfahrens liegen.
> - Welche Annahme liegt der Methode: „erwarteter Umsatz pro Mitarbeiter/Gesamtumsatz" zugrunde? Wo liegen die Schwachstellen dieser Methode?

3.2.4 Bildung von Verkaufsbezirken

Bildung von Verkaufsbezirken ist eine Basisaufgabe des Vertriebsmanagements

Unter einem **Verkaufsgebiet** sind die **Kunden** zu verstehen, die sich in einem **bestimmten geografischen Gebiet** befinden.

Unter der Bildung von **Verkaufsbezirken** ist die **Einteilung eines gesamten Verkaufsgebietes**, z. B. Deutschland, **in einzelne Gruppierungen** von Kunden zu verstehen. Die Bildung von Verkaufsbezirken gehört zu den Basisaufgaben des Vertriebsmanagements. (Die Begriffe Verkaufsgebiet und Verkaufsbezirk werden oft synonym verwendet.)

Vorteile von Verkaufsbezirken

Warum sind definierte Verkaufsbezirke wichtig? Der zuständige **Außendienstmitarbeiter ist für die Kunden in diesem Gebiet verantwortlich**. Er hat sich intensiv um seine Kunden zu kümmern und eine gute Kundenbindung aufzubauen. Kontinuierliche und „gute" Umsätze und Deckungsbeiträge sind sein wirtschaftliches Ziel.

Durch die Bildung von Verkaufsbezirken wird eine kostenintensive und für das Unternehmen **nachteilige Doppel- bzw. Mehrfachbearbeitung** der Kunden durch mehrere Außendienstmitarbeiter **vermieden**. Zudem ist die **Kontrolle der Ergebnisse** der einzelnen Außendienstmitarbeiter bei abgegrenzten Kundengebieten **einfacher** (vgl. Witt 1996, S. 144).

Aber auch eine Reihe von **Nachteilen** können sich aus der Bildung von Verkaufsbezirken ergeben:
- Bei längerer/langjähriger Betreuung eines Verkaufsbezirkes durch einen Außendienstmitarbeiter kann dieser das Gefühl entwickeln, dass es sich um „seine" Kunden handelt und dass sich das **Unternehmen in einer gewissen Abhängigkeit von ihm** befindet.
- Der Mitarbeiter bearbeitet seine Kunden nach einem gewissen, ihm eigenen, individuellen Arbeitsschema. Es ist **schwierig, Neuerungen** in der Kundenbearbeitung **durchzusetzen**. Solche Neuerungen

sind z. B. Veränderungen des Besuchsrhythmus oder des Aufbaus von Verkaufsgesprächen.
- Es besteht die Gefahr, dass der Außendienstmitarbeiter in Anbetracht des **fehlenden Wettbewerbs** in seinem Bezirk und der täglichen Routine einen Teil seiner Leistungsfreude und des Elans verliert. **Es fehlen neue Herausforderungen**.
- Zu bestimmten Kunden wird der Außendienstmitarbeiter aufgrund seiner Mentalität dauerhaft keinen Zugang finden. Der Kunde lehnt den Mitarbeiter ab. Oder die „**Chemie" stimmt** einfach **nicht** zwischen Mitarbeiter und Kunde.

Nachteile von Verkaufsbezirken

Diesen Nachteilen kann teilweise begegnet werden, indem z. B. **Bezirke** in einem bestimmten Turnus **getauscht** werden. Auch die Übernahme von **Vertretungen** in Bezirken der Kollegen ist hilfreich. Weiterhin ist es üblich, dass **über** die **Leistungen und Ergebnisse** aller Mitarbeiter **berichtet** wird (vgl. Kap. 6.3).

Die Bildung der Verkaufsbezirke schließt sich an die Ermittlung des Gesamtbedarfs an Außendienstmitarbeitern an. Bei dieser Einteilung sind eine Reihe von **Kriterien** zu berücksichtigen (vgl. Witt 1996, S. 145 ff.). Diese lassen sich in Größe, Grenze und Lage einteilen:

Nach Ermittlung des Gesamtbedarfs an Außendienstmitarbeitern Verkaufsbezirke bilden

- **Größe** des Verkaufsbezirkes
  - **Ausschöpfung des Absatzmarktes**: Die Größe des Bezirkes sollte die bestmögliche Kundenbearbeitung und damit eine optimale Marktausschöpfung gewährleisten. Weiterhin muss die Gewinnung neuer Kunden bedacht werden. Verkaufsbezirke, die noch ein großes Potenzial an neuen Kunden haben, sollten nicht zu groß geschnitten werden, da ansonsten, nach Gewinnung dieser Kunden, das Gebiet gleich wieder neu aufzuteilen ist.

Verkaufsbezirke mit hohem Potenzial an Neukunden nicht zu groß wählen

  - **Auslastung der Außendienstmitarbeiter**: Gleichzeitig ist eine angemessene gleichmäßige Auslastung der Außendienstmitarbeiter, wie sie z. B. im Rahmen des Arbeitslastverfahrens ermittelt wird, sicherzustellen.
  - **Chancengleichheit zwischen den Mitarbeitern**: Die Absatzpotenziale in den verschiedenen Verkaufsbezirken sollten annähernd gleich groß sein. Das fördert den Teamgeist und macht es einfacher, Gerechtigkeit in der Vergütung zu erlangen.

- **Grenzen** des Verkaufsbezirkes
  - **Orientierung an Verwaltungsgrenzen**: Verwaltungsgrenzen sind Gemeindegrenzen, Kreisgrenzen beziehungsweise Lan-

desgrenzen. Die Verkaufsplanung und -kontrolle wird erheblich erleichtert, wenn die Gebietsgrenzen den Verwaltungsgrenzen folgen. Zudem können nur so Daten und Informationen von Marktforschungsinstituten wie die „Absatzkennziffern" der GfK Nürnberg oder „Nielsen-Zahlen", die sich immer an Verwaltungsgrenzen orientieren, mit Daten aus den Verkaufsbezirken abgeglichen werden. (Die Postleitzahlen-Gebiete stimmen übrigens nicht mit den Verwaltungsgrenzen überein.)

Informationen von Marktforschungsinstituten sollten mit Daten aus den Verkaufsbezirken abgeglichen werden können

- **Verlauf der Verkehrswege**: Verkaufsbezirke müssen Verkehrswege wie Autobahnverlauf, Brücken und Tunnel berücksichtigen, um die Reisewege in einem Gebiet effizient gestalten zu können.
- **Landsmannschaftliche Grenzen**: Die Beziehung zwischen Kunde und Außendienstmitarbeiter wird erleichtert, wenn der Außendienstmitarbeiter aus der gleichen Gegend kommt und dadurch ähnlich spricht und Sitten und Gebräuche kennt.
- **Berücksichtigung der Filialnetze von Handelskunden**: So weit wie möglich sollte die Lage von Filialnetzen berücksichtigt werden. Die Zusammenarbeit mit der (regionalen) Zentrale und den einzelnen Filialen wird bei nur einem Ansprechpartner leichter. Gegebenenfalls ist dann auch die Abrechnung von Provisionen und Prämien (z. B. bei zentral zugeteilten Waren/Displays) weniger aufwändig.

- **Lage** eines Verkaufsbezirkes
  - **Wohnort des Mitarbeiters** in der Mitte des Verkaufsbezirkes: Die Bearbeitung des Gebietes wird dadurch effizienter bzw. kostengünstiger. Lange Heimfahrten oder teure Übernachtungen entfallen.
  - **Lage der wichtigsten Kunden** in der Mitte des Verkaufsbezirkes: So ist es leichter möglich, individuell auf Besuchswünsche der wichtigsten Kunden einzugehen. Dieses Kriterium ist von besonderem Interesse für den Außendienst im Investitionsgüterbereich, um den Wünschen der Kunden nach Service entgegenzukommen.

Sowohl der Wohnort des Mitarbeiters als auch der Sitz der wichtigsten Kunden sollte in der Mitte des Bezirkes liegen

Insbesondere dieses letzte Kriterium kann zwar bei der Planung angestrebt werden, ist aber, wenn Gebietsveränderungen vorgenommen werden, dauerhaft nicht einzuhalten. Im Extremfall liegen die Wohnorte der Außendienstmitarbeiter an der Grenze bzw. sogar außerhalb ihrer Gebiete.

Zur **Visualisierung der Kunden und der Gebiete** ist die Methode „Nadel und Faden" üblich (gewesen): Auf einer großen Gebietskarte werden die Kunden mit Stecknadeln markiert. Die Farbe des Stecknadelkopfes zeigt an, welche Gewichtung die Kunden haben (z. B. roter Stecknadelkopf für A-Kunden, schwarzer für B-Kunden usw.). Mit einem Faden werden die Grenzverläufe festgehalten.

Die Bildung von Verkaufsbezirken ist heute durch den **Einsatz von geografischen Informationssystemen** (GIS oder Desktop-Mapping-Systeme) wesentlich vereinfacht.

Heute ist die Bildung von Verkaufsbezirken durch den Einsatz von geografischen Informationssystemen wesentlich vereinfacht

 Ein geografisches Informationssystem ist eine Software, mit der raumbezogene Daten erfasst, gespeichert, dargestellt, analysiert und manipuliert werden.

Die Entwicklung des sog. „Geomarketing" und „Business Mapping" begann in Deutschland Anfang der 80er Jahre und hat sich im Laufe der Zeit ständig weiterentwickelt. Einsatzgebiete von GIS-Software sind z. B. Banken (z. B. Analyse der Marktanteile), der Umweltschutzbereich (z. B. Naturschutzgebiete), Industrie und Handel (z. B. Analyse von Umsatz und Wettbewerbsanteilen) und seit ca. 1995 auch Vertrieb und Marketing.

Im Bereich Vertrieb und Marketing können durch geografische Informationssysteme betriebswirtschaftliche Daten mit grafischen bzw. raumbezogenen Objekten verbunden werden. Die Daten können über externe Standard-Schnittstellen aus externen Quellen, z. B. ASCII, Excel Tabellenkalkulationen oder Textdateien usw., importiert werden.

Betriebswirtschaftliche Daten mit grafischen bzw. raumbezogenen Objekten verbinden

Im Vertrieb ermöglicht der Einsatz der Gebietskarten-Software, **Analysen wesentlich effizienter** durchzuführen und **Standardfragen in kürzester Zeit** zu klären (vgl. Mühlberger 1997, S. 27):
- Wo befinden sich meine (potenziellen) Kunden?
- Wie gut ist die Marktausschöpfung je Außendienstgebiet?
- Wo sind die Marketingaktivitäten am erfolgreichsten?
- Wie ist das Verhältnis Stammkunden/ Neukunden?

Durch den Einsatz von Gebietskarten-Software lassen sich Gebietsaufteilungen überprüfen, neue Gebiete planen und die Auslastung der Mitarbeiter optimieren:
- Wie viele Außendienstmitarbeiter sind notwendig, um die Kunden zu besuchen?
- Wie hoch ist die Belastung des einzelnen Außendienstmitarbeiters?

Gebietsaufteilungen können überprüft, neue Gebiete geplant und die Auslastung der Mitarbeiter optimiert werden

- Wie verändern sich die Gebiete, wenn neue Außendienstmitarbeiter eingestellt werden müssen? – Wie verändern sich Gebiete, wenn Außendienstmitarbeiter eingespart werden?

Angebote genau vergleichen

Da die Anbieterzahl von Gebietskartensoftware am Markt recht überschaubar ist, ist es empfehlenswert, sich von dem Programmangebot der verschiedenen Anbieter einen Eindruck zu verschaffen. Die Produkte unterscheiden sich z. B. hinsichtlich Anzahl und Art von Zusatzmodulen, Schnittstellen zu anderen Programmen, Umfang der Visualisierungsmöglichkeiten, Erlernbarkeit des Systems, Schulungsangeboten durch die Hersteller und insbesondere auch durch die Kosten.

ZUSAMMENFASSUNG **ÜBUNG**

- Die Festlegung der Anzahl der benötigten Außendienstmitarbeiter ist Grundlage für die Planung von Größe, Grenzen und Lage der Verkaufsgebiete.
- Verkaufsbezirk ist ein bestimmtes geografisches Gebiet, in dem sich die Kunden befinden, die einem bestimmten Außendienstmitarbeiter zugeordnet sind.
- An Planungsmethoden steht die äußerst aufwendige Methode „Nadel und Faden" zur Verfügung. Zunehmend mehr Unternehmen gehen dazu über, sog. Gebietskartensoftware einzusetzen.

ZUSAMMENFASSUNG **ÜBUNG**

- Was ist ein Verkaufsbezirk und welche Kriterien sollten bei der Planung eines Verkaufsbezirks angesetzt werden?
- Wo liegen die Vorteile, Verkaufsbezirke zwischen den Außendienstmitarbeitern zumindest zeitweise zu tauschen?
- Welche Methoden zur Planung von Verkaufsbezirken kennen Sie?

3.2.5 Touren- und Routenplanung

Eng verknüpft mit der Planung der Verkaufsbezirke ist die Tourenplanung der Mitarbeiter. In einer **Tourenplanung** wird festgelegt, welche Kunden auf ein und derselben Fahrt besucht werden sollen (=Tourenplanung im engeren Sinne).

Routenplanung legt die Reihenfolge der Kunden in einer Tour fest

In der anschließenden **Routenplanung** wird festgelegt, in welcher Reihenfolge die Kunden in einer Tour bedient werden (= Fahrtstrecke).

Dabei wird in der Routenplanung (als Reihenfolgeoptimierung) versucht, den kürzesten Weg bei n Besuchen von Punkt A (Wohnort oder Hotel) über beliebige B (Kunden) zurück zu A festzulegen.

Im weiteren Sinne besteht die Tourenplanung daher aus der Gesamtheit aller Touren und Routen, die zum Kundenbesuch benötigt werden.

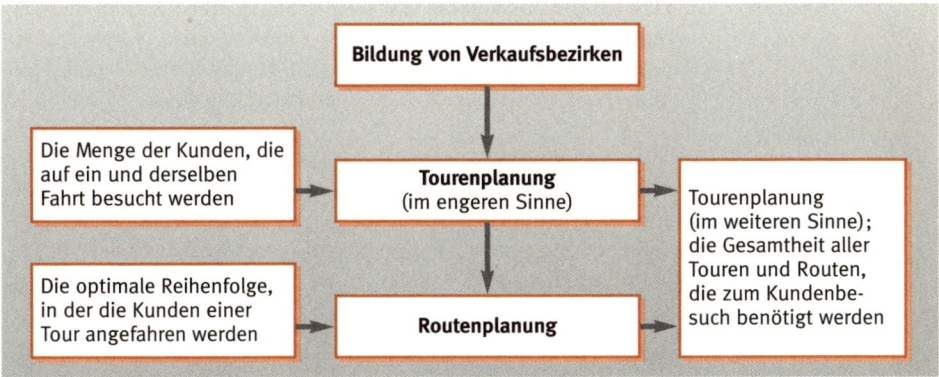

Abb. 3.7: Zusammenhang von Routen- und Tourenplanung

Bei der **Tourenplanung im engeren Sinn** wird die strategische und die operationale Tourenplanung unterschieden, auch Mischformen sind möglich (vgl. Frerk 2001, S. 4 f.):

- Die **strategische Tourenplanung** befasst sich mit **wiederkehrenden** und mit **längerfristig bekannten Kundenbesuchen**. Hier sind die Besuchszeiträume und die Besuchsrhythmen bekannt. Die **Planungszeiträume** liegen in einem Bereich **von einer Woche bis zu einem Jahr**. In der Praxis sehr häufig vorkommende Planungsperioden sind vier bis sechs Wochen. Beispielsweise arbeiten Außendienste im Konsumgüterbereich, die den Lebensmittelhandel oder Drogerien oder Parfümerien besuchen, mit einer strategischen Tourenplanung.

  Häufige Planungsperioden: 4–6 Wochen

- Die **operationale Tourenplanung** befasst sich mit Situationen, in denen **kurzfristig** Touren und Routen zusammengestellt werden müssen. Diese Situation tritt z. B. bei Speditionen auf, wenn Aufträge kurzfristig auf Auslieferungspunkte und Fahrzeuge verteilt werden müssen. Im **Gebrauchsgüterbereich** werden Touren und Routen kurzfristig zusammengestellt, da die Servicetechniker täglich ihren Einsatzplan erhalten. Auch im **Investitionsgüterbereich** ist die Tourenplanung operational, wenn die Verkäufer für einen bestimmten Kundenkreis verantwortlich sind, diesen aber nicht regelmäßig, sondern fallweise besuchen.

- Eine **Mischform** liegt vor, wenn eine strategische Tourenplanung als Vorplanung grundsätzlich möglich ist, im Rahmen einer kurzfristigen Feinplanung jedoch **Anpassungen an die Kundenanforderungen** notwendig sind. Diese Situation entsteht häufig bei Servicetechnikern, wenn zu strategisch planbaren Wartungsaufträgen kurzfristig Notfälle in die Tour eingeplant werden müssen; diese Situation kann auch eintreten bei Konsumgütern, wenn Außendienstmitarbeiter für unregelmäßig anfallende Promotionaufgaben oder Serviceaufgaben beim Kunden zuständig sind.

Vorplanung möglich, aber kurzfristige Feinplanung

Für die **strategische Tourenplanung** stehen verschiedene Methoden zur Verfügung. Grundlage ist das sog. „**Kuchenprinzip**" oder „pie system": Ein Verkaufsbezirk wird, je nach Kriterium, z. B. Tage oder Wochen, in Segmente eingeteilt, wobei der Wohnort des Außendienstmitarbeiters in der Mitte des Bezirkes liegt (vgl. Wilson 1975, S. 74 f.).

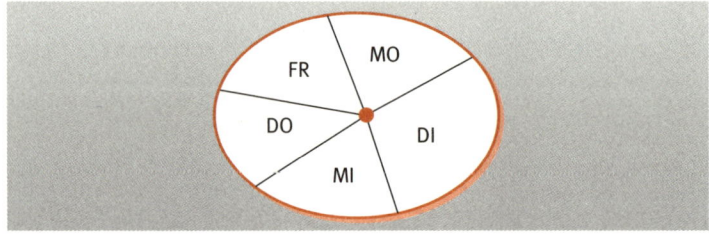

Abb. 3.8: Tourenplanung nach dem Kuchenprinzip – Einteilung nach Arbeitstagen

- **Tourenplanung nach dem Kuchenprinzip mit unterschiedlichen Besuchsfrequenzen**:
Werden die Kunden mit unterschiedlichen Besuchsfrequenzen besucht, muss bei einer **Einteilung** des Verkaufsbezirkes **nach Arbeitstagen** jeder Abschnitt weiter unterteilt werden. Diese Unterteilung richtet sich nach der Wochenanzahl pro Besuchsrhythmus: Liegt z. B. ein 4-wöchentlicher Besuchsrhythmus zugrunde, sind 4 Unterteilungen vorzunehmen (vgl. Abb. 3.9).
Werden die Kunden in **unterschiedlichen Besuchsfrequenzen** besucht, ist ein gemeinsamer Nenner für die Abschnittsunterteilung zu finden: Eine 4-wöchentliche Unterteilung bietet sich also z. B. auch an, wenn die A-Kunden alle 4 Wochen, die B-Kunden alle 8 Wochen und die C-Kunden alle 12 Wochen besucht werden.

Weitere Unterteilung richtet sich nach dem Besuchsrhythmus

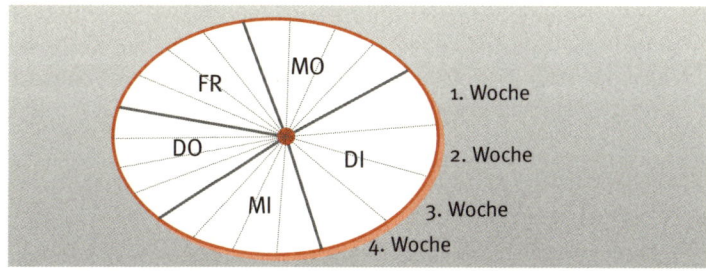

Abb. 3.9:   Tourenplanung mit 4-wöchentlichen Besuchsrhythmen

Die Tourenplanung ergibt sich beispielhaft, wie nachfolgend aufgezeigt, aus den Kundendaten:

Kunden \ Wochentag	Montag 1. Wo.	Montag 5. Wo.	Montag 9. Wo.	Montag 13. Wo.	Montag 17. Wo.
A-Kunde A1	●	●	●	●	●
B-Kunde B1	●		●		●
B-Kunde B2		●		●	
C-Kunde C1	●			●	
C-Kunde C2		●			●
C-Kunde C3			●		

Abb. 3.10:   Tourenplanung bei unterschiedlichen Besuchsfrequenzen (Basis: 4 Wochen)

Der **Vorteil** der Bezirkssegmentierung nach Arbeitstagen (Mo, Di, Mi, usw.) liegt darin, dass der Außendienstmitarbeiter jedes der fünf Segmente einmal wöchentlich besucht. Dadurch können dringende Kundenbesuche in einem von der Reiseroute entfernten Gebiet kurzfristig, innerhalb einer Woche eingeplant werden.

Der **Nachteil** ist darin zu sehen, dass der Außendienstmitarbeiter, sollte er an einem Tag seine Tour nicht zu Ende bringen können, erst wieder in der darauf folgenden Woche in die Nähe des nicht besuchten Kunden aus dieser Tour kommt. Auch können außerplanmäßige Kundenbesuche schlecht eingeplant werden oder der Kunde muss ggf. eine Woche warten

- **Tourenplanung nach dem Sprungtourenverfahren:**
  Um den Nachteil der obigen Methode aufzufangen, kann das Kuchenprinzip mit wöchentlicher Unterteilung auch in ein sog.

„Sprungtourenverfahren" verändert werden. Hier erfolgt die Aufteilung der Reisetage nicht im Uhrzeigersinn, sondern unter der Prämisse, dass die aufeinander folgenden Tage möglichst weit entfernt voneinander liegen.

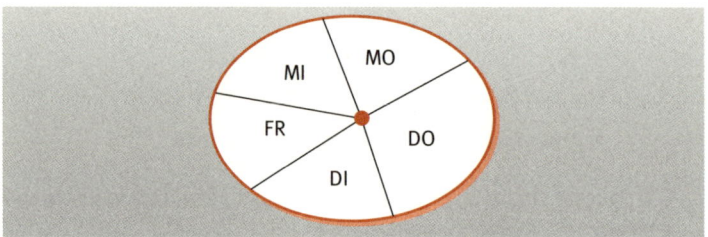

Abb. 3.11: Gebietsaufteilung nach dem Sprungtourenverfahren

- **Mehrwochentouren**:
Während die obigen Verfahren sich für kleinere und mittelgroße Gebiete anbieten, sind für größere Verkaufsbezirke, wie z.B. ganze Nielsen-Gebiete, sog. „Mehrwochentouren" angesagt. Auch hier liegt das „Kuchenprinzip" zugrunde, die **Aufteilung des Gebietes** erfolgt jedoch **nach Wochen** (vgl. Häussermann 1983, S. 156 f.).
Vorteil der Mehrwochentouren ist, dass Kunden, die z.B. am Montag nicht angetroffen wurden, am Dienstag besucht werden können, ohne dass die Tour umgestellt werden muss.

Aufteilung hier nach Wochen

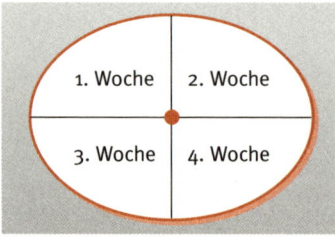

Abb. 3.12a: Mehrwochentouren

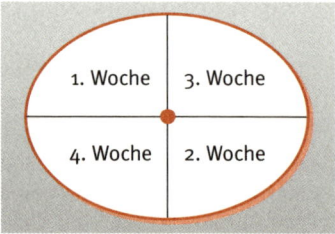

Abb. 3.12b: Mehrwochentouren nach dem Sprungtourenverfahren

Der **Nachteil** ist allerdings, dass die Kunden 4 Wochen warten müssen, bis sich der Außendienstmitarbeiter wieder in dem Teilbezirk befindet.

Die o.g. Verfahren sind analog anzuwenden, wenn sich der Wohnort des Außendienstmitarbeiters in einem Randgebiet seines Verkaufsbezirkes oder sogar außerhalb dessen befindet. In diesen Fällen kann allerdings nicht das „Kuchenprinzip" zugrunde gelegt werden: Hier muss der Verkaufsbezirk in „sinnvolle" Segmente, z. B. in Abhängigkeit von Kundenclustern oder Verkehrswegen, aufgeteilt werden.

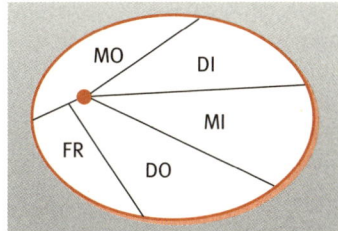 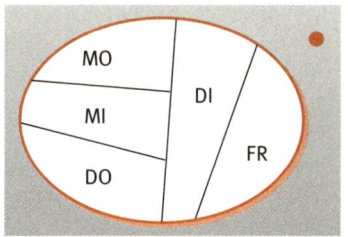

Abb. 3.13a: Der Wohnort des Mitarbeiters liegt am Rand des Verkaufsbezirkes

Abb. 3.13b: Der Wohnort des Mitarbeiters liegt außerhalb des Verkaufsbezirkes

An die Festlegung der Touren schließt sich die **Routenplanung** an, also die Festlegung der Strecke, die der Mitarbeiter fahren soll.

Zeit- und Wegstreckenminimierung

 Ziel der Routenplanung ist es, dass der Mitarbeiter einen möglichst kurzen und schnellen Weg zwischen den Kunden zurücklegt.

Grundlage ist das sog. **Travelling Salesman Problem (TSP)**, das darin besteht, einen Handlungsreisenden eine Rundreise durch n Städte machen zu lassen, diese nur jeweils einmal zu besuchen und dabei einen möglichst kurzen Weg zurückzulegen.

Grundlage ist das „Travelling Salesman Problem"

Neben der **kurzen Fahrtstrecke** ist in der Praxis auch die **Schnelligkeit**, mit welcher der Außendienstmitarbeiter seine Kunden anfährt, entscheidend für die **Maximierung der Kundenbesuchszeit**.

Mittels **(computergestützter) approximativer Optimierungsverfahren** wird versucht, das TSP zu lösen. Mit diesen Routenplanungssystemen kann am sichersten und am einfachsten sowohl eine Zeitminimierung als auch eine Wegstreckenminimierung erreicht werden.

Steht eine solche Software nicht zur Verfügung, muss die Routenplanung „von Hand" gemacht werden. In der Vertriebspraxis ist das **„Außenringverfahren"** bekannt (vgl. Häussermann 1983, S. 159 f.). **Ausgangspunkt** ist eine **Landkarte**, auf der die Kundenstandorte markiert sind:

Routenplanung per Computer oder von Hand als „Außenringverfahren"

KUNDENBETREUUNG IN DER FLÄCHE | 71

- Die am weitesten außen liegenden Kundenstandorte werden miteinander verbunden, sodass sich ein **Außenring** bildet.
- Im nächsten Schritt werden die innerhalb des Rings liegenden Kunden miteinbezogen, wobei **folgende Regeln** zu beachten sind:
  - Vermeidung von scharfen oder steilen Winkeln.
  - Strecken, die bereits zurückgelegt sind, sollten nicht noch einmal in der Gegenrichtung befahren werden. Gleiches gilt für parallel verlaufende Strecken.
  - Kreuzungen von Wegen vermeiden.

Regeln beim Außenringverfahren

Unter Beachtung dieser Regeln werden die **innen liegenden Standorte** nun **integriert**. Dabei wird jeweils eine Strecke des Außenrings durch eine neue Verbindungsstrecke zu den innen liegenden Kundenstandorten ersetzt.

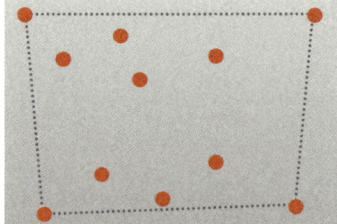

Abb. 3.14a: Festlegung des Außenrings

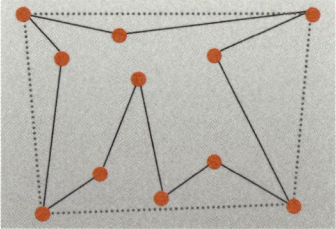

Abb. 3.14b: Verbindung mit den innerhalb des Rings liegenden Kunden

Die nach der Methode des Außenringverfahrens ermittelte Kundenabfolge benötigt im anschließenden Schritt eine **Überprüfung der Straßen** zu den Kunden, das bedeutet, es muss so lange eine Modifikation erfolgen, bis der Außendienstmitarbeiter plausibel begründen kann, jetzt die „beste" Route für seine Tour gefunden zu haben.

ZUSAMMENFASSUNG ÜBUNG

- Eng verknüpft mit der Planung der Verkaufsbezirke ist die Tourenplanung der Mitarbeiter. In einer Tourenplanung (im engeren Sinne) wird festgelegt, welche Kunden auf ein und derselben Fahrt besucht werden. In der anschließenden Routenplanung wird die Fahrtstrecke und damit die Reihenfolge bestimmt, in welcher die Kunden in einer Tour angefahren werden.
- „Kuchenprinzip", „Sprungtourenverfahren" und „Mehrwochentouren" sind die Stichworte bei den Methoden zur Tourenfestlegung.

- Der Routenplanung liegt das sog. „Travelling Salesman Problem" (TSP) zugrunde. Es behandelt die Frage nach dem kürzesten Weg des Handlungsreisenden auf einer Rundreise durch n Städte, wobei diese nur jeweils einmal besucht werden dürfen.
- Am effizientesten lösen computergestützte Routenplanungssysteme die Frage nach dem kürzesten und schnellsten Weg.

ZUSAMMENFASSUNG **ÜBUNG**

- Was genau ist eine Tourenplanung und was eine Routenplanung?
- Was unterscheidet die strategische von der operativen Tourenplanung?
- Nennen Sie die verschiedenen Verfahren zur Tourenplanung und zur Routenplanung.
- Was ist das Travelling Salesman Problem?
- Markieren Sie auf einer Landkarte in einem Landkreis Ihrer Wahl 10 Orte und versuchen Sie mit der Methode des Außenringverfahrens die optimale Fahrtstrecke festzulegen.

3.3 INNENDIENST

3.3.1 Aufgaben des Innendienstes

Welche Aufgaben nimmt der Innendienst wahr? Zunächst ist er das Bindeglied zwischen dem Kunden, dem Außendienst und dem Unternehmen. Gleichzeitig **unterstützt** er den **Außendienst** bei dessen Tätigkeiten bei den Kunden, ist aktiv in die **Kundenbearbeitung** einbezogen und ist auch oft zusammen mit dem Außendienstmitarbeiter für die **Umsätze mitverantwortlich**.

Der Innendienst ist das Bindeglied zwischen Kunden, Außendienst und Unternehmen

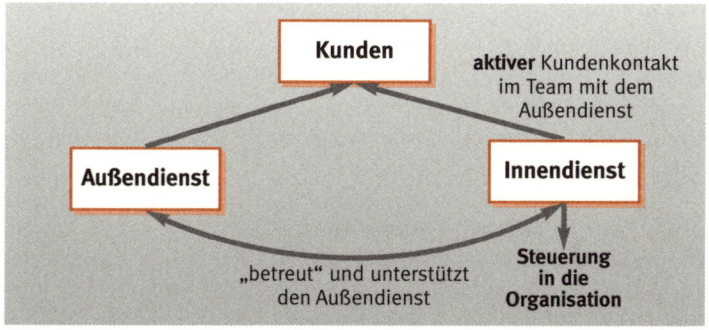

Abb. 3.15: Innendienst als Bindeglied zwischen Kunden, Außendienst und Unternehmen

Die **wichtigsten Einzelaufgaben** des Innendienstes sind:

- **Auftragsabwicklung**: Kontrolle der eingehenden Aufträge auf Vollständigkeit; die Weiterleitung der Aufträge an die Versandabteilung erfolgt heute zunehmend auf EDI-Basis.
- **Koordination zwischen Vertrieb, Logistik und Produktion**: Sicherstellen von Warenverfügbarkeiten, Erstellen von Absatzplänen (oft zusammen mit dem Produktmanagement), Klärung bei Lieferschwierigkeiten.
- **Customer Service/Kundenbetreuung inkl. Verkaufstätigkeit**: Hierzu gehört beispielsweise Telefonverkauf bei Stammkunden, Teamverkauf mit Außendienstmitarbeiter, Beschwerdemanagement/Reklamationsbearbeitung, Order Tracking, Gutschriftenerstellung, Information bei Lieferproblemen, termingerechte Zusendung von Materialien, z. B. für Werbeaktivitäten, Erledigung von Anfragen.

Die Kundenbetreuung umfasst auch eine Verkaufstätigkeit

- **Unterstützung des Außendienstes**: Erstellen von Tourenplänen, Zusendung von Arbeitsmaterialien (Salesfolder, Preislisten, Auftragsformulare, Muster), gebietsweise Aufbereitung von Zahlenmaterial wie Umsatz, Kostenentwicklung, Deckungsbeiträgen; Buchung von Hotelzimmern, Prüfung der Reisekostenabrechnung, telefonische oder schriftliche Terminvereinbarung für den Außendienst.
- **Unterstützung des Key-Account-Managements**: z. B. Vorbereitung von Kundengesprächen, insbesondere von Jahresgesprächen, beispielsweise durch Zusammenstellen von Zahlenmaterial; Kontrolle der Jahresabsprachen wie z. B. Abgleich der Werbekostenzuschuss-Zahlungen mit erfolgten Werbemaßnahmen des Handels.

Kontrolle der Jahresabsprachen

- **Zuarbeiten für die Vertriebsleitung**: Erstellen von diversen Berichten, Auswerten der Ergebnisse der Tätigkeit der Feldorganisation, Vorbereitung von Außendiensttagungen; Mitgestaltung, Realisation und Kontrolle von Außendienstwettbewerben.
- **Einrichtung und Pflege des kunden- und mitarbeiterbezogenen IT-Supports** (EDI/CAS/CRM) einschließlich der Datenbanken.

Neben der Innendienstleitung gibt es eine Reihe von verschiedenen Berufsbildern, die im Innendienst zu finden sind, wie: Auftragsbearbeiter, Kundenbetreuer, Telefonverkäufer, Außendienstbetreuer, IT-Verantwortlicher, Vertriebsassistent.

3.3.2 Team Innendienst – Außendienst

Idealerweise ist der Innendienstmitarbeiter „Verkäufer ohne Auto"

Der Teamverkauf erhält zunehmende Bedeutung. Der Außendienst besucht den Kunden persönlich, der Verkäufer im Innendienst hält telefonisch Kontakt. Idealerweise ist ein Innendienstmitarbeiter „ein Verkäufer ohne Auto" (Koinecke/Koinecke 1996, S. 62 ff.). Er ist also nicht mit einem Sachbearbeiter, der im Telefonmarketing geschult wurde und Call-Center-Aufgaben wahrnimmt, zu verwechseln.

Der Innendienstmitarbeiter als Teammitglied des Außendienstmitarbeiters erfüllt im Prinzip die gleichen Aufgaben wie ein Außendienstmitarbeiter, allerdings nur per Telefon. Seine **Aufgabenschwerpunkte** sind:

- Qualifizierte Betreuung und Bearbeitung aller Kunden der ihm zugeordneten Außendienstbezirke
- Intensivierung der Kundenkontakte/Erhöhung der Kundenkontaktfrequenz bei B- und ggf. auch bei A-Kunden
- Eigenverantwortliche Bearbeitung der kleineren C-(und D-)Kunden
- Schnelle Information aller Kunden über Produkteinführungen, Verkaufsförderungsaktivitäten, Werbemaßnahmen und Einholung von daraus resultierenden Aufträgen1

Der Innendienstmitarbeiter als Teammitglied des Außendienstmitarbeiters erfüllt im Prinzip die gleichen Aufgaben wie ein Außendienstmitarbeiter, allerdings nur per Telefon

Die **Vorteile des Teamverkaufs** sind offensichtlich:
- Intensivere quantitative und qualitative Kundenbetreuung
- Verbesserung der Intensität der Kundenbearbeitungsprozesse
- (Erhebliche) Reduktion der Kundenbearbeitungskosten

Der Innendienstverkäufer sollte daher über **gute verkäuferische Fähigkeiten** verfügen, **Engagement und Einsatzfreude** zeigen und **produktfachliche Kenntnisse** besitzen. Er sollte z. B. auch entscheiden können, wann es notwendig wird, dass der Außendienstmitarbeiter einen Kleinkunden persönlich besucht.

Die Zusammenarbeit von Außendienst und Innendienst führt konsequenterweise dazu, dass die Provisions- und Prämiensysteme neu überdacht werden müssen, um den Innendienstmitarbeiter in diese Entlohnungssysteme zu integrieren.

ZUSAMMENFASSUNG ÜBUNG

- Der Innendienst fungiert als Bindeglied zwischen dem Kunden, dem Außendienst und dem Unternehmen.
- Von der Auftragsabwicklung bis zur Einrichtung und Pflege des IT-Supports übernimmt der Innendienst viele verschiedene Einzelaufgaben. Deshalb gibt es auch sehr verschiedene Berufsbilder im Innendienst. In vielen Firmen gibt es im Innendienst den „Verkäufer ohne Auto", d.h. Telefonverkäufer, die im Team mit dem Außendienstmitarbeiter für den Umsatz verantwortlich sind.

> **ZUSAMMENFASSUNG** **ÜBUNG**
>
> - Nennen Sie Einzelaufgaben, die der Innendienst wahrnehmen muss.
> - Welche Berufsbilder gibt es im Innendienst?
> - Wo liegen mögliche Probleme, wenn Außendienstmitarbeiter und Telefonverkäufer gemeinsam für den Umsatz verantwortlich sind?
> - Wie könnte eine Teamprämie aussehen? – Machen Sie Vorschläge.

3.4 Organisation der Vertriebsabteilung

Ziele

Die Vertriebsabteilung als zentrale Schnittstelle zum Kunden braucht eine gute Organisationsstruktur, um die Vertriebsaufgaben gezielt, effizient und wirtschaftlich durchzuführen. Hinsichtlich der Erfüllung der **Kundenanforderungen** sollte ein **Minimum an internen Reibungsverlusten** angestrebt werden. Gleichzeitig wird ein **Maximum an Leistungsoutput** erwartet.

Zwei Dimensionen der Organisationsstruktur stehen im Mittelpunkt der Betrachtung:
- **Aufbauorganisation**: Die klare **Einordnung der Mitarbeiter in eine formale Organisationsstruktur** mit Stellen und Kompetenzen (vgl. Wöhe 1993, S. 183ff)
- **Ablauforganisation**: Die **Festlegung der Arbeitsprozesse** mit dem Ziel der Minimierung der Aufgabendurchlaufzeiten und des Ressourceneinsatzes bei Sicherstellung eines zu definierenden Leistungs- und Qualitätsstandards (vgl. Wöhe 1993, S. 196ff)

3.4.1 Möglichkeiten der Aufbauorganisation

Für die Gestaltung der Aufbauorganisation gibt es folgende Gliederungskriterien:
- Funktionen
- Produkte (Spartengliederung)
- Gebiete (horizontale Gliederung)
- Kunden/Kundengruppen/Vertriebswege (vertikale Gliederung)

Meist sind **unterschiedliche Gliederungskriterien auf den verschiedenen hierarchischen Ebenen einer Unternehmensorganisation** vorzufinden. Das Schaubild zeigt dies für ein Unternehmen mit einer nach Produkten orientieren Spartenorganisation. Auf der nächsten Hierarchieebene, in der Sparte A, folgt eine Funktionsorientierung, auf der Hierarchiestufe „Gesamtvertriebsabteilung" folgt eine Gebietsorientierung und in der nachfolgenden Stufe „Vertrieb Inland" wieder eine Funktionsorientierung.

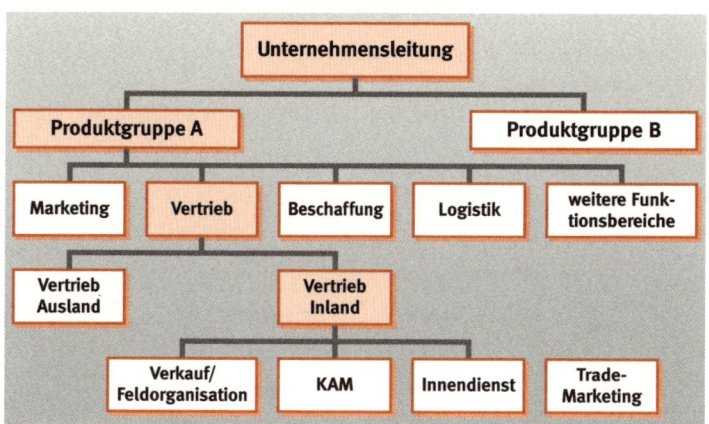

Abb. 3.16: Verschiedene Gliederungskriterien auf den verschiedenen Hierarchiestufen eines Unternehmens

Weiterhin sind auf einer hierarchischen Ebene oft Mischformen anzutreffen, wie z. B. die Kombination von kundenorientierter und gebietsorientierter Gliederung, wie im Nachfolgenden gezeigt werden wird.

Bei der Betrachtung der **verschiedenen Organisationsformen** im Vertrieb steht meist die **Feldorganisation im Mittelpunkt** der Überlegungen. In vielen Unternehmen wird die Abteilung Feldorganisation auch als Verkaufsabteilung bezeichnet. Im Unterschied dazu ist der Begriff der Vertriebsabteilung übergeordnet und beinhaltet sämtliche Funktionen im Vertrieb. Weder in der Theorie noch in der Praxis gibt es begrifflich eine Einheitlichkeit.

Welche **Gliederungsform** insbesondere **für die Vertriebsorganisation** gewählt wird, ist von einer Reihe von **Einflussgrößen** abhängig. Das sind:

- Organisationsform, die in der Branche/bei den Wettbewerbern vorzufinden ist
- Chance der positiven Abgrenzung vom Wettbewerb auch durch die Organisationsform
- Bedeutung einzelner Kunden am Gesamtumsatz
- Ähnlichkeit bzw. Unterschiedlichkeit des Produktangebots
- Anforderungen durch die Absatzwege/das Vertriebssystem
- Einfluss auf die Ergebnisse der Mitarbeiter

Feldorganisation im Mittelpunkt der Überlegungen

Einflussgrößen für die Gliederungsform der Vertriebsorganisation

- Effizienz der Struktur im Hinblick auf die Durchsetzung der eigenen Ziele, insbesondere auch der Kostenziele
- Bedeutung für die Kundenzufriedenheit

In vielen nationalen Vertriebsorganisationen ist eine **funktionale Gliederung** vorzufinden. **Erstes Gliederungskriterium** sind hier **die verschiedenen Funktionen**, die durch die Vertriebsorganisation wahrzunehmen sind.

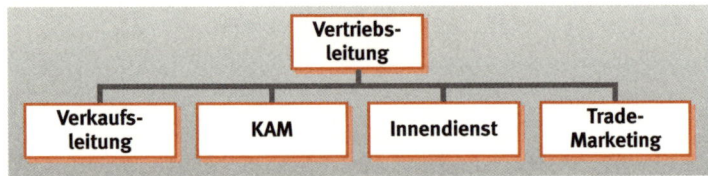

Abb. 3.17: Funktionale Gliederung der Vertriebsabteilung

Bei der **produktorientierten Gliederung** ist das **Produkt das Gliederungskriterium**. Diese Organisationsform ist notwendig

- bei sehr **differenzierten Produktprogrammen**, die sehr unterschiedliche Kenntnisse der Außendienstmitarbeiter zu den Produkten, der Produktanwendung, den Kundenkreisen, zum Markt und zum Verkaufs-Knowhow erfordern;
- wenn ein Unternehmen **in der gleichen Warengruppe mehr als eine Marke** hat und
- wenn **verschiedene Kundenkreise bedient** werden (Multi-Channel-Distribution).

Bei der produktorientierten Gliederung werden meist alle Vertriebsfunktionen und nicht nur die Feldorganisation der Spartengliederung unterworfen.

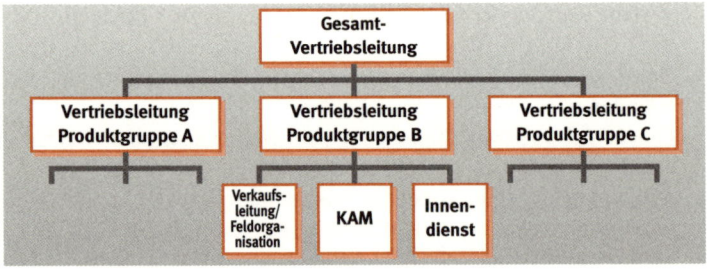

Abb. 3.18: Produktorientierte Gliederung der Vertriebsabteilung

Die **Vorteile der produktorientierten Gebietsgliederung** sind:
- Hohe Effizienz im Verkauf durch Spezialisierung des Außendienstes
- Gezieltere Ausbildung/Training der Verkäufer
- Bessere Nutzung von gegebenem unterschiedlichem Mitarbeiterpotenzial
- Kein Ausweichen auf „bequemere" Produkte
- Kein Konflikt durch ein im Wettbewerb stehendes Produkt aus der gleichen Warengruppe
- Schnelles Durchsetzen gezielter Maßnahmen für ein Produkt

Die **Nachteile** sind:
- Kunde wird im Einwegabsatz gegebenfalls von mehreren Mitarbeiter besucht
- Höhere Personal- und Reisekosten (Duplizierung der Verkaufstätigkeit)

Bei der **gebietsorientierten Gliederung** – auch als **horizontale Gliederung** bezeichnet – ist das Gliederungskriterium das Gebiet. Die Vertriebsabteilungen von international tätigen Unternehmen werden sehr oft nach geografischen Gebieten gegliedert: Deutschland, restliche Länder Europas, Amerika, Asien, usw. Innerhalb Deutschlands erfolgt eher selten eine Gliederung der Vertriebsabteilung nach Gebieten.

Allerdings ist die gebietsorientierte Gliederung die in Deutschland am häufigsten eingesetzte Organisationsform für Feldorganisationen. Ein Verkäufer betreut hier das gesamte Angebot bei allen Kunden in einem geografischen Gebiet.

Die gebietsorientierte Gliederung wird auch als horizontale Gliederung bezeichnet

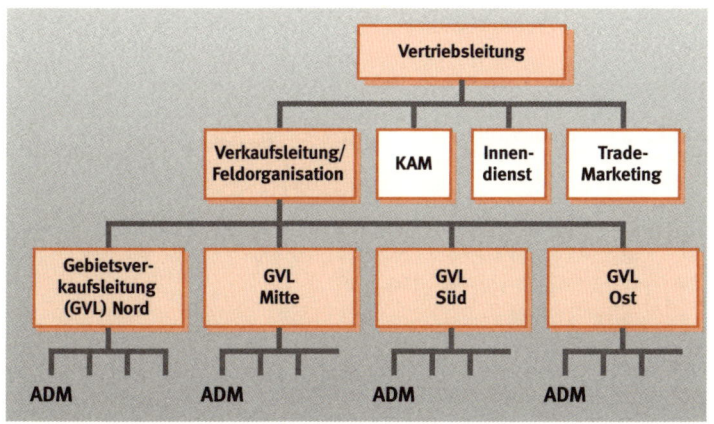

Abb. 3.19: Gebietsorientierte Verkaufsabteilung/Feldorganisation

ORGANISATION DER VERTRIEBSABTEILUNG

Die **Vorteile der gebietsorientierten horizontalen Gliederung** sind:
- intensive überschneidungsfreie Bearbeitung des Marktes
- Einfachheit der Organisationsstruktur
- kurze Reisezeit für die Verkäufer
- kostengünstig
- enge Beziehung zwischen Käufer und Verkäufer
- beste Kenntnis des Gebietes/Gebietsspezialisten

Die **Nachteile** sind:
- Verkäufer sind nicht spezialisiert auf Anforderungen unterschiedlicher Abnehmerkreise
- Fachwissen in den einzelnen Produkten oft relativ gering
- wenig Innovationskraft (da keine tief gehenden produktfachlichen bzw. anwendungsbezogenen Kundengespräche)
- möglicher Konflikt bei Außendienst aus unterschiedlicher Preis- und Konditionenstruktur der Kunden

Kunden- und vertriebsschienenorientierte Gliederung wird auch als vertikale Organisationsgliederung bezeichnet

Bei der **kunden- und vertriebsschienenorientierten Gliederung** sind die **Kunden bzw. Kundengruppen das Gliederungskriterium**. Sie wird auch als vertikale Organisationsgliederung bezeichnet. Die kundenorientierte Gliederung **entspricht am meisten der Grundforderung des Marketings nach Kundenorientierung**. Je nachdem, wie unterschiedlich die bearbeiteten Absatzwege sind, werden mehrere parallel arbeitende Vertriebsabteilungen eingerichtet.

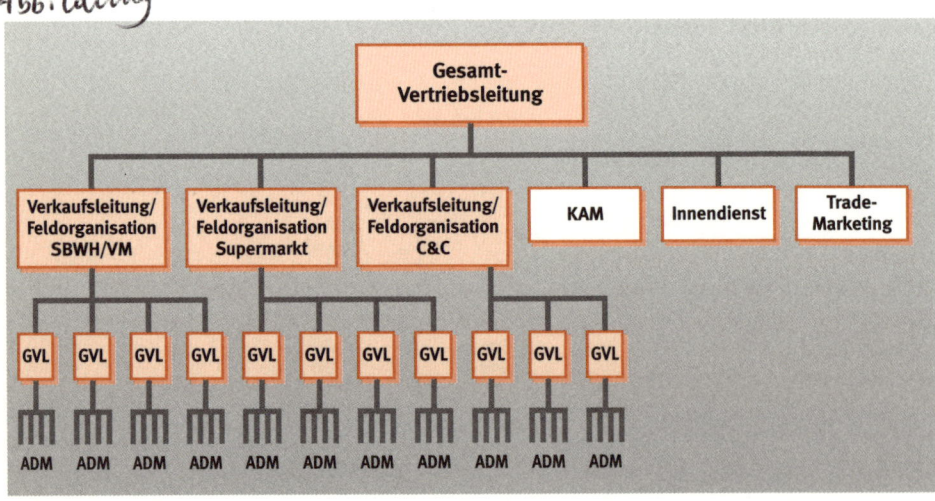

Abb. 3.20: Vertriebsschienenorientierte Gliederung der Verkaufsabteilung

Neben der Ebene „Vertriebsabteilung" findet man diese Gliederungsform auf der Verkaufsebene. Ein Verkäufer bietet das Produkt / die Produkte nur bestimmten Kunden bzw. Kundengruppen an.

Charakteristisch ist, dass die **Außendienstmitarbeiter**, auf eine bestimmte Region gesehen, **parallel** arbeiten. Typischerweise findet sich die kundenorientierte Gliederung auch in der Einrichtung des **„Key-Account-Managements"**.

Die **Anzahl der Verkaufsorganisationen** ist abhängig von der Anzahl der Kundengruppen bzw. Absatzwegen/Vertriebsschienen, für die man eine differenzierte Bearbeitung für erforderlich hält. Also z. B. Einzelhandel wie Drogerien und Parfümerien, Fachmärkte wie Drogeriemärkte, Kauf- und Warenhäuser oder z. B. Großflächen des LEH.

Anzahl der Verkaufsorganisationen hängt ab von der Anzahl der Kundengruppen, die man differenziert bearbeiten will

Das Unternehmen, das eine vertikale Gliederung seiner Feldorganisation vornehmen will, muss sich z. B. folgende Fragen stellen: Würden die Kunden eine derartige Gliederung für sinnvoll/wünschenswert erachten? Sind die Anforderungen bei den verschiedenen Kunden tatsächlich so unterschiedlich, dass auch unterschiedlich geschulte und qualifizierte Mitarbeiter hierfür benötigt werden? Welche Vor- und Nachteile ergeben sich für das eigene Unternehmen aus der vertikalen Gliederung? Wie lässt sich eine Vertikalisierung der Feldorganisation finanziell darstellen?

Sind die Anforderungen tatsächlich so unterschiedlich, dass unterschiedlich geschulte und qualifizierte Mitarbeiter benötigt werden?

Die **Vorteile der kundenorientierten vertikalen Gliederung** der Organisation sind:
- besseres Einstellen auf Bedürfnisse der Kunden bzw. Vertriebsschienen
- gezieltes Bearbeiten der Kunden/Vertriebsschienen
- schnelles Erkennen von Marktveränderungen
- schnelle Reaktion auf Veränderungen

Vorteile

Die **Nachteile** sind:
- kostenintensiv durch Vervielfachung der Verkaufsanstrengungen
- Interdependenzen zwischen Kunden/Vertriebsschienen müssen bei der Betreuung durch verschiedene Verkaufsabteilungen/Key-Account-Manager beachtet werden.

Nachteile

> **ZUSAMMENFASSUNG** ÜBUNG
>
> - Die Organisation der Vertriebsabteilung sollte zu einer bestmöglichen Zusammenarbeit mit den Kunden führen. Die Aufbauorganisation sowie die Ablauforganisation stehen dabei im Mittelpunkt der Betrachtung.

- Mögliche Formen der Aufbauorganisation sind: nach Funktionen, nach Produkten (Spartengliederung), horizontale Gliederung nach Gebieten und vertikale Gliederung nach Kunden bzw. Absatzwegen.
- In der Praxis ist die gebietsorientierte Gliederung der Feldorganisation vorherrschend, den Gedanken der Kundenorientierung erfüllt die vertikale Gliederung.

ZUSAMMENFASSUNG **ÜBUNG**

- Ein mittelständisches Unternehmen, das Produkte für den Bad- und Sanitärbereich produziert und vertreibt, hat folgende Mitarbeiter in der Vertriebsabteilung: 1 Vertriebsleiter, 2 Key-Account-Manager, 1 Innendienstleiter mit 1 Assistenten, sowie 6 Sachbearbeiterinnen, die in zwei Teams, Nord und Süd, aufgeteilt sind. Weiterhin besteht die Verkaufsleitung aus 2 Regionalverkaufsleitern (VL Nord und VL Süd) und insgesamt 18 Außendienstmitarbeitern, von denen jeweils 9 in den Bereich der 2 Regionalverkaufsleiter gehören.
  Veranschaulichen Sie anhand eines Organigramms die mögliche Aufbauorganisation der Vertriebsabteilung. Gibt es verschiedene Möglichkeiten der Aufbauorganisation – welche zum Beispiel?
- Nennen Sie die Vor- und Nachteile der verschiedenen Formen der Aufbauorganisation einer Vertriebsabteilung.

3.4.2 Effizienzsteigerung in der Ablauforganisation

Fragestellungen zur Ablauforganisation werden in vielen Unternehmen auf den Produktionsbereich konzentriert, die Ablauforganisation im kaufmännischen Bereich, insbesondere auch die im Vertrieb, stand bislang weniger in der Diskussion.

Für eine gute **Organisation der Kundenbearbeitung** ist es notwendig, die Ablauforganisation einer Vertriebsabteilung festzustellen und zu überprüfen. **Stellenbeschreibungen sind hierzu ein wichtiges organisatorisches Mittel**, denn:

Für eine gute Organisation der Kundenbearbeitung ist es notwendig die Ablauforganisation einer Vertriebsabteilung zu überprüfen

- in ihnen wird der Mitarbeiter hierarchisch eingeordnet,
- sie klären Aufgaben, Kompetenzen und Verantwortungsbereiche des Mitarbeiters und
- sie sind die Basis für die Mitarbeiterbeurteilung.

Eine gute Organisation der Kundenbearbeitung erfordert weiterhin, dass **Schnittstellenprobleme abgebaut** werden und dass insgesamt die bestmöglichste Ausgestaltung der Ablauforganisation gewährleistet ist.

In der Praxis findet sich eine Reihe von **Ursachen, die zu erheblichen Effizienzverlusten von Organisationen** führen (vgl. Bußmann 1994, S. 84 f.):
- unklare Zuständigkeiten und Kompetenzen
- keine oder unterschiedliche Zielsetzungen
- mangelnder Austausch von Informationen, unstrukturierter Informationsfluss
- unausgewogene Machtverhältnisse
- persönliche und emotionale Faktoren
- unterschiedliches Vokabular
- Nutzung unterschiedlicher Systeme (Planungs- und Entscheidungssysteme, aber auch EDV-Systeme)
- falscher Abstimmungszeitpunkt

Ansatzpunkte zur Effizienzsteigerung der Vertriebsorganisation sind (vgl. Bußmann 1994, S. 49ff; vgl. Müller 2001, S. 31):

- **Flachere Strukturen/Abbau von Hierarchiestufen**:
  Wie viele Hierarchiestufen liegen zwischen dem Kunden und der Geschäftsführung? Das sollen in internationalen Konzernen bis zu 12 Stufen gewesen sein. (vgl. Bußmann 1994, S. 180 ff.). Wie viele Hierarchiestufen hat ein Außendienstmitarbeiter „über" sich? Die Gedanken des „lean management" führen zu einer Überprüfung der Aufbauorganisation, zu flacheren Strukturen und damit zur Effizienzsteigerung in den Geschäftsprozessen.

- **Prozessoptimierung**:
  Die Prozessoptimierung ist die Überprüfung der einzelnen Arbeitsabläufe mit dem Ziel, die „Durchlaufzeit" und den Ressourceneinsatz zu minimieren und dabei einen definierten Leistungs- und Qualitätsstandard zu gewährleisten (vgl. Müller 2001, S. 15). Die Prozessoptimierung führt zwangsläufig **weg von der vertikalen funktionalen Gliederung, hin zu einer horizontalen Gliederung** und Denkweise, bei der die Gestaltung und der Ablauf der Prozesse im Mittelpunkt stehen. Dabei steht die Identifikation von Kernprozessen, die quer durch die verschiedenen Funktionen laufen, im Mittelpunkt (vgl. Gomez/Zimmermann 1993, S. 197; vgl. Kap. 4 Kundenmanagement als Prozess).
  „Die Gestaltung und Organisation standardisierter Prozesse, wie Auftragsabwicklung, sind in diesem Zusammenhang noch ver-

„Durchlaufzeit" und Ressourceneinsatz minimieren und dabei einen definierten Leistungs- und Qualitätsstandard gewährleisten

gleichsweise einfach und werden bereits von vielen Unternehmen in Angriff genommen. Vielfach noch völlig unstrukturiert verlaufen jedoch Prozesse, die innovative, also schwer standardisierbare Prozesse beinhalten. Genau hier liegt die eigentliche Herausforderung." (Bußmann 1994, S. 82)

In der Praxis des Vertriebs sind es zum Teil offensichtliche **„einfache" Arbeitsabläufe, deren Überprüfung ebenfalls lohnend ist**, z. B.:

- Wie erfährt der Feldaußendienst von den Absprachen zwischen dem Key-Account-Manager und dem Kunden?
- Was passiert mit den Marktbeobachtungen des Außendienstes im Unternehmen?
- Wie erfolgt die Abrechnung und Kontrolle der Zahlungen von Werbekostenzuschüssen an den Handel?
- Wie erfolgt die Bearbeitung von Reklamationen durch den Innendienst? Usw.

Randnotiz: Auch die Überprüfung offensichtlicher „einfacher" Arbeitsabläufe ist lohnend

- **Teambildung**:
Kunden- und Prozessorientierung führen fast automatisch zur Bildung von Kundenteams bzw. Vertriebsschienen-/Vertriebswegeteams.

- **Kontinuierlicher Verbesserungsprozess**:
Eng verbunden mit Prozessgestaltung und Prozessoptimierung ist der kontinuierliche Verbesserungsprozess (KVP), auch als Kaizen bekannt. „Kaizen fördert prozessorientiertes Denken, weil die Prozesse verbessert werden müssen, ehe wir verbesserte Ergebnisse erwarten können. Kaizen ist aber auch mitarbeiterorientiert und hängt von den Bemühungen der Mitarbeiter ab." (Imai 1992, S. 39) Da Kaizen/KVP von den Mitarbeitern abhängt, sind die Motivation der Mitarbeiter sowie ein gutes Klima zwischen den Menschen innerhalb und zwischen den Abteilungen wichtige Einflussgrößen.

- **IT-gestützte Prozessabwicklung**:
Die informationstechnologische Unterstützung der verschiedensten Prozesse auch im Vertrieb erscheint fast selbstverständlich. In der Praxis ist die Ausstattung besonders bei kleinen und mittelständischen Unternehmen jedoch noch eher gering.
Es gibt EDIFACT zur papierlosen Abwicklung verschiedenster administrativer Aufgaben zwischen Hersteller und Kunde, CAS/CRM-Systeme zur Unterstützung der Pre-Sales-, Sales- und After-Sales-Arbeit der Vertriebsmitarbeiter und GIS zur schnellen und effektiven Gebietsanalyse. Aber auch Groupware- und Workflow-Systeme

Randnotiz: Informationstechnologische Ausstattung bei kleinen und mittelständischen Unternehmen ist eher noch gering

und mittlerweile E-Commerce sollten zum Standard gehören und zu einer Effizienzsteigerung der Vertriebsorganisation beitragen.

ZUSAMMENFASSUNG **ÜBUNG**

- Für eine gute Organisation der Kundenbearbeitung ist eine effiziente Ablauforganisation notwendig. In der Praxis zeigt die Analyse der Ablauforganisation z.T. erhebliche Effizienzverluste, die verschiedene Ursachen haben.
- Ansatzpunkte zur Verbesserung der Vertriebsorganisation sind flachere Strukturen/Abbau von Hierarchiestufen, Prozessoptimierung, Teambildung, Kontinuierlicher Verbesserungsprozess (KVP) und IT-gestützte Prozessabwicklung.

ZUSAMMENFASSUNG **ÜBUNG**

- Nennen Sie Gründe, die zu erheblichen Effizienzverlusten in Organisationen führen, und erarbeiten Sie aus Ihrem eigenen Umfeld Beispiele dazu.
- Welche Möglichkeiten bestehen, die Ablauforganisation zu verbessern?
- Versuchen Sie, „Kundenakquisition" als Prozess zu sehen. An welchem Punkt beginnt dieser Prozess und wo endet er? Welche Schritte hat dieser Prozess im Einzelnen? Welche Personen sind in den Prozess involviert?

3.5 EINSATZ EIGENER ODER FREMDER VERTRIEBSMITARBEITER

3.5.1 Ausgangssituation

„Make or buy" bzw. „Outsourcen" – das ist die Frage, wenn der Einsatz eigener oder fremder Vertriebsmitarbeiter für die Kundenbearbeitung entschieden werden muss. In der betriebswirtschaftlichen Literatur wird diese Frage als eines der zentralen Themen der Distributionspolitik abgehandelt. Soll der Vertrieb mit eigenen Reisenden arbeiten oder sollen Handelsvertretungen eingesetzt werden (vgl. Meffert 1998, S. 608 ff.; vgl. Nieschlag/Dichtl/Hörschgen 1997, S. 491 ff.; vgl. Becker 1998, S. 543 ff.)?

In der Praxis ist diese Frage heute, bedingt durch die **hohe Mitarbeiterzahl im Vertrieb** und die damit verbundenen **hohen Fixkosten**, mehr denn je relevant. Es sind nicht nur die großen Organisationen, die sich damit auseinander setzen, sondern auch kleinere und mittelständische

Eine Vielzahl von „Sales-Service-Firmen" stehen zur Verfügung, die das ganze Leistungsspektrum möglicher vertrieblicher Tätigkeiten bei Kunden abdecken

Unternehmen oder z. B. (ausländische) Unternehmen, die neu auf den Markt eintreten. Die Frage konzentriert sich heute zudem nicht mehr nur auf eine Make-or-buy-Entscheidung bei Mitarbeitern in der Feldorganisation. Genauso können Key-Account-Manager oder Service-Kräfte wie Merchandiser durch externe Organisationen gestellt werden. Auch lassen sich bestimmte Tätigkeiten, wie die telefonische Kundenbearbeitung, „outsourcen". Die externen Partner sind daher nicht mehr nur **Handelsvertretungen**. Eine Vielzahl von sog. **„Sales-Service-Firmen"** stehen zur Verfügung, die das ganze Leistungsspektrum möglicher vertrieblicher Tätigkeiten bei Kunden abdecken. Für Telefonarbeiten können sog. **„Tele-Sales Organisationen"** eingesetzt werden und im Zeitalter des Internets gibt es jetzt auch spezialisierte **E-Mail-Dienstleister**.

Make or buy? Neben der längerfristigen Bindung an externe Organisationen gibt es viele Anlässe, in denen es kurzfristig notwendig ist, Vertriebsmitarbeiter zu beschaffen. Sie werden eingesetzt z. B. für Produktneueinführungen, Neukundenakquisitionen oder die Durchführung von personalgestützten Promotions.

Rechtliche Fragen spielen eine ebenfalls nicht unerhebliche Rolle

Bei der Entscheidung, mit externen Organisationen zusammenzuarbeiten, spielen natürlich auch **rechtliche Fragen**, die insbesondere aus dem Betriebsverfassungsgesetz resultieren, eine Rolle.

Beispiel

- Handelsvertretungen vermitteln jährlich Waren im Wert von ca. 178 Mrd. Euro, einschl. eines Eigenumsatzes von ca. 5 Mrd. Euro. Das bedeutet, dass ca. 30 % der inländischen Warenströme unter Einschaltung von Handelsvertretungen ablaufen.
- Die meisten Handelsvertretungen sind Mehrfirmenvertreter, d. h., sie vertreten im Schnitt 4,5 Firmen. 41 % von ihnen vertreten auch mindestens einen ausländischen Industriebetrieb.
- Die Hauptkunden der Handelsvertretungen liegen im produzierenden Gewerbe (Industrie 47 %, Handwerk 19 %) und im Handel. Rund 54 % nennen den Einzelhandel als Kunden, 52 % den Großhandel, 7 % entfallen auf die Gastronomie, fast 15 % auf öffentliche Institutionen.
- Nur etwa 23 % aller Handelsvertretungen werden als Einzelfirma betrieben. In diesem Fall übernimmt der Inhaber sämtliche Funktionen. Ca. 68 % der Vertretungen beschäftigen 1 bis 6 Mitarbeiter, 9 % beschäftigen mehr als 6 Personen.
- In Deutschland gibt es ca. 3.800 Handelsvertretungen. (Vgl. CDH 2003; vgl. Blettner/Knopp/Schmidt 1998, S. 12)

Das Outsourcen ist keine Gesamtentscheidung eines Unternehmens für oder gegen eigene Mitarbeiter. Tatsächlich muss selbst bei kleinen und mittelständischen Firmen eine **Differenzierung** stattfinden.

Die zentrale Frage lautet: Für welche Produkte, bei welchen Kunden, in welchem Vertriebskanal und in welchem Zeitraum müssen welche Ziele erreicht oder Maßnahmen umgesetzt werden? Diese Frage muss differenziert beantwortet werden.

In der Konsequenz kann ein Hersteller die Entscheidung treffen, bestimmte Kunden und/oder bestimmte Absatzwege durch eine eigene Feldorganisation zu betreuen, andere einer Handelsvertretung zu übergeben und wieder andere durch Sales-Service-Firmen betreuen zu lassen. Vielleicht ist es auch noch angebracht, für bestimmte Absatzwege neben Telefonverkäufern im eigenen Innendienst eine Tele-Sales-Organisation einzusetzen.

Auch kleine und mittlere Unternehmen müssen differenzieren

Wichtig ist es, die verschiedenen Möglichkeiten der Kundenbearbeitung optimal einzusetzen und zu kombinieren.

Die Frage nach den Kosten sollte als zweitrangig gesehen werden, da die niedrigsten Kosten immer noch zu viel Aufwand sind, wenn sie nicht zielführend eingesetzt werden.

Frage nach den Kosten sollte zweitrangig sein

3.5.2 Zusammenarbeit mit Handelsvertretungen

Der Handelsvertreter gehört, wie der Reisende, zu den Hilfspersonen des Kaufmanns. Der **Reisende** ist gemäß § 59 HGB ein **unselbstständiger Handlungsgehilfe, der in einem Handelsgewerbe zur Leistung kaufmännischer Dienste gegen Entgelt** angestellt ist.

Im Gegensatz dazu ist der **Handelvertreter** ein **Handlungsgehilfe**, der nach § 84, Abs. 1 HGB als **selbstständiger Gewerbetreibender ständig** damit betraut ist, **für ein anderes Unternehmen Geschäfte zu vermitteln oder in dessen Namen abzuschließen**.

Handelsvertreter: Handlungsgehilfe, der als selbstständiger Gewerbetreibender ständig für ein anderes Unternehmen Geschäfte vermittelt

Die **Kennzeichen für einen Handelsvertreter** sind daher:
- tätig für einen anderen Unternehmer
- ständig
- selbstständiger Gewerbetreibender

Kennzeichen

Folgende Arten von Handelsvertretungen lassen sich unterscheiden:
- **Abschlussvertreter** (der Handelsvertreter ist autorisiert, Aufträge anzunehmen und abzuschließen) und **Vermittlungsvertreter** (der Handelsvertreter vermittelt das Geschäft an das ihn beauftragende Unternehmen, z. B. Versicherungen)

Arten

- **Einfirmenvertreter** (der Handelsvertreter vertritt nur eine Firma) und **Mehrfirmenvertreter** (der Handelsvertreter vertritt mehrere Firmen, die nicht im Wettbewerb untereinander stehen)
- **hauptberuflicher** Handelsvertreter und **nebenberuflicher** Handelsvertreter (oft im Versicherungsbereich anzutreffen)
- Unterscheidung nach Wirtschaftsgruppen:
  - **Warenvertreter** – als Einkaufsvertreter oder Verkaufsvertreter
  - **Versicherungsvertreter**
  - **Bausparkassenvertreter**
  - **Vertreter des Beförderungs- und Transportwesens**
- **Generalvertreter** mit echter oder unechter Untervertretung:
  - **Echte Untervertretung**: Der Generalvertreter ist autorisiert, weitere Handelsvertreter selbstständig anzuwerben und für das Unternehmen zu beauftragen.
  - **Unechte Untervertretung**: Der Generalvertreter ist nur verantwortlich für die organisatorische Einbindung von Handelsvertretern; die Auswahl und vertragliche Bindung erfolgt durch das Unternehmen.

Unechte Untervertretung: Der Generalvertreter ist nur verantwortlich für die organisatorische Einbindung von Handelsvertretern; die Auswahl und vertragliche Bindung erfolgt durch das Unternehmen

Wichtige Rechte und Pflichten des Handelsvertreters und des Unternehmers werden im Handelsgesetzbuch (HGB) geregelt:

PFLICHTEN DES HANDELSVERTRETERS	PFLICHTEN DES UNTERNEHMERS
BEMÜHUNGSPFLICHT/ALLGEMEINE PFLICHT Wahrnehmung des Unternehmensinteresses (§ 86 Abs. 1 und 4 HGB) • Weitergabe von Nachrichten • Unverzügliche Mitteilung jeder Geschäftsvermittlung bzw. jedes Abschlusses • Sorgfaltspflicht des ordentlichen Kaufmanns **Treuepflicht** • Wahrung v. Geschäfts- u. Betriebsgeheimnissen (§ 90 HGB), auch nach Beendigung d. Vertragsverhältnisses **WETTBEWERBSVERBOT** Während des Vertragsverhältnisses • Wahrung der Geschäfts- und Betriebsgeheimnisse • Es darf keine Schädigung des Unternehmers durch Tätigkeit für Konkurrenzbetriebe eintreten Nach Beendigung des Vertragsverhältnisses zulässig • für längstens zwei Jahre • Beschränkung auf den Bezirk und den Kundenkreis des Vertreters • Angemessene Karenzentschädigung	**UNTERSTÜTZUNGSPFLICHTEN** • Bereitstellung der erforderlichen Unterlagen • Erforderliche Auskünfte müssen erteilt werden, insbesondere über die Annahme, Ablehnung oder Nichtausführung der vermittelten Geschäfte. Kann oder will der Unternehmer das Geschäft in erheblich geringerem Umfang abschließen, als nach den Umständen zu erwarten wäre, muss der Unternehmer ebenfalls unterrichten. Abweichende Vereinbarungen sind unwirksam nach § 86 Abs. 2 **PROVISIONSZAHLUNG** (§ 87 HGB) • Voraussetzung ist die Kausalität zwischen der Tätigkeit des Vertreters und dem Geschäftsabschluss • Nachbestellungen sind provisionspflichtig • Handelt es sich um einen sog. „Bezirksvertreter", hat der Handelsvertreter auch Anspruch auf Provisionen für Geschäfte in seinem Bezirk, die ohne sein Mitwirken abgeschlossen wurden – sog. Bezirksprovisionen (§ 87 Abs. 2 HGB)

Abb. 3.21: *Rechte und Pflichten des Handelsvertreters und des Unternehmers (vgl. Wiefels 1976, S.84ff, vgl. Bülow 1999, S. 150ff)*

Das HGB regelt auch **Details zur Zahlung der Provision**: So ist die Zahlung der Provision fällig, sobald und soweit das Geschäft ausgeführt wurde. Der Anspruch auf Provision erlischt, wenn der Dritte nicht zahlt. Die **Abrechnung** der Provision hat **monatlich** zu erfolgen. Der Handelsvertreter hat das Recht auf einen **„Buchauszug" über sämtliche Geschäfte**, für die ihm Provisionen zustehen. Liegt eine Weigerung zur Zahlung der Provision vor oder bestehen Zweifel an der Richtigkeit der Provision, hat der Handelsvertreter das Recht, durch Wirtschaftsprüfer oder durch vereidigte Buchsachverständige Einsicht in die Unterlagen nehmen zu lassen.

Bei Zweifeln an der Richtigkeit der Provision kann der Handelsvertreter Wirtschaftsprüfer oder vereidigte Buchsachverständige Einsicht in die Unterlagen nehmen lassen

Was die **Höhe der Provision** anbelangt, so spricht das HGB von einem „üblichen Satz", der zuzüglich Mehrwertsteuer gezahlt werden muss. Hierbei bleiben Barzahlungsnachlässe (Skonti) oder Nebenkosten für die Berechnung außer Betracht. Einen Anhaltspunkt über die **durchschnittliche Höhe von Provisionen** in den verschiedenen Branchen sowie über die Entwicklung der Provisionshöhen gibt die Untersuchung von INMIT (vgl. Blettner/Knopp/Schmidt 1998, S. 12):

Wirtschaftsbereich	1985	1990	1995
Grundstoffe u. allg. Produktionsgüter	2,6	2,7	3,0
Investitionsgüter	4,6	4,2	4,4
Gebrauchsgüter	4,0	4,3	4,4
Verbrauchsgüter	4,6	4,7	5,2
Nahrungs- und Genussmittel	2,9	2,8	2,7
Sonstiges	5,1	5,1	5,8
Durchschnitt lt. CDH	3,9	3,9	4,1
Basis (Anzahl der Unternehmen)	3.608	3.805	3.780

Abb. 3.22: Bruttoprovisionseinnahmen in Prozent des vermittelten Warenumsatzes (vgl. Blettner/Knopp/Schmidt 1998, S. 12)

Auffällig ist der niedrige und dabei **rückläufige Provisionssatz im Bereich der Nahrungs- und Genussmittel**. Diese werden überwiegend im Lebensmittelhandel abgesetzt. Die Aufgaben, die eine Handelsvertretung dort erbringen muss, entsprechen im Wesentlichen denen des Außendienstmitarbeiters. Der **Verkauf** von Waren macht **nur einen geringen Anteil** der Tätigkeiten aus, da ein Großteil der Waren, zumindest im einstufigen filialisierten Handel, über Zentrallager unter Einsatz von **Warenwirtschaftssystemen** disponiert wird. Die Provision ist entsprechend niedrig.

Ein Großteil der Waren wird über Zentrallager unter Einsatz von Warenwirtschaftssystemen disponiert

Die Tätigkeiten konzentrieren sich daher auf **Dienstleistungen am POS**. In solchen Fällen ist es heute üblich, von der umsatzbezogenen

EINSATZ EIGENER ODER FREMDER VERTRIEBSMITARBEITER

Provision abzuweichen und **Pauschalsätze** zu vereinbaren, das sind beispielsweise:
- Pauschalsatz für den ganztägigen Einsatz eines Mitarbeiters der Handelsvertretung am POS zur Durchführung definierter qualifizierter Aufgaben
- Pauschalsatz auf Basis einer Stunde für definierte Serviceaufgaben
- Pauschalsatz für den Einsatz einer Werbekraft am POS

Angebote von mehreren Handelsvertretungen vergleichen

Um das **Preis-Leistungs-Verhältnis** mit den eigenen Bedürfnissen und Vorstellungen **abzugleichen** und zu verhandeln, lohnt es sich in jedem Fall, Angebote von mehreren Handelsvertretungen einzuholen.

Aufgabenbereiche von Handelsvertretern aus Sicht von vertretenen Unternehmen	
Hauptaufgaben	
Vertrieb des Kernsortiments auf angestammten Märkten	75,8%
Erschließung neuer Abnehmerkreise	61,1%
Einführung neuer Produkte	52,6%
Erschließung geografisch neuer Märkte	46,3%
Vertrieb des Kernsortiments auf weniger etablierten Märkten	38,9%
Vertrieb des Randsortiments auf angestammten Märkten	30,5%
Vertrieb des Randsortiments auf weniger etablierten Märkten	20,0%
Eigengeschäft	10,0%
Zusatzleistungen	
Auftragsvermittlung	99,0%
Wettbewerbsbeobachtung	80,2%
Technische Beratung der Abnehmer	67,7%
Teilnahme an Regionalmessen	50,0%
Marktforschung	35,4%
Produktschulung	34,4%
Durchführung und Kontrolle von Sonderaktionen	20,8%
Durchführung von Hausausstellungen	19,8%
Plagiatskontrolle	10,4%
Regalpflege	9,4%
Unterhaltung von regionalen Auslieferungslagern	4,2%
Organisation und Durchführung von Logistikleistungen	3,1%
Unterhaltung von Schnelllagern	2,1%

Abb. 3.23: Hauptaufgaben und Zusatzleistungen von Handelsvertretungen aus Sicht der vertretenen Unternehmen (Quelle: Blettner/Knopp/Schmidt 1998, S. 17)

Die **Modalitäten der Zusammenarbeit** zwischen einem Unternehmen und einer Handelsvertretung werden immer mit einem sog. **Handelsvertretervertrag** geregelt. Die „Centralvereinigung deutscher Wirtschaftsverbände für Handelsvermittlungen" (CDH), Köln, stellt auf Antrag einen Standardvertrag zur Verfügung. Dieser **Standardvertrag** ist abgestimmt mit der Richtlinie des Rates der Europäischen Gemeinschaft zur Koordinierung der Rechtsvorschriften der Mitgliedsstaaten. Da jede Branche ihre Besonderheiten hat, empfiehlt es sich, mit einem im Handelsrecht versierten Juristen auch einen solchen Standardvertrag zu **überprüfen** und **den eigenen Bedürfnissen anzupassen**.

Ein Standardvertrag sollte mit juristischer Hilfe überprüft und den eigenen Bedürfnissen angepasst werden

Für Unternehmer stellt sich die wichtige Frage: Welche Kriterien müssen angesetzt werden, um zu ermitteln, ob **eigene Reisende oder Handelsvertreter** die Kundenbearbeitung effizienter durchführen? In diesem Zusammenhang ist zudem die Frage der Steuerung und Kontrolle sehr wichtig.

Es findet sich eine ganze Liste von **qualitativen Kriterien**, wenn beide Alternativen gegeneinander abzuwägen sind (vgl. Weiss 2000, S. 76), solche Kriterien sind z. B.:
- Art und Intensität der Kundenbearbeitung,
- Art der Kundenkontakte,
- Interessenlage Reisender vs. Handelsvertreter,
- Art der Berichterstattung,
- Umfang von Einsatzmöglichkeiten,
- Art der Arbeitsweise,
- Durchführung von Verkaufstrainings,
- Möglichkeiten der Kündigung usw.

Qualitative Kriterien

In die Beurteilung muss auch einfließen, ob es sich um eine Ein- oder Mehrfirmenvertretung handelt, da das die Beziehung des Handelsvertreters zum auftraggebenden Unternehmen enorm beeinflusst.

Neben diesen qualitativen Kriterien stellt sich die Frage nach einer **quantitativen Analyse**, insbesondere im Hinblick auf **Kosten- sowie Gewinnvergleichsrechnungen** (vgl. Meffert 1998, S. 609):
- **Reisende** werden überwiegend mit einem hohen Anteil an Festgehalt und nur geringen variablen Gehaltsbestandteilen vergütet. Die Tätigkeiten im Vertrieb verursachen zudem eine Reihe von zusätzlichen Kosten wie Kfz-Kosten, Telefonkosten, Tagesgelder, Übernachtungskosten usw., die der Arbeitgeber zu tragen hat. Außerdem fallen wie bei jedem Mitarbeiter die gesetzlichen Sozialleistungen an.

Quantitative Kriterien

- **Handelsvertreter** erhalten eine umsatzabhängige Provision und eventuell ein kleines Fixum. Je nach Branche müssten z. B. bei Handelsvertretungen, die im LEH tätig sind, die oben erwähnten Pauschalsätze zur Erbringung von Dienstleistungen ebenfalls einkalkuliert werden.

Durch Gegenüberstellung die günstigste Alternative auswählen

Durch die **Gegenüberstellung der geplanten Umsätze mit den entstehenden Kosten** kann die günstigste Alternative ausgewählt bzw. derjenige Break-even-Umsatz ermittelt werden, bei dem Indifferenzen zwischen den Alternativen bestehen (vgl. Meffert 1998, S. 610).

Bei der hierfür zu erstellenden **Vorteilhaftigkeitsrechnung** kann weiterhin unterstellt werden,
- dass die Auswahlentscheidung Reisender oder Handelsvertreter keinen Einfluss auf das erreichbare Umsatzniveau hat – in diesem Fall wäre ein **reiner Kostenvergleich** ausreichend;
- dass das erreichbare Umsatzniveau durch die Auswahlentscheidung beeinflusst wird – in diesem Fall müsste eine **Gewinnvergleichsrechnung** durchgeführt werden, die neben den entstehenden Kosten ergänzend berücksichtigt, wie viel zusätzlichen Deckungsbeitrag das Unternehmen durch die eine oder andere Alternative erlösen kann.

Beim „kritischen Umsatzniveau" verursachen Reisender und Handelsvertreter die gleichen Kosten

In der Praxis wird am häufigsten der **Kostenvergleich** durchgeführt. Welcher von beiden Absatzhelfern (Reisender oder Handelsvertreter) vorteilhafter ist, hängt von dem zu erzielenden Umsatzniveau ab. Das sog. **„kritische Umsatzniveau"** (U_K) ist der Punkt, an dem beide die gleichen Kosten verursachen. Ist der **Umsatz niedriger**, dann arbeitet der **Handelsvertreter günstiger**, ist der **Umsatz** aber **höher**, dann ist der **Reisende vorzuziehen**:

Kosten Handelsvertreter: $K_{HV} = K_{fHV} + (q_{HV} \cdot U)$
Kosten Reisender: $K_R = K_{fR} + (q_R \cdot U)$

Kritisches Umsatzniveau $U_K = \dfrac{K_{fR} - K_{fHV}}{q_{HV} - q_R}$

mit: K_{fHV} = Fixkosten für Handelsvertreter
K_{fR} = Fixkosten für Reisende
q_{HV} = Provision für Handelsvertreter
q_R = Provision für Reisende

Abb. 3.24: Kostenvergleich Handelsvertreter und Reisender

Grafisch lässt sich der Kostenvergleich folgendermaßen darstellen:

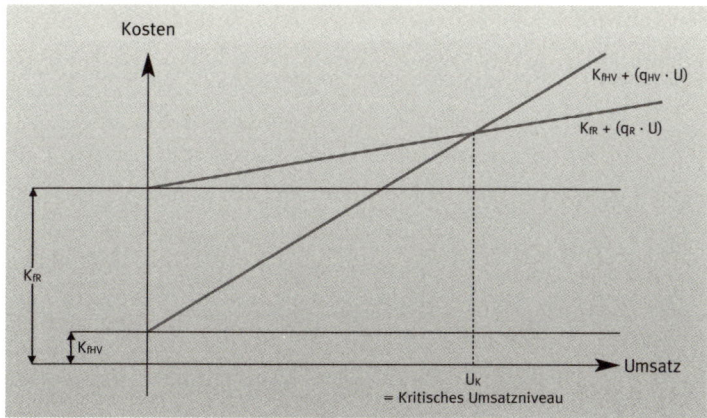

Abb. 3.25: Grafische Darstellung des Kostenvergleichs

ZUSAMMENFASSUNG **ÜBUNG**

Ein Unternehmen steht vor der Entscheidung, ob es für die Kundenbearbeitung mit eigenen Reisenden oder Handelsvertretern arbeiten soll. Die Verkaufsgebiete sind so gut wie möglich aufgeteilt und zeigen vergleichbare Kundenpotenziale. Nach fünf Jahren wird pro Bezirk mit einem Umsatz in Höhe von 840.000 € pro Jahr gerechnet.

Als Vergütung würden die Handelsvertreter eine Provision in Höhe von 3,5 % vom Umsatz sowie ein Fixum von 1.000 € monatlich erhalten, die Reisenden würden ein Festgehalt in Höhe von 2.500 € monatlich sowie 1,0 % Provision erhalten.
a) Wo liegt das kritische Umsatzniveau?
b) Was würden Sie dem Unternehmen raten?

Zu der (subjektiven) Abwägung dieser qualitativen und quantitativen Kriterien können auch Erfahrungen aus der Praxis hinzukommen. Nach der von INMIT durchgeführten Untersuchung liegt die große **Stärke der Handelsvertretungen** in den **persönlichen Beziehungen** zu den Abnehmern. Außerdem werden die **Vertriebskosten** als günstig eingeschätzt und die **Branchenkenntnisse** hervorgehoben. Auch die **Fähigkeit zur Erschließung geografisch entfernter Märkte** wird besonders hervorgehoben. Als **Hauptschwäche** sehen die Unternehmen eindeutig die **eingeschränkte Kontrollierbarkeit**.

Stärken von Handelsvertretungen: Persönliche Beziehungen, günstige Vertriebskosten, gute Branchenkenntnisse

Die folgende Abbildung fasst die Stärken und Schwächen von Handelsvertretungen zusammen:

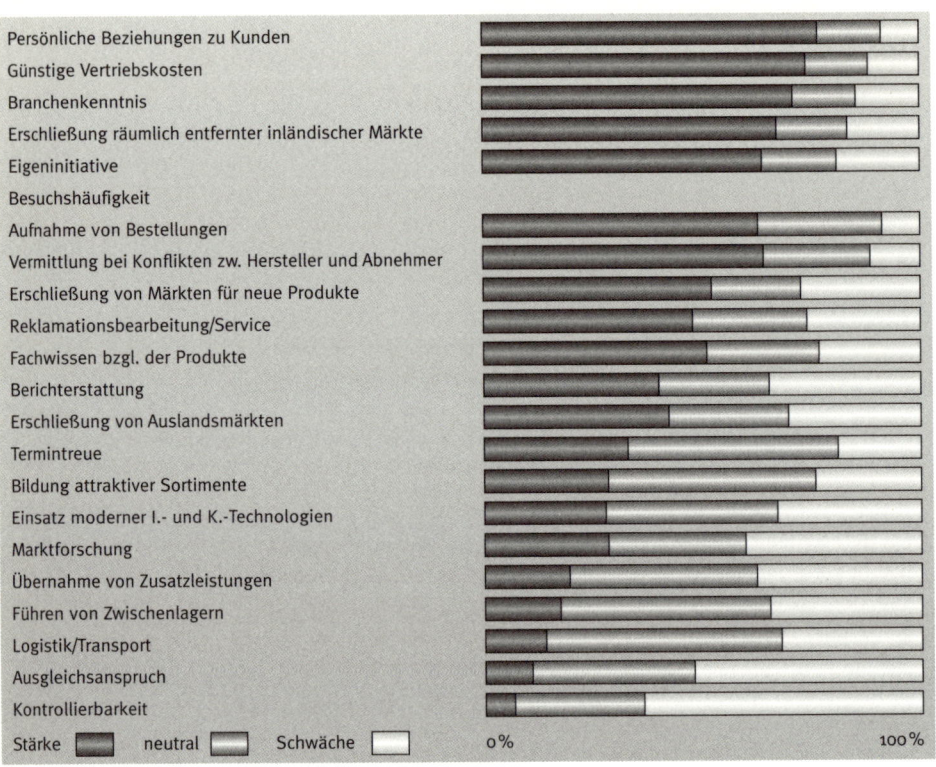

Abb. 3.26: *Stärken und Schwächen von Handelsvertretungen*
(Quelle: Blettner/Knopp/Schmidt 1998, S. 19)

Wie geht ein Unternehmen vor, das über ganz Deutschland den **flächendeckenden Einsatz von Handelsvertretungen** plant? Es gibt in Deutschland nur eine Organisation, die eine flächendeckende Vertriebsorganisation für die BRD für deutsche und ausländische Hersteller bereitstellt, das ist der seit 1962 tätige **„AKA" Arbeitskreis Agenturen** (Dreieich). Die 10 für den AKA tätigen Handelsvertretungen werden durch eine Zentrale koordiniert, gesteuert und kontrolliert. Der Schwerpunkt der Tätigkeit des AKA liegt im Lebensmittelhandel.

Normalerweise müssen Hersteller aus den vielen Handelsvertretungen diejenigen auswählen und zusammenstellen, die ihren Ansprüchen genügen und eine nationale Abdeckung sicherstellen.

Finden lassen sich Handelsvertretungen beispielsweise durch Kontakt mit der Centralvereinigung Deutscher Wirtschaftsverbände für Handelsvermittler und Vertrieb (CDH), Köln, über die **Anzeigen in Fachzeitschriften**, die von Handelsvertretungen geschaltet werden oder die das suchende Unternehmen schaltet.

Sind erste Kontakte zu Handelsvertretungen geknüpft, ergeben sich meist auch Informationen über weitere Handelsvertretungen bzw. über lose Netzwerke, die aus der Distribution der Produkte anderer Hersteller resultieren.

Schwieriger ist die Frage der **Koordination, Steuerung und Kontrolle** der verschiedenen Handelsvertretungen. Auch hier ist die Entscheidung zu treffen, ein Outsourcing vorzunehmen oder einen eigenen Mitarbeiter einzustellen.

Outsourcing oder eigene Mitarbeiter?

Diese Entscheidung unterliegt grundsätzlich den gleichen qualitativen Kriterien wie die Entscheidung für Reisende oder Handelsvertretungen. Sie ist jedoch stärker geprägt von dem unternehmerischen Willen, die Gestaltung und die Kontrolle selbst in den Händen behalten zu wollen.

ZUSAMMENFASSUNG ÜBUNG

- Nennen Sie die wichtigsten Rechte und Pflichten einer Handelsvertretung.
- Warum werden heute in manchen Branchen Pauschalsätze anstelle von Provisionen gezahlt?
- Nennen Sie qualitative und quantitative Kriterien zur Entscheidung über den Einsatz von Handelsvertretungen oder eigenen Reisenden. Was ist das kritische Umsatzniveau?

3.5.3 Kundenbearbeitung durch Service-Organisationen

Viele Gründe sprechen insbesondere in der Konsumgüterindustrie dafür, abzuwägen, für die Kundenbearbeitung möglicherweise Service-Organisationen einzusetzen.

Sales-Service-Organisationen sind Organisationen, die in der Feldarbeit praktisch alle Aufgaben übernehmen:

- **Einsatz von Bezirksleitern** zur kurz- und langfristigen Betreuung von Verkaufsbezirken mit Einzeltätigkeiten wie z. B.
  - Aktionsabsprachen,
  - Überprüfung der Listungssituation,

Sales-Service-Organisationen übernehmen fast alle Aufgaben in der Feldarbeit

- Absprachen von Zweitplatzierungen
- oder Bestandskontrolle.

• **Einsatz von Einzelhandelsreisenden**
- mit Verkaufstätigkeit in Kleinflächen wie z. B. Lebensmitteleinzelhandel, Facheinzelhandel, Convenience Stores, Gastronomie,
- mit Einzeltätigkeiten wie z. B. Verkaufsdurchgängen im Lebensmitteleinzelhandel wahlweise mit oder ohne Warenauslieferung ab Wagen und Displayplatzierung, Verkaufsdurchgänge im Lebensmitteleinzelhandel mit Ordersatzeintrag.

• **Einsatz von Merchandisern**, z. B.
- für Verräumung von Lieferungen in Regale und Sonderplatzierungen,
- Preisauszeichnung,
- Einhaltung und Optimierung von Regalspiegel-Vorgaben,
- Kontrolle des Mindesthaltbarkeitsdatums (MHD)
- Kontrolle des Prinzips „first in first out" (FIFO),
- Retourenbearbeitung,
- Inventurerhebung,
- Reinigungsarbeiten.

Die größten Organisationen im Konsumgüterbereich sind Walter Marketing, Ettlingen, CPM, Bad Homburg, und Combrera, München. Aber auch in anderen Branchen wie z. B. im Pharmabereich werden Sales-Service-Dienste angeboten.

Für ein Unternehmen ergeben sich durch den Einsatz dieser Organisationen folgende Vorteile:

Begrenzter Einsatz von Außendienstmitarbeitern für eine zeitlich befristete Aktion oder für Produkte mit saisonalen Nachfrageschwankungen

- Verstärkung der eigenen Außendienst-Organisation zur Forcierung der Intensität der Feldarbeit bei bestehenden Kunden/Vertriebswegen
- verstärkte Bearbeitung von schwachen Verkaufsgebieten, z. B. bei längeren Vakanzen/Krankheiten von eigenen Mitarbeitern
- verstärkte Bearbeitung eines bestehenden Kundenkreises bzw. Absatzkanals
- begrenzter Einsatz von Außendienstmitarbeitern für eine zeitlich befristete Aktion, z. B. für die flächendeckende Einführung eines Neuproduktes
- begrenzter Einsatz von Außendienstmitarbeitern für Produkte mit saisonalen Nachfrageschwankungen (z. B. Osterhasen/Weihnachtsmänner, Eis)

- Erschließung/Akquisition neuer Zielgruppen, Vertriebswege, Marktsegmente
- generelles Outsourcen der Feldarbeit an eine externe Organisation

Beispiel

In der Homepage von CPM, Bad Homburg, sind folgende Fallbeispiele zu finden (vgl. CPM 2003):
- Einsatz in der Großfläche (große Verbrauchermärkte/SB-Warenhäuser): Ein führender Markenartikler aus dem Bereich Haarpflege lässt dauerhaft seit 1998 ca. 2.000 LEH-Großflächen betreuen.
Eingesetzt werden 35 Verkäufer und 3 Gebietsleiter.
Ergebnis: Umsetzung der Listungen in Regal- und Sonderplatzierungen, Marktkontakte, hoher Displayanteil, niedrige Kosten pro Besuch.

- Einsatz in Convenience Stores: Seit 1997 lässt ein führender Markenartikler aus dem Bereich Food dauerhaft ca. 35.000 Verkaufsstellen (9.000 Tankstellen, 26.000 kleiner Lebensmittelgeschäfte) bearbeiten.
38 externe Verkäufer und 3 Gebietsverkaufsleiter sind für diesen Markenartikler unterwegs.
Ergebnis: Einrichtung von Regal- und Sonderplatzierungen im Kassenbereich, Durchsetzung höherer Sortimentstiefe und -breite, Marktdatenbank über die besuchten Outlets.

Neben den Sales-Service-Organisation gibt es viele **Tele-Sales-Organisationen**, auch als **Telemarketing-Agenturen** bezeichnet, am Markt, die ihre Leistungen anbieten.

Zu den Aufgaben, die telefonisch wahrgenommen werden können, gehören:
- Absicherung der nummerischen Distribution
- Betreuung von C-Kunden
- Ausschöpfen von Umsatzpotenzialen
- Zusatzverkäufe durch Cross-Selling
- Entgegennahme von Bestellungen (Inbound)
- aktive Bestellabfrage (Outbound)
- Reklamationsbearbeitung
- Terminvereinbarungen für den Außendienst

Telefonisch wahrnehmbare Aufgaben

Des Weiteren gibt es auch Dienstleister, die sich auf das **E-Mail-Management** spezialisiert haben.

> **ZUSAMMENFASSUNG** **ÜBUNG**
>
> - Welche Aufgaben können Sales-Service-Organisationen und welche können Telemarketing Agenturen übernehmen?
> - Nennen Sie verschiedene Situationen, in denen der Einsatz solcher Dienstleister zweckmäßig ist.

4 MANAGEMENT DER KUNDENBEZIEHUNGEN

4.1	KUNDENMANAGEMENT ALS PROZESS	100
4.2	PRE-SALES-PHASE	105
4.2.1	Identifikation und Kontaktaufnahme	105
4.2.2	Buying Center	106
4.2.3	Kundenbedürfnisse und Qualifikation	109
4.3	SALES-PHASE	111
4.3.1	Angebot	112
4.3.2	Interaktion Verkäufer – Einkäufer	113
4.3.3	Vertragsabschluss	114
4.3.4	Auftragsabwicklung	114
4.4	AFTER-SALES-PHASE	116
4.4.1	Nachkauf-Service	116
4.4.2	Beschwerdemanagement	117
4.4.3	Kundenzufriedenheit und Kundenbindung	119

4.1 Kundenmanagement als Prozess

Die verschiedenen Tätigkeiten einer Vertriebsabteilung sind Bestandteil eines Transaktionsprozesses, der zwischen den zwei Marktseiten Anbieter und Nachfrager stattfindet

Die verschiedenen Tätigkeiten einer Vertriebsabteilung, wie Kundenakquisition, Interaktion mit dem Kunden, Auftragserstellung, Kundenpflege usw., sind Bestandteil eines **Transaktionsprozesses**, der zwischen den zwei Marktseiten **Anbieter und Nachfrager**, verkaufendes Unternehmen und beschaffendes Unternehmen, stattfindet. Aus Sicht der Anbieterseite handelt es sich bei diesen Tätigkeiten um einen **Vertriebs- oder Verkaufsprozess**.

Um den Fokus weniger auf die Funktion denn auf das „Objekt" der Aktivitäten der Vertriebsabteilung zu richten, wird dieser Prozess hier als **Kundenmanagement-Prozess** (Customer Management Process) bezeichnet. Aus Sicht der nachfragenden Organisation handelt es sich um einen Beschaffungsprozess bzw. um einen **Lieferantenmanagement-Prozess** (Supplier Management Process). Werden die Prozesse informationstechnologisch unterstützt, wird von Customer Relationship Management Software (CRM-Software) bzw. Supplier Relationship Management Software (SRM-Software) gesprochen.

Rahmenbedingungen beeinflussen Umfang, Inhalt und Ablauf

Rahmenbedingungen haben auf den Umfang des Kundenmanagement-Prozesses, den Inhalt der in den einzelnen Prozess-Phasen durchzuführenden Aktivitäten und deren Ablauf einen Einfluss. Diese **Rahmenbedingungen** sind:

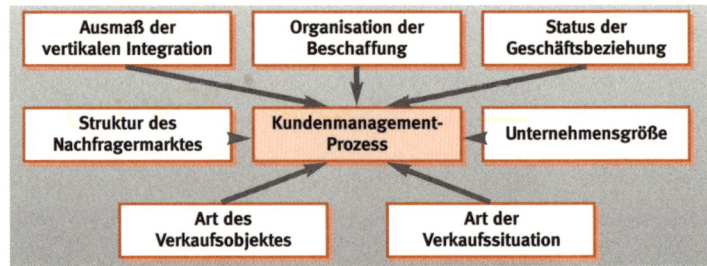

Abb. 4.1: *Rahmenbedingungen im Kundenmanagement-Prozess*

Die einzelnen Einflussfaktoren geben Antwort auf folgende Fragen:
- **Struktur des Nachfragermarktes**: Handelt es sich um einen **monopolistischen** Nachfrager (z. B. Deutsche Bahn AG), ist der Markt der Nachfrager **oligopolistisch** (z. B. Automobilindustrie) oder gibt es viele **polypolistische** Nachfrager (z. B. Handwerksbetriebe)?

Welche Größe und Marktbedeutung hat der Kunde?
- **Unternehmensgröße**: Welche Größe und Marktbedeutung hat der Kunde? Ist es ein **lokaler** (z. B. Friseur) oder **regionaler** Anbieter (z. B. regionales Brauereiunternehmen) oder ist der Kunde **national** (z. B. Deutsche Bahn AG) oder **international** (z. B. Siemens AG) tätig?

- **Organisation der Beschaffung**: Wie sind die Beschaffung und Lieferantenauswahl des Kunden organisiert? Ist es **„Einkauf"** oder betreibt der Kunde ein **Lieferantenmanagement** und beschafft seine Waren sowohl im Inland als auch auf den Märkten der Welt. Unterschieden werden:
  - **global sourcing**: räumlich unbegrenzte Lieferantensuche
  - **local sourcing**: inländische und ausländische Lieferanten werden am Standort der Betriebsstätte eingesetzt
  - **domestic sourcing**: nur inländische Lieferanten werden berücksichtigt
- **Ausmaß der vertikalen Integration**: Inwieweit soll eine **Integration der Wertschöpfungskette** zwischen Lieferant und Kunde erfolgen (**process sourcing**)? Diese Verschränkung der Wertschöpfungskette kann sich auf folgende Bereiche beziehen (vgl. Pepels 2002a, S. 26):
  - **Produktionsprozesse**, als die Kombination der Produktionsfaktoren in der Wertschöpfungskette. Stichworte: Quality Audits, Design to Cost, Wertanalyse
  - **Logistikprozesse**, d.h. Lagerung und Transport von Leistungen zwischen den Unternehmen. Stichworte: Kanban, Just-in-Time-Belieferung oder Efficient Replenishment im Rahmen von ECR (Efficient Consumer Response)
  - **Know-how-Prozesse**, d.h. Produkte oder Wissen als Problemlösungen, Stichwort: Simultaneous Engineering, Betreibermodell
  - **Nachhaltigkeitsprozesse**, welche die Sichtweise des gesamten Lebenszyklus umfassen. Stichworte: Öko-Audit, Total Costs of Ownership, Retrodistribution *zurück* *Buchprüfung*
- **Status der Geschäftsbeziehung**: Je länger Lieferant und Kunde sich kennen, je mehr gegenseitige Erfahrung über Bedürfnisse, Verhaltensweisen, Leistungsfähigkeit, Technologie, Geschäftsabläufe sie haben und je mehr sie auch die gegenseitigen Einstellungen kennen und Vertrauen zueinander gewonnen haben, umso einfacher und reibungsloser verläuft die Geschäftsbeziehung. Die Transaktionskosten reduzieren sich „nicht zuletzt durch eine Fülle effektiver Routinen, sodass der Beschaffungsprozess des Kunden und der Vertriebsprozess des Lieferanten bei reduzierter Phasenzahl mit wenigen, gezielten Aktivitäten abläuft" (Kuhlmann 2001, S. 234). Sind die Geschäftsbeziehungen negativ belastet, so erschwert dies das Kundenmanagement. Besondere Anstrengungen erfordert natürlich der Aufbau von Geschäftsbeziehungen, also die Phase der Neukundengewinnung.
- **Art des Verkaufsobjektes**: Handelt es sich um eine Sachleistung oder eine Dienstleistung? Ist es ein **komplexes Produkt** mit vielen Komponenten oder ein vergleichsweise **einfaches Produkt**? Wird

> Je länger sich Lieferant und Kunde kennen, desto reibungsloser verläuft die Geschäftsbeziehung

das Produkt maßgeschneidert, also mit einem hohen **Individualisierungsgrad**, oder ist es ein Massenprodukt mit einem hohen **Standardisierungsgrad**? Wie stark ist die **wirtschaftliche Bedeutung**, die mit dem Kauf des Produktes verbunden ist, ausgedrückt in Gesamtpreis und Folgekosten?

- **Art der Verkaufssituation**: Handelt es sich um einen **Erstkauf**? Hier hat der Kunde – je nach Transaktionsobjekt – einen erheblichen Informationsbedarf. Bei einem **modifizierten Wiederkauf** ist oft nur ein mittlerer Informationsbedarf gegeben. Im Fall des **identischen Wiederkaufs**, d. h. einer Nachbestellung, müssen lediglich Preise, Konditionen und ähnliche schnell veränderbare Informationen neu angefragt werden, der Informationsbedarf ist hier am geringsten. Zunehmend erwähnenswert sind die **automatisierten Wiederkäufe**, bei denen innerhalb vordefinierter Kriterien der Computer die Transaktion auslöst, so z. B. bei computerisierten Abrufaufträgen innerhalb eines vereinbarten Rahmenvertrages. Ein anderes Beispiel sind virtuelle Marktplätze. Bei normierten Produkten mit geringer Komplexität gibt es die Möglichkeit, dass Agentenprogramme auf Anbieter- und Nachfragerseite automatisch nach Abschlusschancen suchen und diese passiv durch Freigabe vom Entscheider oder auch völlig selbstständig in Abhängigkeit von Limits wahrnehmen (vgl. Pepels 2002a, S. 15 f.).

> Agentenprogramme suchen automatisch nach Abschlusschancen und nehmen diese in Abhängigkeit von Limits wahr

Beispiel

Die Siemens AG hat eine eigene Homepage für den Beschaffungsbereich. Hier sind Informationen über die Struktur der Beschaffungsorganisation einschließlich Steuerungsgremien, die Art der Bedarfsbündelungen bis hin zu Aussagen über das Lieferantenmanagement zu finden (vgl. http://www.gpl.siemens.com).

Bzgl. des Lieferantenmanagements finden sich folgende Angaben: „Ohne zuverlässige Lieferanten ist ein Unternehmen wie Siemens nicht vorstellbar. Waren und Dienstleistungen aus über 1.600 Materialgruppen mit 3.500.000 Sachnummern werden für alle Bereiche des Unternehmens benötigt. (....) Damit sich alle Siemens-Einkäufer über erfolgreiche Lieferantenbeziehungen informieren können, wurde ein einheitliches Bewertungssystem entwickelt. Nach diesem System können Einkäufer ihre Erfahrungen mit dem Lieferanten nach objektiven Kriterien bewerten und anschließend in einer Datenbank erfassen.

Die dort hinterlegten Ergebnisse sind die Grundlage für die Lieferantenauswahl und -entwicklung. Mit ihrer Hilfe werden zusammen mit den Lieferanten Strategien erarbeitet, die es Siemens ermöglichen, die

Qualität der Zusammenarbeit ständig zu optimieren und somit die Konzentration auf die besten Zulieferer zu gewährleisten."
(http://www.gpl.siemens.com/de/14/management.de.html)

Was sind nun die wichtigsten **Bestandteile**, die wichtigsten **Tätigkeiten** und die wichtigsten **Einflussgrößen** in der Gestaltung des **Kundenmanagement-Prozesses**? Und welche Prozesse stehen bei der Beschaffung auf Kundenseite gegenüber?

Das Schaubild zeigt die Phasen der beiden Prozesse mit den wichtigsten Bestandteilen und Tätigkeiten:

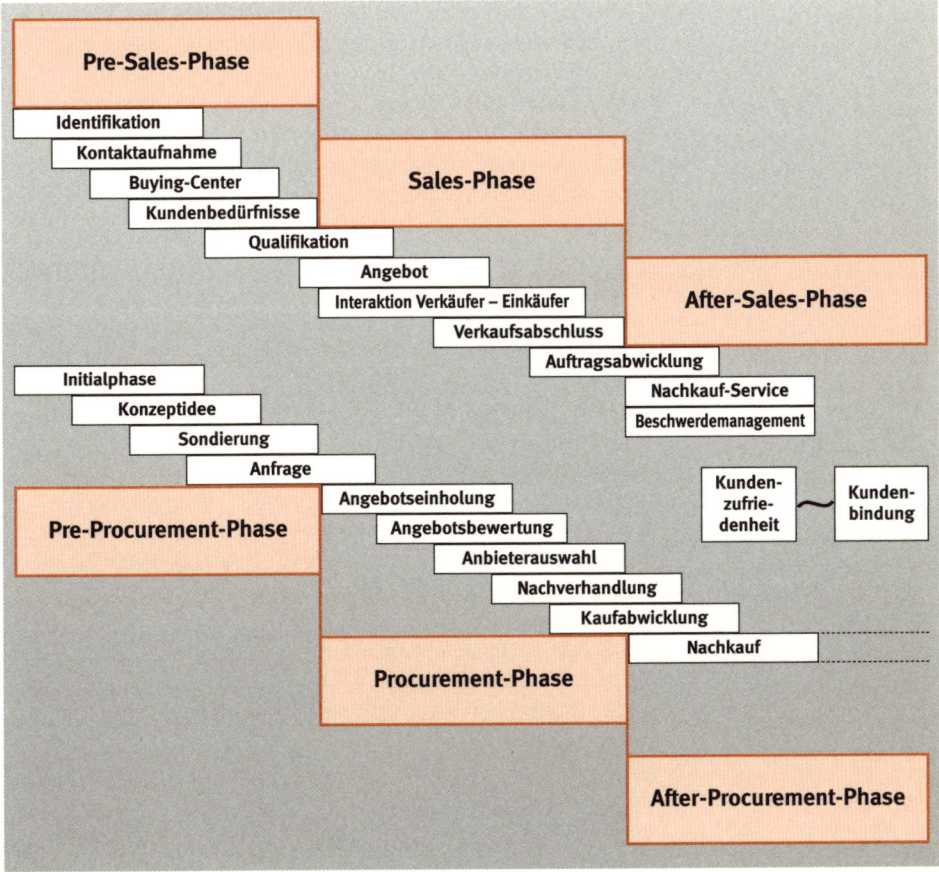

Abb. 4.2: Phasen im Kundenmanagement- und Lieferantenmanagement-Prozess

In der Praxis des Vertriebs und der Beschaffung werden **nicht immer alle Phasen** mit den entsprechenden mehr oder weniger umfangreichen Aktivitäten ausgefüllt. Auch ist die **Reihenfolge nicht** immer **zwangsläufig** vorgegeben. Oft sind iterative (wiederholende) Schritte notwendig.

 Wichtig ist die Erkenntnis, dass die Zusammenarbeit zwischen Kunde und Lieferant durch Menschen ausgeführt wird.

Es sind nicht Organisationen, die an Organisationen verkaufen, sondern es sind immer ganz konkrete, benennbare Menschen, die mit anderen, ebenfalls konkreten und benennbaren Menschen zusammen kommen, sich kennen lernen, verhandeln, Vereinbarungen treffen und Geschäfte miteinander machen.

Verkaufen und Kaufen ist sog. **„People Business"**. Auch die zunehmende Automatisierung in vielen Bereichen zwischen den Unternehmen und innerhalb eines Unternehmens zur besseren Kundenpflege (Customer Relationship Management) oder automatisierte Wiederholungskäufe dürfen nicht von dieser Tatsache ablenken.

ZUSAMMENFASSUNG ÜBUNG

- Die Arbeit der Vertriebsabteilung ist Teil eines Transaktionsprozesses, an dem die Vertriebsabteilung den Leistungsanbieter, d. h. den Lieferanten vertritt. Dem gegenüber steht der Kunde als Nachfrager von Leistungen.
- Aus Kundensicht handelt es sich um einen Kauf- oder Beschaffungsprozess, aus Lieferantensicht um einen Verkaufsprozess.
- Betrachtet man die Prozesse nach dem „Objekt" der Tätigkeiten, handelt es sich um Kundenmanagement- bzw. Lieferantenmanagement-Prozesse (im Englischen: Customer Management bzw. Supplier Management).
- Verschiedene Rahmenbedingungen wie Unternehmensgröße, Organisation der Beschaffung, Art der Transaktionsobjekte, Status der Geschäftsbeziehungen usw. bestimmen Umfang, Inhalt und Ablauf der Prozesse.
- Der Kundenmanagement-Prozess kann in die Phasen Pre-Sales, Sales und After-Sales aufgeteilt werden. Ihm gegenüber stehen die entsprechenden Beschaffungsphasen (Procurementphasen) auf Kundenseite.

> **ZUSAMMENFASSUNG** **ÜBUNG**
>
> - Nennen Sie Rahmenbedingungen, die das Kundenmanagement bestimmen.
> - Diskutieren Sie, ob Verkaufen auch in Zeiten des Internets immer noch „People Business" ist.
> - Kennen Sie virtuelle Marktplätze? – Nennen Sie einige.
> - Vertiefen Sie die Begriffe: Quality Audits, Design to Cost, Wertanalyse, Kanban, Just-in-Time-Belieferung, Efficient Replenishment (im Rahmen von ECR), Simultaneous Engineering, Betreibermodell, Öko-Audit, Total Costs of Ownership, Retrodistribution und versuchen Sie dazu jeweils Praxisbeispiele zu finden.

4.2 Pre-Sales-Phase

Die Pre-Sales-Phase ist gekennzeichnet durch die Identifikation und erste Kontaktaufnahme sowie die Identifizierung der Mitglieder im Buying Center. Weiterhin erfolgt in der Pre-Sales-Phase die Ermittlung der Kundenbedürfnisse und die Qualifikation der eigenen Verkaufschance.

4.2.1 Identifikation und Kontaktaufnahme

Zur Gewinnung von Kunden sind die Identifikation und die Kontaktaufnahme notwendig. Beides kann sowohl vom Kunden als auch vom Lieferanten ausgehen.

Verschiedene **Kommunikationsinstrumente** sind **zur Identifikation und Kontaktanbahnung** geeignet: Adressen von Kunden und Lieferanten können aus verschiedenen **Verzeichnissen und Datenbanken** entnommen bzw. gekauft werden. Mittels **Direct-Mail-Aussendungen** werden potenzielle Kunden angeschrieben oder es erfolgt z. B. eine **telefonische Kontaktaufnahme**. Es kann **Werbung in Fachzeitschriften** oder der Wirtschaftspresse eingeschaltet werden, welche die Kontaktaufnahme auslöst. Besonders effizient sind auch Besuche von **Messen und Ausstellungen**. Ein erster Kontakt kann auch über den **Außendienst** und heute das **Internet** aufgenommen werden.

Es gibt viele verschiedene Kommunikationsinstrumente zur Identifikation und Kontaktanbahnung

Beispiel

Eine aktuelle Untersuchung bei rund 150 Vertriebsleitern produzierender Unternehmen ermittelte, wie die ersten Kontaktaufnahmen zu Kunden zustande gekommen sind (Ergebnisse einer Befragung von Vertriebsleitern der Con Moto (München), vgl. o.V. 3/2002, S. 49):

Erste Kontaktaufnahme durch:	in %
• Persönliche Besuche durch den Außendienst	96
• Messen/Vorträge	87
• Anzeigen in Fachzeitschriften	78
• Telefonakquisition	43
• Anzeigen in Tageszeitungen	13
• Sonstiges	13

Aktive Kontaktaufnahme: Lieferant ergreift die Initiative

Von einer **aktiven Kontaktaufnahme** wird gesprochen, wenn der Lieferant die Initiative ergreift und auf potenzielle Kunden zugeht. **Passive Kontaktaufnahme** liegt vor, wenn der Kunde den Kontakt zum Lieferanten sucht.

Kontaktaufnahmen und nachfolgende Besuche zwischen Lieferant und Kunde lassen sich folgendermaßen systematisieren:

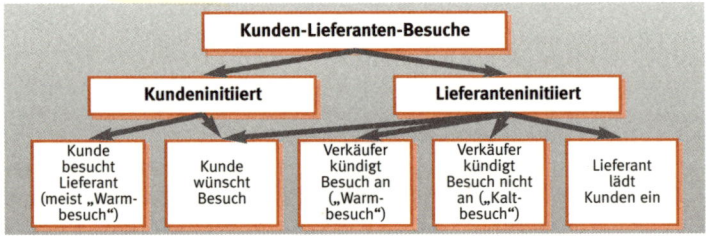

Abb. 4.3: Formen der Kontaktaufnahme

Ist der erste Kontakt zu einem Kunden hergestellt, dann verlaufen die nächsten Prozessschritte mehr oder weniger parallel. Der Vertrieb muss das sog. **„Buying Center"** kennen lernen, einschließlich der genauen Beschaffungsprozesse auf Kundenseite. Weiterhin muss der Vertrieb möglichst viel über die Kundensituation und mögliche Kundenbedürfnisse in Erfahrung bringen.

4.2.2 Buying Center

Obwohl die Beschaffungsentscheidung oft von einer Person gefällt werden kann (Unternehmensleitung bzw. je nach Art und Umfang der Entscheidung auch vom Einkäufer), sind in der Regel **mehrere Personen** in den **Entscheidungsprozess** involviert.

In den Entscheidungsprozess sind meist mehrere Personen involviert

Nach Webster/Wind können im **Industriegüterbereich** folgende **„Rollen" in einem Buying Center** identifiziert werden (vgl. Webster/Wind 1972, S. 77 ff.):

- **Benutzer/Users**: Diese Personen werden später mit dem Produkt arbeiten. Sie sind vor allem an Produkteigenschaften und Produktfunktionalitäten interessiert.
- **Einkäufer/Buyers**: Sie wählen aufgrund ihrer Funktion die Lieferanten aus und tätigen die Kaufabschlüsse. Die Einkäufer achten auf günstige Preise und Konditionen sowie auf die Lieferbedingungen.
- **Entscheider/Deciders**: Sie entscheiden aufgrund ihrer Machtposition schlussendlich über die Auftragsvergabe.
- **Beeinflusser/Influencers**: Beeinflussen direkt oder indirekt den Entscheidungsprozess. Dies können interne, aber auch externe Berater oder Personen aus dem beruflichen oder privaten Umfeld sein.
- **Türöffner/Gatekeepers**: Das sind z.B. Assistenten von Entscheidungsträgern. Sie überprüfen, kontrollieren und selektieren den Informationsfluss oder z.B. ein Angebot auf seine Eignung hin. Sie wünschen vor allem Informationen. Gatekeeper können Mitarbeiter in der Einkaufsabteilung, Mitarbeiter in Stabsstellen oder auch Sekretärinnen sein.

> Gatekeeper können Mitarbeiter in der Einkaufsabteilung, Mitarbeiter in Stabsstellen oder auch Sekretärinnen sein

Dem „Buying Center" auf Kundenseite steht oft das „Selling Center" auf Lieferantenseite gegenüber. Zwischen allen Teilnehmern in diesen Centern bestehen vielfältige offizielle (formelle) und inoffizielle (informelle) Beziehungen. Beispielhaft wurde im nachfolgenden Schaubild neben den Beziehungen zwischen den offiziellen „Teampartnern" die vielfältigen Beziehungen eines Außendienstmitarbeiters zu den Mitgliedern im Buying Center eingezeichnet.

> Zwischen allen Teilnehmern in diesen Centern bestehen vielfältige offizielle und inoffizielle Beziehungen

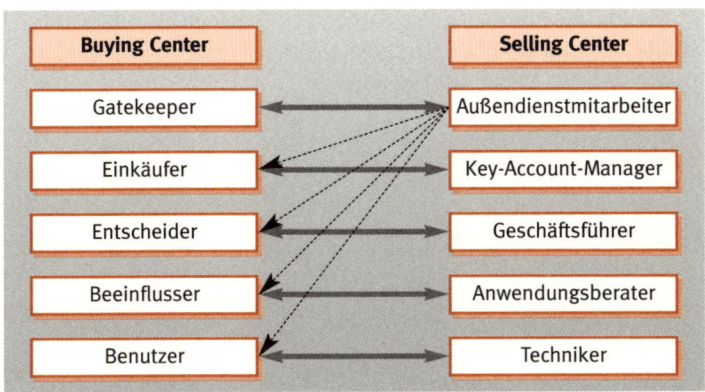

Abb. 4.4: Beziehungen zwischen Buying Center und Selling Center (vgl. Pepels 2002a, S. 65)

Auf den **Konsumgüterbereich** und die indirekte Distribution ist diese Rollenverteilung nicht 1:1 übertragbar. Hier sind z. B. die „User" die sog. „Shopper", d. h., es sind die Kunden dieser Organisation und nicht deren Mitglieder. Auch gibt es im Selling Center keinen Techniker, dafür aber z. B. einen Marktforscher, der die Bedürfnisse der Benutzer/Shopper kennt. Grundsätzlich aber gibt es auch im Konsumgüterbereich Buying Center auf Handelsseite und Selling Center auf Kundenseite.

Witte unterscheidet in einem einfacheren Modell (vgl. Witte 1976, S. 324ff.) sog. **Promotoren** und **Opponenten**. Promotoren wiederum werden unterschieden in **Fachpromotoren**, Personen, die sich durch Fachwissen auszeichnen, und **Machtpromotoren**, also Personen, die aufgrund ihrer Position in der Unternehmenshierarchie Einfluss ausüben können. Promotoren unterstützen positiv den Beschaffungsprozess. Opponenten dagegen behindern den Prozess.

> Promotoren unterstützen den Beschaffungsprozess, Opponenten behindern ihn

Der Verkäufer muss die verschiedenen Personen auf Kundenseite identifizieren. Er muss weiterhin in Erfahrung bringen, welche speziellen Anforderungen die einzelnen Personen an Lieferanten stellen. „Es lassen sich keine Regeln aufstellen, wer im Unternehmen formell oder informell die Macht besitzt, den Entscheidungsprozess positiv oder negativ zu beeinflussen." (Kuhlmann 2001, S. 246)

> Der Verkäufer muss die verschiedenen Personen auf Kundenseite identifizieren

Der Verkaufsmitarbeiter muss daher herausfinden:
- Wer ist wofür zuständig?
- Wer muss unbedingt angesprochen werden?
- Wer kann wodurch aktiviert werden?
- Wie sind die Beziehungen zwischen den Personen im Unternehmen?
- Wie ist der Beschaffungsprozess organisiert?
- Wie sind die Rahmenbedingungen?

ZUSAMMENFASSUNG   **ÜBUNG**

- Der Start in die Pre-Sales-Phase ist gekennzeichnet durch Identifikation und Kontaktaufnahme. Beides kann sowohl vom Kunden wie auch vom Lieferanten ausgehen.
- In der Praxis werden verschiedene Kommunikationsinstrumente eingesetzt: Die wichtigsten Medien sind Außendienstmitarbeiter und Messen.
- Die Identifikation der Mitglieder im Buying Center und Kenntnis über die genauen Beschaffungsprozesse auf Kundenseite sind die nächsten wichtigen Schritte in der Pre-Sales-Phase.

- Dem Buying Center auf Kundenseite steht üblicherweise ein Selling Center auf Lieferantenseite gegenüber.

ZUSAMMENFASSUNG **ÜBUNG**

- Nennen Sie verschiedene Möglichkeiten der Kontaktaufnahme und Identifikation von Kunden bzw. Lieferanten.
- Welche „Rollen" werden in einem Buying Center unterschieden?
- Was passiert, wenn Teammitglieder im Selling Center und im Buying Center nicht harmonieren? Versuchen Sie sich dies an verschiedenen Situationen zu verdeutlichen.
- Welche Teammitglieder gibt es im Konsumgüterbereich auf Hersteller- und Handelsseite?

4.2.3 Kundenbedürfnisse und Qualifikation

Zu der Pre-Sales-Phase gehört weiterhin, dass der Verkäufer versucht, möglichst viel über die **Bedürfnisse und möglichen Probleme des Kunden** in Erfahrung zu bringen und über die **Art der Leistung, die den Kunden zufrieden stellen würde**.

Möglichst viel über die Bedürfnisse und möglichen Probleme des Kunden in Erfahrung bringen

Es kann auch sein, dass der Kunde mit seiner aktuellen Situation zufrieden ist. In diesem Fall muss der Verkäufer versuchen, das **Interesse des Kunden für sein Angebot zu gewinnen**. Seine Aufgabe ist es, den Kunden davon zu überzeugen, dass eine **Veränderung seiner aktuellen Situation vorteilhaft** ist.

Im technischen Bereich beispielsweise fehlen den Mitarbeitern des Kunden manchmal die erforderlichen Kenntnisse und Fähigkeiten, um die **technischen Entwicklungen** und die **schnell fortschreitenden Veränderungen** angemessen einzuschätzen. Im Konsumgüterbereich ist den Handelsmitarbeitern oft nicht bewusst, welche **Marktbedeutung** bestimmte Produktsegmente mittlerweile besitzen und dass sie ihre Produktsortierung anpassen oder umstellen müssen.

Die Bedürfnisse des Kunden beziehen sich zudem nicht lediglich auf die Transaktionsobjekte (also Produkte oder Dienstleistungen). Der Verkäufer muss die **Rahmenbedingungen**, unter denen das Geschäft nur zustande kommen kann, klar einschätzen können. Und er muss die **Dienstleistungen**, die im Zusammenhang mit dem Transaktionsobjekt stehen wie Gewährleistung, Service, Finanzierung, Reklamationsbearbeitung, Schulung, usw. deutlich herausarbeiten.

Rahmenbedingungen und Dienstleistungen kaufentscheidend

Für den Kunden ist die Art der Gesamtleistung entscheidend.

Darüber hinaus erwarten die Kunden nicht nur Transaktionsobjekte und begleitende Dienstleistungen, die sie unter bestimmten Rahmenbedingungen kaufen sollen, sondern sie erwarten **Lösungen**, mit denen sie ihre eigene **Konkurrenzfähigkeit sichern** können.

Deshalb sollten sich Anbieter nicht darauf beschränken, aktuelle Bedürfnisse eines Kunden abzufragen. Sie sollten **Verständnis für die Gesamtsituation** des Kunden entwickeln und den Kunden bei der **zukünftigen Entwicklung** seines Geschäftes beraten. Auf diese Weise unterstützt der Lieferant den Kunden, selbst einen komparativen Wettbewerbsvorteil zu erzielen.

Der Verkäufer hat verschiedene Möglichkeiten, Informationen über die Kundenbedürfnisse zu sammeln: Sehr nützlich sind immer **Kontakte und Gespräche mit potenziellen Kunden** auf Messen und Ausstellungen. **Meldungen in der Wirtschaftspresse** und Informationen von Fachverbänden sollten systematisch gesammelt werden. Hier ist natürlich das **Internet** als Wissensdatenbank sehr hilfreich. Weiterhin erhält der Verkäufer viele Informationen durch **Kontakte und Gespräche** mit den verschiedenen Personen **im Buying Center**.

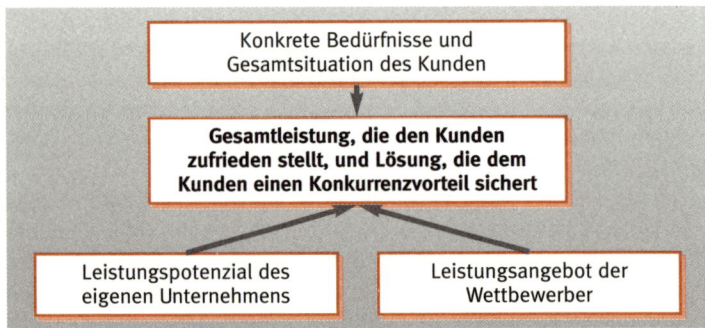

Abb. 4.5: Analyse der Kundenbedürfnisse und Abgleich mit dem eigenen Leistungspotenzial und dem der Wettbewerber

Nach Vorliegen eines möglichst umfassenden Bildes über den potenziellen Kunden sollte der Lieferant an dieser Stelle auch eine **Qualifikation der eigenen Verkaufschance** versus der der Wettbewerber vornehmen. D.h., er sollte die Entscheidung treffen, ob er überhaupt in die nächste Phase des Kundenmanagement-Prozesses eintreten will, indem er dem Kunden ein Angebot unterbreitet, oder aber, ob eine Zusammenarbeit mit diesem Kunden eher nicht infrage kommt.

Gründe eine Zusammenarbeit abzulehnen sind gegeben, wenn offensichtlich das Unternehmen entweder keine entsprechenden Lösungen für das Kundenbedürfnis anbieten kann oder wenn es nicht mit denen der Wettbewerber konkurrieren kann oder will.

Die Qualifikation der Verkaufschance kann durch Einsatz einer **Balanced Scorecard** systematisch ermittelt werden.

Die Qualifikation der Verkaufschance kann durch Einsatz einer Balanced Scorecard ermittelt werden

Auf Kundenseite erfolgt zum **Ende der Pre-Sales-Phase** des Lieferanten die Entscheidung, diesen in die Angebotseinholung einzubeziehen. Um in die Sales-Phase starten zu können, muss der Lieferant zum Kreis der **präferierten Lieferanten** („relevant set of suppliers") gehören (vgl. Pepels, 2002a, S. 29).

ZUSAMMENFASSUNG ÜBUNG

- Zusammen mit dem Kennenlernen der Mitglieder im Buying Center erfolgt sukzessiv die Ermittlung der Kundenbedürfnisse und die Klärung, welche Art der Leistung bzw. welches Lösungsangebot den Kunden zufrieden stellen würde.
- Zum Abschluss dieser Phase muss der Lieferant seine eigene Verkaufschance qualifizieren.
- Auf Kundenseite erfolgt zum Ende der Pre-Sales-Phase des Lieferanten die Entscheidung, diesen in die Angebotseinholung einzubeziehen oder nicht.

ZUSAMMENFASSUNG **ÜBUNG**

- Warum ist es wichtig, die Kundenbedürfnisse genau zu kennen?
- Versuchen Sie an einem Beispiel den Unterschied zwischen: „Kenntnis der Kundenbedürfnisse" und „Lösungsvorschläge" zu verdeutlichen.
- Welche Kriterien würden Sie mit einer Balanced Scorecard erfassen, um die Qualifikation der eigenen Verkaufschance zu ermitteln?

In der Sales-Phase erfolgen die Angebotserstellung durch den Lieferanten und die Vertragsverhandlungen zwischen Kunde und Lieferant, die spätestens jetzt **intensive Interaktionsprozesse** mit sich bringen. Weiterhin gehören in die Sales-Phase der Vertragsabschluss und die Auftragsabwicklung.

4.3 SALES-PHASE

4.3.1 Angebot

Der Abgabe eines Angebots geht die **Entgegennahme einer Kundenanfrage** voraus. Diese Kundenanfragen können mündlich oder schriftlich gestellt werden. Werden sie schriftlich gestellt, können sie formlos oder als formale Ausschreibung erfolgen.

In der Praxis verfolgen Kunden mit den Anfragen zum Teil sehr unterschiedliche Ziele. Es ist Sache des Verkaufs, sich über diese Ziele im Klaren zu werden und mit der Angebotsabgabe „richtig" zu reagieren.

Mögliche Ziele der Kundenanfrage (vgl. Kuhlmann 2001, S. 249):

Kunden verfolgen mit ihren Anfragen sehr unterschiedliche Ziele

- erste Orientierung/Basisinformationen gewinnen
- Einholen eines festen Angebots, auf dessen Basis dann die Ermittlung des Lieferanten mit dem besten Angebot erfolgt
- Erhalt eines möglichst gut ausgearbeiteten Angebots, das als preiswerte Basis für die Leistungsbeschreibung im Rahmen einer Ausschreibung dient
- Erlangung eines Druckmittels in Verhandlungen mit anderen Bietern, die ein günstigeres Angebot abgeben sollen
- Wettbewerbsbeobachtung: Konkurrenten verschaffen sich unter Deckadressen einen Einblick

Den Kundenanfragen können **drei Arten von Angebotsformen** gegenübergestellt werden (vgl. Kuhlmann 2001, S. 249 ff.): Kontaktangebote, Richtangebote und Festangebote.

Im Großanlagenbau können sehr hohe Angebotskosten entstehen

Die Angebote unterscheiden sich jeweils in **Genauigkeit**, **Informationsgehalt** und den **Angebotskosten**. Insbesondere die Angebotskosten sind sehr branchenabhängig. So können im Großanlagenbau schnell Angebotskosten in Millionenhöhe erreicht werden, während in der Konsumgüterindustrie die Angebotskosten auch für ein Festangebot sehr niedrig sind bzw. praktisch nicht entstehen.

Bei der Angebotsabgabe kommt es im **Industriegüterbereich** – insbesondere bei Großprojekten – auf **viele verschiedene Angebotsbestandteile** an, die berücksichtigt werden müssen und die Teil der nachfolgenden Verhandlungen sind:

Viele verschiedene Angebotsbestandteile müssen berücksichtigt und verhandelt werden

- Zum einen natürlich das **Transaktionsobjekt** selbst, einschließlich Preis, Konditionen, Liefertermin.
- Dazu kommen viele **weitere kaufmännische Vertragsbestandteile**, z. B.
  – Erfüllungsort,
  – Gerichtsstand bzw. Schiedsgerichtsabrede,
  – Lieferbedingungen und
  – Zahlungsbedingungen.

Je nach Machtverhältnissen wird sich der Lieferant oder der Kunde mit seinen Vorstellungen durchsetzen.

4.3.2 Interaktion Verkäufer – Einkäufer

Spätestens wenn ein Angebot vorliegt, beginnt der Verhandlungsprozess zwischen Lieferant und Kunde. Aber auch zuvor haben bereits Kontakte stattgefunden. Dieser **Interaktionsprozess zwischen Verkäufer und Einkäufer** ist Gegenstand vieler Untersuchungen.

Interaktionsprozess zwischen Verkäufer und Einkäufer ist Gegenstand vieler Untersuchungen

Einige Untersuchungen beschäftigen sich z. B. mit den verschiedenen Einkäufertypologien (vgl. Winkelmann 2000, S. 261). Im Wesentlichen werden folgende **Einkäufertypen** immer wieder genannt: der Schweigsame, der Ängstliche/Sicherheitsorientierte, der Misstrauische, der Rechthaber, der Vielredner, der Unentschlossene, der Analytiker, der Alleswisser, der Rationale/Faktenorientierte. Mithilfe solcher Typologien kann der Verkäufer dann **typgerecht agieren und reagieren**.

Ebenso interessant ist natürlich, wie der Verkäufer mit seinen Eigenschaften zu dem Gesprächsablauf beiträgt. Zur Beschreibung der verschiedenen Verkäufertypen gibt es das **„Verkaufsgitter"** (vgl. Blake/Kelly 1994, S. 37ff; vgl. Blake/Mouton 1988, S. 21). Es setzt die **Beziehungsebene und die Sachebene** in Verbindung, indem es einerseits das Bemühen um den Kaufabschluss und andererseits das Bemühen um den Kunden, das der Verkäufer zeigt, abbildet.

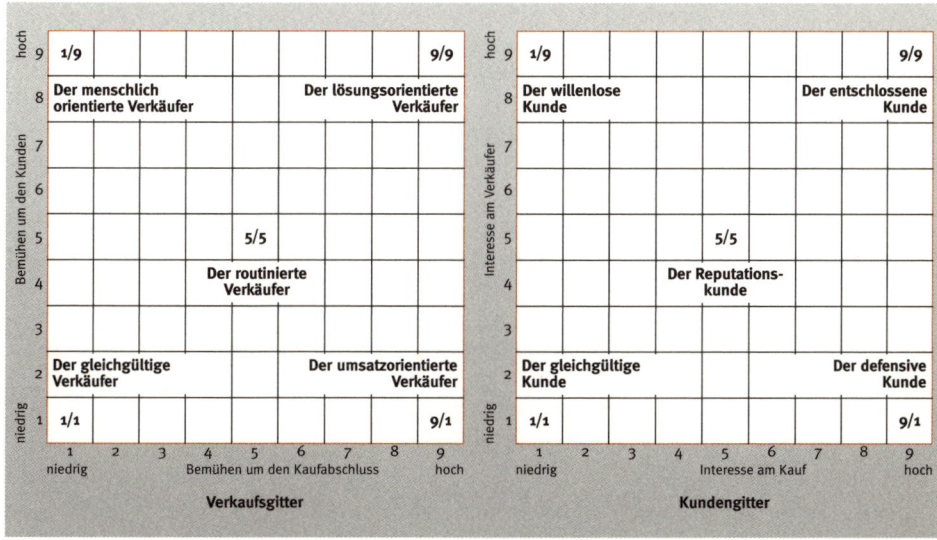

Abb. 4.6:   Das GRID-Verkaufs- und Kundengitter

Die **Beschreibung** der verschiedenen **Verkäufertypen** ist folgende:
- Feld 1/1 – **Der gleichgültige Verkäufer**: Er legt dem Kunden das Produkt vor. In die Kaufentscheidung des Kunden mischt er sich nicht ein.
- Feld 1/9 – **Der menschlich orientierte Verkäufer**: Er ist ein Freund des Kunden. Er möchte ihn verstehen und so auf ihn eingehen, dass der Kunde ihn mag. Er denkt, der Kunde kauft bei ihm gerade wegen des persönlichen Verhältnisses.
- Feld 5/5 – **Der routinierte Verkäufer**: Er hat seine Patentrezepte für den Umgang mit dem Kunden. Er motiviert sie zum Kauf mit einer Mischung aus „Persönlichkeit" und sachlicher Produktinformation.
- Feld 9/1 – **Der umsatzorientierte Verkäufer**: Er vereinnahmt den Kunden und drängt ihm das Produkt auf. Um ihn zum Kauf zu bewegen, bedient er sich aller notwendigen Druckmittel (Druckverkäufer).
- Feld 9/9 – **Der lösungsorientierte Verkäufer**: Er berät sich mit seinen Kunden, um sich ein Bild von den Bedürfnissen des Kunden zu machen und zu klären, inwieweit seine Ware oder Dienstleistung dem Bedarf gerecht wird. Er erarbeitet eine fundierte Kaufentscheidung, welche die gestellten Erwartungen erfüllt.

Weitere Ansätze, um das Interaktionsverhalten zu erklären, finden sich z. B. bei Backhaus 1999, S. 132 ff.; Pepels 1999, S. 223 ff. oder bei Weiss 2000, S. 200 ff. Wie ein Verkaufsgespräch aufgebaut werden kann, welche Faktoren auf das Verkaufsgespräch einwirken und welche Möglichkeiten und Techniken bestehen, das Verkaufsgespräch positiv zu beeinflussen, ist Inhalt von Kap. 5.4.

4.3.3 Vertragsabschluss

Die Sales-Phase findet ihren Höhepunkt in der **Auftragserteilung** bzw. im Vertragsabschluss.

Von Kundenseite erfolgt zuvor eine Bewertung der vorliegenden Angebote und es findet die **endgültige Auswahl** des Lieferanten statt. Je nach Art und Umfang des Transaktionsobjektes kommt es mit dem letztlich ausgewählten Lieferanten nochmals zu **Nachverhandlungen** und weiteren Klärungen über verschiedene Details des Angebotes.

4.3.4 Auftragsabwicklung

Auftragsabwicklung bedeutet:

 Die Transaktionsobjekte erstellen und die pünktliche Lieferung am richtigen Ort in der bestellten Menge und Qualität sicherstellen.

Im Industriegütergeschäft gibt es zur methodischen Abwicklung von Aufträgen die VDI-Richtlinie 4505. Es wird dort in die Vorbereitung der Auftragsabwicklung und die eigentliche Auftragsabwicklung unterschieden (vgl. Hansen 1995, zitiert bei Kuhlmann 2002, S. 277 f.):

Unterscheidung: „Vorbereitung der Auftragsabwicklung" und „eigentliche Auftragsabwicklung"

- **Vorbereitung der Auftragsabwicklung**: Hierzu zählen Einleitung, Übergabe an den Projektleiter, Auftragsprüfung und Auftragsrisikoanalyse und Vertrag/Auftragsbestätigung.
- **Auftragsabwicklung**: Kick-off-Meeting und Teambildung, Planung der Auftragsabwicklung im kaufmännischen und technischen Bereich, Qualitätssicherung, Dokumentation, Fortschrittskontrolle/-steuerung, Kostenkontrolle/-steuerung, Engineering/Konstruktion, Dienstleistungen, Beschaffung, Fertigung, Verpackung, Versand, Bau und Montage, Schulung und Inbetriebnahme, Abnahme/Garantienachweis/Gewährleistung, Auftragsanalyse.

Unterstützt wird die Auftragsabwicklung durch umfangreiche ERP- und Spezialsoftware (vgl. Winkelmann 2000, S. 283). Aufgrund der vielfältigen Details der Auftragsabwicklung ist der Außendienst in diesen Prozess integriert und begleitet ihn bis zum Abschluss.

Aufgrund der vielfältigen Details der Auftragsabwicklung ist der Außendienst in diesen Prozess integriert und begleitet ihn bis zum Abschluss

Mit Annahme bzw. Abnahme des Transaktionsobjektes durch den Kunden ist die Sales-Phase abgeschlossen, es folgt die After-Sales-Phase.

ZUSAMMENFASSUNG ÜBUNG

- Die Sales-Phase beginnt mit der Angebotsphase, die üblicherweise auf einer schriftlichen oder mündlichen Kundenanfrage beruht.
- Je nach Grad der Genauigkeit, des Informationsgehalts und der Angebotskosten werden Kontaktangebote, Richtangebote und Festangebote unterschiede.
- Die Interaktion Verkäufer – Käufer erreicht ihren Höhepunkt in der Verhandlungsphase. Hier treffen die Persönlichkeitsprofile von Einkäufer und Verkäufer sehr intensiv aufeinander.
- Das „GRID-Gitter" versucht, die möglichen Konstellationen zwischen Verkäufer und Käufer aufzuzeigen. Sowohl die Beziehungs- als auch die Sachebene wird hier in die Betrachtung einbezogen.
- Nach dem Vertragsabschluss kommt es üblicherweise zu Nachverhandlungen mit dem ausgewählten Lieferanten.
- In der Auftragsabwicklung werden die Transaktionsobjekte erstellt und pünktlich in der vereinbarten Menge und Qualität am richtigen Ort ausgeliefert. Die Auftragsabwicklung wird durch umfangreiche ERP- und Spezialsoftware unterstützt.

> **ZUSAMMENFASSUNG ÜBUNG**
>
> - Welche Angebotsbestandteile müssen im Einzelnen verhandelt werden?
> - Was ist ein Schiedsgericht? – Wodurch unterscheidet es sich von einem „normalen" Gericht/Gerichtsstand?
> - Diskutieren Sie das GRID-Gitter, indem Sie zu jeder Verkäuferpersönlichkeit eine Kundenpersönlichkeit stellen.
> - Warum wird oft mit dem ausgewählten Lieferanten nachverhandelt? – Nennen Sie konkrete Beispiele, die Inhalt einer Nachverhandlung sein können.

4.4 AFTER-SALES-PHASE

In der Vergangenheit haben sich viele Unternehmen – insbesondere im Konsumgüterbereich – darauf konzentriert, neue Kunden zu gewinnen und mit diesen Kunden Kaufabschlüsse zu tätigen. Der Fokus der Vertriebsarbeit lag also in der Pre-Sales- und Sales-Phase.

Die **Bedeutung der Nachkaufphase** und die damit einhergehenden Anstrengungen, den Kunden an das Unternehmen zu binden, wurden zuerst im Investitionsgüterbereich erkannt. In gesättigten Märkten stellt die **langfristige Kundenbindung** jedoch eine zentrale Herausforderung an die Unternehmen dar (vgl. Kotler/Bliemel 2000, S. 82 ff.).

In gesättigten Märkten stellt die langfristige Kundenbindung eine zentrale Herausforderung dar

Die After-Sales-Phase ist gekennzeichnet durch Nachkauf-Service, Beschwerdemanagement und Maßnahmen zur Kundenbindung.

4.4.1 Nachkauf-Service

Der Nachkauf-Service umfasst eine Reihe verschiedener Leistungen, die durch den Anbieter erbracht werden.

Es kann damit beginnen, dass der Vertriebsmitarbeiter den Kunden **in der getroffenen Entscheidung bestätigen** muss. Oft kommt es vor, dass nach dem Treffen einer Entscheidung Zweifel an deren Richtigkeit aufkommen. Es treten sog. **„kognitive Dissonanzen"** auf (vgl. Festinger 1957). Insbesondere neue Kunden sind von solchen Zweifeln geplagt.

Weiterhin brauchen die Kunden verschiedene Leistungen beim Einsatz des Produkts, die als **„Kundendienst"** bezeichnet werden können. Es handelt sich um Zusatz-, Folge- und Nebenleistungen nach dem Kauf. Der Kundendienst „soll einen störungsfreien Einsatz der Problemlösung bei Kunden gewährleisten, d. h. den Gebrauchsnutzen der Marktleistung sicherstellen und durch Zusatzleistungen erhöhen" (Meffert 1998, S. 857). Hierzu gehören z. B.

- **im technischen Bereich**: Montageleistungen, Instandhaltung, Ersatzteilversorgung, Wartung, Reparaturdienste, Rücknahmeleistungen einschließlich der Entsorgung (Retrodistribution);
- **im kaufmännischen Bereich**: Umtauschrecht, Installation, Schulungskurse;
- **im problemlösungsbezogenen Bereich**: z. B. in der Anlagenverwaltung das Gebäudemanagement (Facility Management) durch eine Baufirma.

Kundendienst soll einen störungsfreien Einsatz der Problemlösung bei Kunden gewährleisten

Der Nachkauf-Service bietet dem Vertrieb „gute **Anknüpfungspunkte zum Beziehungsmanagement**, um Perioden zwischen den Käufen der Kunden zu überbrücken, und kann somit auch als eine Investition in die Zukunft betrachtet werden." (Kuhlmann 2001, S. 282 f.) Insofern muss ein Unternehmen entscheiden, durch wen diese Dienstleistungen erbracht werden. Mögliche Alternativen für das Unternehmen sind (vgl. Kotler/Bliemel 2000, S. 806):

Der Nachkauf-Service bietet dem Vertrieb gute Anknüpfungspunkte zum Beziehungsmanagement

- Es kann die **Dienstleistung selbst durchführen**,
- es kann **Vertriebspartner** zur Durchführung der Dienstleistung **beauftragen**,
- es kann freie **Dienstleistungsspezialisten empfehlen**,
- es kann es dem **Kunden** überlassen, sich **selbst** um die Durchführung von Dienstleistungen zu kümmern.

4.4.2 Beschwerdemanagement

Beschwerden treten auf, wenn Kunden mit der erbrachten Leistung nicht zufrieden sind. Ist dies der Fall, gibt es **verschiedene Reaktionsmöglichkeiten** (vgl. Dichtl/Schneider 1994, S. 8):

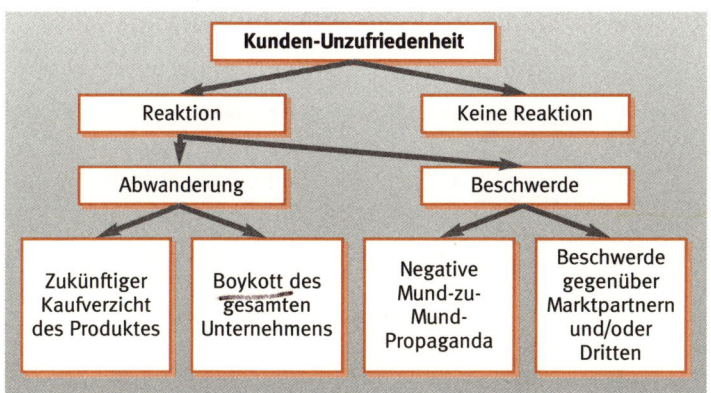

Abb. 4.7:   Mögliche Verhaltensweisen bei Kunden-Unzufriedenheit

Beschwerden müssen systematisch erfasst und intern an die zuständige Abteilung weitergeleitet werden. In jedem Fall sind **angemessene Maßnahmen zur Behebung von Mängeln** einzuleiten. Auch ist (unverzüglich) Kontakt mit dem Kunden aufzunehmen, damit dieser das ernsthafte Bemühen um die Behebung der Beschwerdeursache erkennt.

Ein Beschwerdemanagement sollte in jedem Unternehmen institutionalisiert werden. In vielen Unternehmen ist es im Verkauf angesiedelt, manchmal direkt bei der Geschäftsleitung.

Beschwerden müssen systematisch erfasst und bearbeitet werden

 Beschwerden sind eine sehr preiswerte Form, Hinweise auf mögliche Leistungsverbesserungen zu erhalten.

Deshalb ist es überlegenswert, auf mögliche Beschwerden der Kunden **proaktiv** zu **reagieren** und den Kunden aufzuzeigen, wie sie sich bei einer Beschwerde am besten an das Unternehmen wenden.

Studien belegen sogar, dass eine professionelle Behandlung von Beschwerden zu einer Kundenzufriedenheit und Kundenbindung führt, die über derjenigen liegen kann, die Kunden ohne Beschwerden haben (vgl. Stauss/Seidel 2002, S. 74ff; vgl. Kotler/Bliemel 2000, S. 793).

Professionelle Behandlung von Beschwerden führt zu einer hohen Kundenzufriedenheit und Kundenbindung

ZUSAMMENFASSUNG ÜBUNG

- Die After-Sales-Phase ist gekennzeichnet durch Nachkauf-Service und Beschwerdemanagement.
- Der Nachkauf-Service umfasst insbesondere verschiedene, zum Teil sehr umfangreiche Kundendienstleistungen.
- Diese Dienstleistungen bieten gute Ansatzpunkte zum Beziehungsmanagement, um Perioden zwischen den einzelnen Käufen der Kunden zu überbrücken.
- Das Auftreten von Beschwerden ist nicht ungewöhnlich und zeigt dem Unternehmen, wo Ansatzpunkte zur Leistungsverbesserung liegen.
- Ein institutionalisiertes Beschwerdemanagement sollte dafür sorgen, dass Beschwerden systematisch erfasst, ausgewertet und bearbeitet werden.

ZUSAMMENFASSUNG ÜBUNG

- Nennen Sie mögliche Kundendienstleistungen in der Nachkauf-Phase.

- Wie reagieren Sie, wenn Sie nach einem Kauf mit einem Produkt nicht zufrieden sind? – Haben Sie sich schon einmal bei einem Unternehmen beschwert? Wie wurde auf Ihre Beschwerde reagiert?
- Ihnen wird die Aufgabe übertragen, in der Vertriebsabteilung ein Beschwerdemanagement einzurichten. Wie gehen Sie voran? Wie sollte das Beschwerdemanagement organisiert sein? Wer ist dafür verantwortlich? Welche Kosten sind damit verbunden?

4.4.3 Kundenzufriedenheit und Kundenbindung

Am Ende der After-Sales-Phase entsteht idealer Weise eine hohe Kundenzufriedenheit und möglichst dauerhafte Kundenbindung.

Was ist Kundenzufriedenheit eigentlich genau? „Zufriedenheit zählt zu den psychologischen Phänomenen, von denen jeder Mensch eine mehr oder weniger genaue, individuelle Vorstellung hat." (Fuchs 2000, S. 19)

Es gibt bis heute keine allgemein anerkannte Theorie dazu, wie Kundenzufriedenheit eigentlich entsteht. Ein Ansatz ist das **Confirmations/Disconfirmations-Paradigma**: Es wird angenommen, dass der Kunde einen **individuellen Soll-Ist-Vergleich** anstellt. Bereits vor dem Kauf werden bestimmte Erwartungen (**Soll-Komponente**) gestellt. Diese Erwartungen werden nach dem Kauf mit den erhaltenen Leistungen (**Ist-Komponente**) verglichen. Werden die Erwartungen bestätigt, erfolgt Bestätigung (Confirmation), werden sie nicht erfüllt, erfolgt Disconfirmation. Zufriedenheit als ein emotionaler Zustand entsteht, wenn die Erwartungen übertroffen werden (vgl. Fuchs 2001, S. 19).

Zufriedenheit als ein emotionaler Zustand entsteht, wenn die Erwartungen übertroffen werden

In diesem Zusammenhang stellt sich die Frage, welche Leistungen der Kunde in seine Beurteilung einschließt: Die Kundenzufriedenheit bezieht sich in der Regel nicht nur auf ein konkretes Produkt, sondern auf den „**Wertgewinn**" (vgl. Kotler/Bliemel 2001, S. 57). Dieser Wertgewinn ist die Differenz zwischen Wertsumme und Kostensumme.

Wertgewinn ist die Differenz zwischen Wertsumme und Kostensumme

Die Wertsumme ergibt sich aus der Gesamtleistung für das Transaktionsobjekt. Die Gesamtleistung setzt sich zusammen aus dem **Wert des Transaktionsobjektes** und den begleitenden **Dienstleistungen** (Finanzierung, Schulung, Service, usw.). In die Wertsumme fließt weiterhin die Leistung der beteiligten Mitarbeiter und das Image, das der Lieferant hat, ein.

Für die Ermittlung des Wertgewinns sind auch die **Leistungen bzw. Kosten** einzubeziehen, die der Kunde erbringen musste, damit die Zusammenarbeit mit dem Lieferanten (erfolgreich) durchgeführt und abgeschlossen werden konnte. Damit sind nicht nur die monetäre Kosten gemeint, sondern auch Kosten für Zeit, Energie und der psychischen Aufwand.

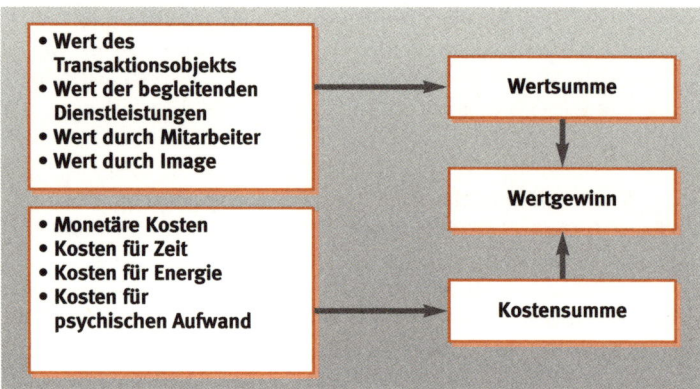

Abb. 4.8: Wertsumme und Kostensumme ergeben den Wertgewinn

Zufriedenheit beruht auf einem psychischen Vergleichsprozess

Inwieweit der Kunde mit dem Wertgewinn zufrieden ist, hängt davon ab, ob dieser seine Erwartungen erfüllt hat. Das bedeutet: „Zufriedenheit beruht auf einem psychischen **Vergleichsprozess** zwischen **wahrgenommener Angebotsrealität** und den **Erwartungen des Kunden**". Oder aber: „Zufriedenheit entsteht als Empfindung des Kunden durch einen Vergleich von wahrgenommenem Wertgewinn (als Resultat des Kaufs) und erwartetem Wertgewinn (vor dem Kauf)" (Kotler/Bliemel 2001, S. 61).

Im sog. **Kano-Modell** der Kundenzufriedenheit werden drei Arten von Kundenanforderungen bzw. Kundenerwartungen betrachtet (vgl. Fuchs 2000, S. 19 f.):

- **Grundanforderungen bzw. Selbstverständlichkeiten**: Das sind Anforderungen, die selbstverständlich sind. Werden sie nicht erfüllt, ist der Kunde sehr unzufrieden. Werden sie erfüllt oder übererfüllt, hat das keinen Einfluss auf die Kundenzufriedenheit.
- **Leistungsanforderungen**: Das sind die erwarteten Leistungen. Werden sie nicht erfüllt, kommt Unzufriedenheit auf. Übersteigen die Leistungen die Erwartungen, kommt Zufriedenheit auf.
- **Begeisterungseigenschaften bzw. Überraschungen**: Das sind Eigenschaften oder Leistungen, die der Kunde nicht explizit gefordert hat. Begeisterungseigenschaften erhöhen die Zufriedenheit aber nur dann, wenn die Leistungsanforderungen erfüllt wurden.

Begeisterungseigenschaften erhöhen die Zufriedenheit nur, wenn die Leistungsanforderungen erfüllt wurden

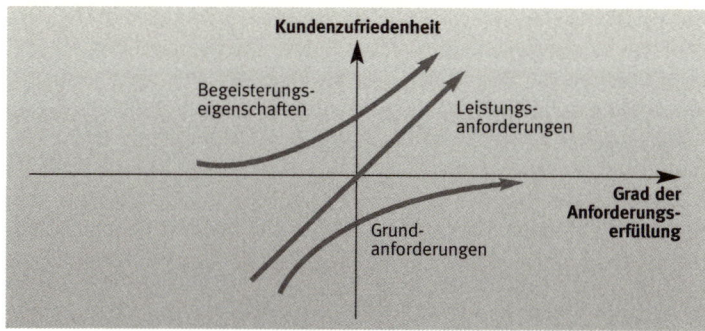

Abb. 4.9: Kano-Modell der Kundenzufriedenheit

Die Erfüllung von Selbstverständlichkeiten reicht also nicht aus, um zu begeistern oder zu binden. Auch die Erfüllung von erwarteten und vereinbarten Leistungsanforderungen führt noch nicht zu einer **großen Zufriedenheit**. Diese kommt erst auf, wenn **zusätzlich Überraschungsleistungen** auftreten.

Neben den Erwartungen spielen auch die **Wahrnehmungen der Leistung**, also die Ist-Komponenten, eine Rolle. Menschen bewerten durchaus unterschiedlich. **Wahrnehmungsfilter** sind die **Persönlichkeit** und auch **situative Bedingungen**. Auch ist der Kunde nicht in der Lage, alles wahrzunehmen. **Selektive Wahrnehmung** ist hier das Stichwort. Der Kunde nimmt selektiv das wahr, was ihn interessiert, was für ihn wichtig ist (vgl. Fuchs 2001, S. 21).

Der Kunde nimmt selektiv das wahr, was ihn interessiert und was für ihn wichtig ist

Ist Kundenzufriedenheit vorhanden, so kann trotzdem noch kein kausaler Zusammenhang zum Wiederkauf abgeleitet werden. Weitere Faktoren wie **Wechselneigung** (variety seeking) des Käufers, **Produktinvolvement**, **Eigenschaften des Produkts**, **Wettbewerberumfeld** und **Anbieteraktivitäten** fließen in den Zusammenhang Zufriedenheit – Wiederkauf ein (vgl. Fuchs 2001, S. 22).

Die Kundenzufriedenheit ist jedoch die Basis für den Aufbau und Erhalt des Kunden, für die **Kundenloyalität**. Ein Kunde ist loyal, wenn er eine positive Einstellung zu einem Produkt bzw. dem Leistungsangebot eines Lieferanten hat und aus Überzeugung den Kauf wiederholt.

Kundenzufriedenheit ist die Basis für die Kundenloyalität

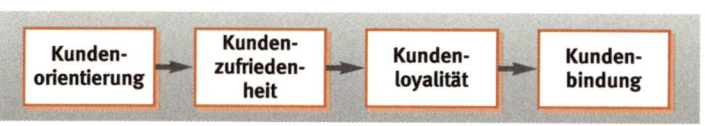

Abb. 4.10: Von der Kundenorientierung zur Kundenbindung

Hat ein Unternehmen loyale Kunden gewonnen, muss es entscheiden, ob es diese Kunden binden will. Der Begriff „Kundenbindung" ist weiter gefasst als der Begriff der „Kundenloyalität". Hier wird zusätzlich die Anbieterseite berücksichtigt. Kundenbindung betrifft die Beziehung zwischen Anbieter und Nachfrager, zwischen Kunde und Lieferant.

Der Begriff Kundenbindung ist weiter gefasst als der Begriff der Kundenloyalität

Der Anbieter hat bei seiner Entscheidung für die Bindung von (neuen) Kunden die Aktivitäten zu berücksichtigen, die er bereits auf die Bindung vorhandener Kunden gerichtet hat (vgl. Mierzwa, 2002, S. 10f.).

Welche Effekte ergeben sich aus einer Kundenbindung für ein Unternehmen? Die Kundenbindung birgt ein höheres Maß an Sicherheit, Wachstum und Rentabilität in sich:

- Aus Kundenbindung ergibt sich mehr **Sicherheit**: Diese Sicherheit erhöht die **gegenseitige Toleranz**, wenn beispielsweise ein Fehler gemacht wurde. Sicherheit ergibt sich auch, wenn man einen Kunden besser kennt und die Risiken wie z. B. das Zahlungsrisiko **besser einschätzen** kann. Und Kundenbindung bringt Sicherheit, weil der Kunde nicht so „anfällig" für die Angebote der Wettbewerber ist. Kundenbindung baut also **Markteintrittsbarrieren** auf.

Kunde ist nicht so „anfällig" für die Angebote der Wettbewerber

- Kundenbindung führt zu **Unternehmenswachstum**: Denn der Kunde wird die **Menge und die Häufigkeit seiner Einkäufe erhöhen**. Der Kunde wird den Kauf weiterer Produkte aus dem Leistungsangebot des Lieferanten in Erwägung ziehen und Zusatzkäufe (**Cross-Buying-Effekt**) tätigen, die ursprünglich nicht geplant waren. Ist die Kunden-Lieferanten-Beziehung zufrieden stellend, wird der Kunde positiv über den Lieferanten sprechen, er wird den Lieferanten empfehlen und auch **Referenzen** erteilen. Das führt zu einer Ausweitung des Kundenstamms.

Der Kunde wird ungeplante Zusatzkäufe tätigen

- Kundenbindung führt auch zu mehr **Rentabilität**: Mit zunehmender Dauer der Verbindung zwischen Kunde und Lieferant sinken die Transaktionskosten wie z. B. die Verwaltungs-, Vertriebs- und Kontrollkosten. Marketingaktivitäten oder auch Investitionen im Produktionsbereich können zielgerichtet durchgeführt werden und dadurch ebenfalls zu **Kostenreduzierungen** führen. Die Kunden können auch in die Entwicklung von Neuprodukten integriert werden. So werden Entwicklungskosten eingespart und die Floprate gesenkt. Auf der anderen Seite **erhöhen** sich **die Erlöse** durch die positiven Effekte des Umsatzwachstums. Gebundene Kunden rea-

Kundenbindung kann zu Kostenreduzierungen und Erlössteigerungen führen

gieren auch weniger sensibel auf Preiserhöhungen und der Anbieter verfügt über einen größeren preispolitischen Spielraum.
Diese **Wirkungskette** ist allerdings **nicht zwingend**. Bei dauerhaften Beziehungen zwischen Kunde und Lieferant wie z.B. in der Automobilindustrie oder im Lebensmittelhandel ist es normal, dem Lieferanten enorme Preiszugeständnisse abzuverlangen. Neben positiven Effekten können daher auch Vorbehalte gegen eine Steigerung der Kundenbindung bestehen. „Eine **Abwägung der Kosten-/Nutzenwirkung von Kundenbindung** im Einzelfall erscheint deshalb grundsätzlich angezeigt." (Peters 1999, S. 48)

> Bei dauerhaften Beziehungen zwischen Kunde und Lieferant kann es auch zu Preiszugeständnissen kommen

Das Schaubild fasst die beschriebenen Effekte der Kundenbindung zusammen:

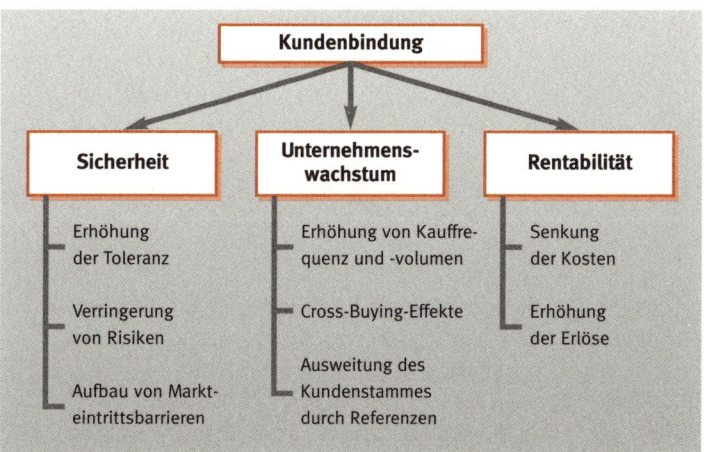

Abb. 4.11: Positive Effekte von Kundenbindung (vgl. Peters 1999, S. 42 ff.)

ZUSAMMENFASSUNG ÜBUNG

- Kundenzufriedenheit ist ein psychologisches Phänomen, für das es verschiedene Erklärungsmodelle gibt, so das Confirmations/Disconfirmations-Paradigma, das Modell des Wertgewinns nach Kotler oder das Kano-Modell.
- Kundenzufriedenheit führt nicht automatisch zu Wiederkäufen. Weitere Faktoren wie Wechselneigung/Variety Seeking, Produktinvolvement, Eigenschaften des Produkts, Wettbewerbsumfeld und Anbieteraktivitäten fließen ein.

- Kundenzufriedenheit ist die Basis für Kundenloyalität. Ein loyaler Kunde wiederholt den Kauf. Kundenbindung ist weiter gefasst als Kundenloyalität. Der Anbieter muss aktiv die Entscheidung treffen, den Kunden binden zu wollen.
- Kundenbindung führt zu mehr Sicherheit, Wachstum und Rentabilität. In Märkten mit starker Macht der Abnehmer führt Kundenbindung zu Abhängigkeiten mit (großen) negativen Effekten für den Lieferanten.

ZUSAMMENFASSUNG **ÜBUNG**

- Unterscheiden Sie die Begriffe: Kundenzufriedenheit, Kundenloyalität und Kundenbindung.
- Was zeichnet eine kundenorientierte Vertriebsabteilung aus?
- Wie kann man Kundenzufriedenheit messen?

5 Förderung der Mitarbeiter bei der Kundenbearbeitung

5.1	**Motivation**	126
5.1.1	Grundlagen	127
5.1.2	Motivationsinstrumente	133
5.1.3	Thesen zur Motivation	138
5.2	**Vergütung**	139
5.2.1	Anforderungen an Vergütungssysteme	139
5.2.2	Vergütungsformen	142
5.2.3	Umstellung von Vergütungssystemen	150
5.3	**Training und Schulung**	153
5.3.1	Stellenwert	153
5.3.2	Entwicklung von Trainingsprogrammen	157
5.4	**Verkaufsgespräch**	161
5.4.1	Zentrale „Bausteine" des Verkaufsgesprächs	161
5.4.2	Aufbau des Verkaufsgesprächs	164
5.4.3	Techniken zur Gesprächsführung	167
5.4.4	Transaktions-Analyse	173
5.4.5	NLP	177
5.4.6	Nonverbale Kommunikation	180
5.5	**Salesfolder und andere Verkaufshilfen**	184
5.5.1	Schriftliche Unterlagen für den Einsatz beim Kunden	184
5.5.2	Elektronische Verkaufshilfen	189
5.6	**Computer Aided Selling (CAS)**	193
5.6.1	Einführung und Abgrenzung	193
5.6.2	Kernelemente eines CAS-Systems	198
5.6.3	Projektdurchführung	200

5.1 MOTIVATION

In der Praxis gehört die **Frage nach der Motivation** der Vertriebsmitarbeiter, insbesondere der Mitarbeiter der Feldorganisation und der Key-Account-Manager, fast zur **Tagesordnung**. Warum ist eine gute Motivation so entscheidend im Vertrieb? Dafür gibt es mehrere Gründe:

- Vertriebsmitarbeiter im Außendienst wie im Innendienst müssen **täglich viele Gespräche** führen, die mal positiv mal negativ ausgehen. Oftmals sind diese Gespräche sehr anstrengend, man denke an die zermürbenden Konditionsgespräche in den Handelszentralen, oder es sollen z. B. Neukunden akquiriert werden, die bekannterweise erst nach einer Reihe intensiver Gespräche überzeugt werden können.
- Aber auch nur tagtäglich die **Kunden im Gebiet abzufahren**, die aktuellen Angebote vorzustellen oder die notwendigen Beratungsgespräche zu führen kann sehr mühsam sein, besonders wenn dann auch noch die Wetter- oder Straßenverhältnisse ungünstig sind.
- Genauso ist es aufreibend, **telefonisch** die Kunden „zu besuchen" und immer wieder mit dem Hörer am Ohr freundlich und aufmerksam zu sein.
- Ein weiterer Grund ist der, dass Mitarbeiter im Verkauf **oft viele Tage keinen Vorgesetzten** sehen und ganz auf sich allein gestellt sind. Selbst wenn regelmäßige Telefonate mit dem Vorgesetzten oder auch Kollegen geführt werden, in denen Vorkommnisse bei Kunden, Schwierigkeiten im Verkaufsvorgang oder z. B. organisatorische Probleme besprochen werden können, ersetzen diese nicht das persönliche Gespräch.
- Auch sind Verkaufsmitarbeiter je nach Gebietsgröße und Tourenplanung **oft tagelang unterwegs**, weg von ihrer Familie, müssen in mehr oder weniger komfortablen Hotels übernachten und von dort aus auch ihre administrativen Arbeiten erledigen.

Unter diesen Bedingungen ist es verständlich, dass Vertriebsmitarbeiter besonders motiviert werden müssen, um eine gute Leistung zu erbringen.

Kunden kaufen weniger oder gar nicht, wenn sie merken, dass Mitarbeiter nicht motiviert sind

Die **Motivation** der Mitarbeiter wiederum ist **wichtig, um die Kunden zu begeistern**, sie für sich und das Unternehmen zu gewinnen und zu Käufen zu motivieren. Kunden kaufen weniger oder gar nicht, wenn sie merken, dass Mitarbeiter nicht motiviert sind; das Ergebnis von Verhandlungen und Gesprächen mit Kunden ist von der Motivation abhängig.

Aber auch im **Innenverhältnis**, d. h. innerhalb einer Vertriebsabteilung und im Verhältnis zu den anderen Abteilungen im Unternehmen, muss „gute Stimmung" herrschen, müssen die Mitarbeiter motiviert sein. Nur so kann ein Unternehmen die notwendige Kundenorientierung und Qualität der Leistungen erbringen.

5.1.1 Grundlagen

Was ist nun eigentlich Motivation? „Motivation ist ein hypothetisches Konstrukt, mit dem man die Antriebe (Ursachen) des Verhaltens erklären will. Mit diesem Konstrukt soll die Frage nach dem ‚Warum' des Handelns beantwortet werden." (Kroeber-Riel/Weinberg 1996, S. 141)

Das **„Warum" unseres Handelns** setzt sich aus **zwei Komponenten** zusammen: Das sind zum einen **Emotionen und Triebe** (auch als Motive oder Bedürfnisse bezeichnet) als grundlegende Antriebskräfte bzw. Aktivierungskomponenten sowie weiterhin **kognitive Prozesse**, die das Verhalten auf spezielle Ziele ausrichten. Der kognitive Prozess beinhaltet:

- Die **Wahrnehmung der Situation**, z.B.: Es besteht ein Bedürfnis nach Sicherheit = Trieb.
- Die **Interpretation der Situation**: Was muss jetzt getan werden?
- Die Überlegungen zu den **besten Ziel-Mittel-Beziehungen**: Welches Mittel / welche Maßnahmen dienen am ehesten der Zielerreichung? Z.B. wäre bei dem Bedürfnis nach Sicherheit eine Versicherung ein geeignetes Mittel, ein anderes geeignetes Mittel wäre z.B. regelmäßiges Sparen von bestimmten Geldbeträgen. Das muss abgewogen und eine Entscheidung getroffen werden.

Das „Warum" unseres Handelns setzt sich aus zwei Komponenten zusammen

„**Motivation** kann danach als ein bewusstes Anstreben von Zielen, **als erlebte Zielorientierung, als Wille, etwas zu tun** usw., umschrieben werden." (Kroeber-Riel/ Weinberg 1996, S. 144)

Motivation als Wille, etwas zu tun

Abb. 5.1:   Bestimmungsgrößen der Motivation

Ist die Aktivierung groß und werden die Ziel-Mittel-Beziehungen für richtig gehalten, ist die Motivation groß.

Ist die Aktivierung groß, die Ziel-Mittel-Beziehungen werden jedoch nicht für richtig gehalten, ist Demotivation angesagt.

Motivation als Leistungsbereitschaft — Im Zusammenhang mit dem Arbeitsprozess kann die Motivation der Mitarbeiter auch als **Leistungsbereitschaft** bezeichnet werden.

Für die Erstellung guter Leistungsergebnisse sind neben der Leistungsbereitschaft auch die **Leistungsfähigkeit** (Kenntnisse und Fähigkeiten) und die **Leistungsbedingungen** (äußere Bedingungen des Arbeitsplatzes) wichtige Einflussgrößen. „Ohne die Leistungsbereitschaft bleiben sowohl hohe Leistungsfähigkeit wie auch hervorragende Leistungsbedingungen ungenutzt." (Witt 1996, S. 241) Die Motivation ist danach die ausschlaggebende Einflussgröße für die Erbringung einer Leistung.

Training und Schulung oder besonders gute Arbeitsplatzbedingungen bleiben ohne Resonanz, wenn die Motivation nicht stimmt.

Beispiel

Das Marktforschungsunternehmen Gallup befragt seit drei Jahren Mitarbeiter nach ihrem Arbeitsplatzengagement. Weltweit wurden bereits mehr als 3,4 Mio. Arbeitnehmer befragt. In Deutschland wurden 2002 insgesamt 993 Arbeitnehmer befragt.

Die von Gallup verwendeten 12 Fragen zur Messung des Engagements stehen in signifikantem Zusammenhang mit Ergebnis- und Leistungsmesswerten für die Mitarbeiter in deutschen Unternehmen:

- 15 % der Mitarbeiter sind „engagierte Mitarbeiter", sie sind loyal, sehr produktiv und empfinden ihre Arbeit als befriedigend.
- 69 % sind „unengagierte Mitarbeiter", sie machen Dienst nach Vorschrift und fühlen sich ihrem Unternehmen gegenüber nicht wirklich verpflichtet.
- 16 % sind „aktiv unengagierte Mitarbeiter", sie sind verstimmt. Sie zeigen ihre negative Einstellung sowohl zu ihrer Arbeit als auch zu ihrem Arbeitgeber oftmals sehr deutlich. Sie haben die innere Kündigung bereits vollzogen.

Das Verhältnis der engagierten zu den aktiv unengagierten ist in jedem Unternehmen, für das Gallup Beratungsarbeit durchgeführt hat, beinahe 1:1. Schlechtes Management ist der wichtigste Grund für das fehlende Engagement derart vieler Mitarbeiter. So geben Arbeitnehmer u. a. an, nicht zu wissen, was von ihnen erwartet wird, die Vorgesetzten interessieren sich nicht für sie als Menschen, sie füllen eine Position aus, die ihnen nicht liegt, und auch weiterhin, dass ihre Meinungen und Ansichten kaum Gewicht haben.

Im internationalen Vergleich liegen die USA offensichtlich vorn mit 30% engagierten, 54% unengagierten und 16% aktiv unengagierten Mitarbeitern. Frankreich liegt ziemlich weit hinten mit 9% engagierten, 63% unengagierten und 28% aktiv unengagierten Mitarbeitern.
Der volkswirtschaftliche Schaden aufgrund schwacher Mitarbeiterbindung, hoher Fehlzeiten und niedriger Produktivität wird allein für Deutschland auf 211,4 bis 221,1 Mrd. Euro pro Jahr geschätzt. (Vgl. Gallup 2002)

Der volkswirtschaftliche Schaden aufgrund schwacher Mitarbeiterbindung, hoher Fehlzeiten und niedriger Produktivität ist erheblich

---

Was sind das nun für Bedürfnisse/Motive, die Mitarbeiter bewegen? Was treibt Mitarbeiter voran und fördert ihre Leistungsbereitschaft, ihre Motivation? Seit Jahrzehnten sind Wissenschaftler bemüht, eine Antwort auf diese Frage zu finden.

Nachfolgend einige **bekannte Motivationstheorien** und deren wichtigste Inhaltsaussage (vgl. Weiss 2000, S. 263ff.):

- **Maslow** (1943) hat die sog. **Bedürfnispyramide** entwickelt: Bedürfnisse seien hierarchisch aufgebaut. Nach der Befriedigung der physiologischen Bedürfnisse folgt die Befriedigung der weiteren Bedürfnisse. Die Bedürfnispyramide hat den Vorteil, sehr plakativ zu sein und einen leicht einprägsamen Überblick über die Motivbereiche zu geben, die aktiviert werden können. Allerdings ist die von Maslow aufgezeigte hierarchische Reihenfolge der Bedürfnisse weder von Maslow wissenschaftlich bewiesen worden, noch ist sie aus heutiger Sicht in jedem Fall logisch nachvollziehbar.

Bedürfnispyramide nach Maslow

- **Herzberg** (1963) hat die sog. **Zweifaktorentheorie** entwickelt: Seine Aussage ist, dass nur **Motivatoren** wie Leistung, Anerkennung, Verantwortung, Aufstieg, usw. Zufriedenheit fördern; sog. **Hygiene-Faktoren** wie Führung, Arbeitsbedingungen, Gehalt, Status, Arbeitssicherheit usw. verhindern Unzufriedenheit, ohne zu Zufriedenheit zu führen. Für Zufriedenheit müssen beide Faktoren vorhanden sein.
- **Adams** (1959) hat die **Equity-Theorie/Gleichheitstheorie** entwickelt: Der Grundgedanke ist: Leistung gegen Gegenleistung, besonders wichtig ist der soziale Vergleich. Menschen versuchen, ein **Gleichgewicht von Einsatz** („ich gebe") **und Ergebnis** („ich erhalte") im Vergleich mit anderen zu erreichen.
- **McGregor** (1970) entwickelte die **Theorie XY**: Theorie X basiert auf der Annahme, dass der Mensch eine angeborene Abneigung gegen Arbeit hat. Dem kann nur mit Druck und Strafe bzw. mit Geld begegnet werden; Theorie Y unterstellt den anderen Menschen, der

sich Zielen verpflichtet fühlt, Selbstdisziplin und Selbstkontrolle zeigt und sogar Verantwortung sucht.
- **Vroom** (1964) hat die **Erwartungsvalenztheorie** entwickelt: Sie geht davon aus, dass die Motivation der Mitarbeiter, eine bestimmte Leistung zu erbringen, durch 3 Faktoren bestimmt ist:
  - **Ergebniserwartung** (E = expectancy): Das ist die subjektive Einschätzung, mit der ein bestimmtes Verhalten/eine bestimmte Handlungsweise zu einem erreichbaren Ergebnis/Erfolg führt.
  - **Instrumentalitätserwartung** (I = instrumentability): Das ist die Wahrscheinlichkeit, dass dieses Ergebnis eintritt und der in Aussicht gestellte Anreiz erreicht werden kann.
  - **Bewertung** (V = Valenz): Das ist die in Aussicht gestellte Belohnung in Abgleich mit den eigenen Zielen (V = I · persönlicher Zielwert).

Die Motivation des Mitarbeiters bestimmt sich nach der Formel:
$M = V \cdot I \cdot E$

Beispiel

Angenommen, ein Mitarbeiter hält nachfolgende Ziele persönlich für erstrebenswert, wobei die Bewertung von 1 bis 5 sein persönlicher Zielwert ist. Bei 1 steht er dem Ziel eher gleichgültig gegenüber (wenig motiviert), bei 5 hält er das Ziel für sehr erstrebenswert (sehr motiviert):

- Höheres Gehalt: 5
- Betriebliche Altersrente: 3
- Mehr Freizeit: 1
- Mehr Lob durch den Vorgesetzten: 3

Die Firma erwartet von dem Verkaufsmitarbeiter mehr Umsatz. Dazu soll er seine Kunden häufiger besuchen. Der Mehreinsatz wird durch Prämien honoriert. Die Motivation des Mitarbeiters lässt sich jetzt folgendermaßen bestimmen:

E: Der Mitarbeiter hat zum Entscheidungszeitpunkt eine gewisse Erfahrung, dass er mit einer bestimmten Anstrengung, z. B. häufigeren Kundenbesuchen, das angestrebte Ziel, mehr Umsatz, erreichen kann.

I: Der Mitarbeiter bewertet nun, wie geeignet die Maßnahme „Häufigere Kundenbesuche, um mehr Umsatz zu erreichen" ist, um seine individuellen Ziele, also z. B. eine Gehaltserhöhung, zu erreichen.

V: Der Mitarbeiter ermittelt den Wert der „Belohnung", d. h. inwieweit es für ihn attraktiv ist, mehr Geld zu erhalten (sein persönlicher Zielwert) und inwieweit häufigere Kundenbesuche wirklich geeignet sind Prämiengelder zu erreichen (Anreiz).

Keine der Theorien stellt ein umfassendes Konzept zur Erklärung der Arbeitsmotivation dar. Jede einzelne Theorie liefert aber Anhaltspunkte, wie die Motivation der Mitarbeiter gefördert werden kann.

<small>Keine der Theorien stellt ein umfassendes Konzept zur Erklärung der Arbeitsmotivation dar</small>

Neuere empirische Untersuchungen zeigen, dass sich die **Bedürfnisse** von Vertriebsmitarbeitern **mit zunehmendem Alter und Lebenserfahrung verändern**. Nach einer Studie von Jolson bei Mitarbeitern im Verkauf können vier Abschnitte im Berufsleben unterschieden werden, die dem s-förmigen Verlauf des Produktlebenszyklus ähneln (vgl. Jolson 1974; vgl. Super/Sverko/Super 1995). Weitere Untersuchungen bei Verkäufern zeigten, dass es verschiedene Themenkreise sind, die bei diesem **Berufslebenszyklus** betrachtet werden müssen: Karriereaspekte, Anforderungen an den Arbeitsplatz, persönliche Herausforderungen und psychologische Bedürfnisse. Die Tabelle zeigt, welche Anforderungen in diesen Bereichen während der vier Phasen im Berufslebenszyklus gestellt werden (vgl. Dalrymple/Cron/Decarlo 2001, S. 436 f.):

<small>Karriereaspekte, Anforderungen an den Arbeitsplatz, persönliche Herausforderungen und psychologische Bedürfnisse</small>

	Aufbauphase (Exploration)	Etablierung (Establishment)	Aufrechterhaltung (Maintenance)	Abbau (Disengagement)
Karriereaspekte	Finden einer guten, angemessenen Beschäftigung	Erfolgreich eine Karriere in einer bestimmten Beschäftigung etablieren	Festhalten, was erreicht wurde; Karriere überdenken mit der Möglichkeit einer Neuorientierung	Karriere vervollständigen/beenden
Anforderungen an den Arbeitsplatz	Die erforderlichen Fähigkeiten erlernen und ein effizientes Mitglied der Organisation werden	Fähigkeiten anwenden, um Resultate zu produzieren; anfangen mit größerer Selbstständigkeit zu arbeiten	Eine weitere/großzügigere Sichtweise der Arbeit und der Organisation entwickeln; ein hohes Leistungsniveau aufrecht erhalten	Eine größere Selbstidentität außerhalb der Arbeit etablieren; ein angemessenes Leistungsniveau aufrecht erhalten
Persönliche Herausforderungen	Die eigene Karriereplanung aufbauen	Produzieren von besonderen Ergebnissen, um befördert zu werden	Weiterhin motiviert, obwohl mögliche Belohnungen sich geändert haben; das Alter wird zum Thema	Anerkennen, dass die Karriere vollendet ist
Psychologische Bedürfnisse	Unterstützung, Anerkennung durch Vorgesetzten; Herausforderungen	Leistung, Wertschätzung, Selbstständigkeit, Wettbewerb	Reduzierter Wettbewerb, Sicherheit; jüngeren Kollegen helfen	Rückzug von der Organisation und dem Leben in einer Organisation

Abb. 5.2:   Charakteristika der Karriere-Stufen in einem Berufszyklus (vgl. Dalrymple/Cron/Decarlo 2001, S. 436 f.)

→ *Je heterogener also eine Vertriebsmannschaft in der Alterzusammensetzung ist, desto schwieriger wird es, nach diesen Ergebnissen, Maßnahmen zu finden, die alle Mitarbeiter gleichermaßen motivieren.*

Maßnahmen zur Auswahl, abgestimmt auf die Altersgruppen

Bei einer solchen Mitarbeiterstruktur müssten den Mitarbeitern Maßnahmen zur Auswahl angeboten werden, die individuell auf die Altersgruppen abgestimmt sind.

ZUSAMMENFASSUNG ÜBUNG

- Motivation ist ein hypothetisches Konstrukt, mit dessen Hilfe man versucht, die Antriebskräfte für das menschliche Verhalten zu erklären. Im Zusammenhang mit dem Arbeitsprozess kann Motivation auch als Leistungsbereitschaft bezeichnet werden.
- Die Leistungsbereitschaft von Vertriebsmitarbeitern ist besonders wichtig, da sie im Kontakt mit Kunden motiviert, leistungsbereit und überzeugend auftreten müssen. Auf der anderen Seite enthält der Tagesablauf viele eintönig wiederholende Tätigkeiten und der Verkaufsmitarbeiter erlebt oft Frustrierendes, wozu insbesondere negative Kundenkontakte zählen.
- Es gibt eine Reihe bekannter Motivationstheorien, z. B. die sehr plakative Bedürfnispyramide von Maslow, die Zweifaktorentheorie von Herzberg, die Erwartungsvalenztheorie von Vroom u. a. Keine dieser Theorien gibt ein umfassendes Konzept zur Erklärung der Arbeitsmotivation, liefert jedoch Anhaltspunkte, wie diese besser zu verstehen ist und gefördert werden könnte.
- Interessant sind neuere empirische Untersuchungen, die zeigen, dass sich die Bedürfnisse von Vertriebsmitarbeitern mit zunehmendem Alter und Lebenserfahrung verändern. Bei altersmäßig sehr heterogener Struktur der Mitarbeiter sollte dies in der Wahl der Maßnahmen und Anreizsysteme berücksichtigt werden.

ZUSAMMENFASSUNG ÜBUNG

- Erläutern Sie, warum eine gute Motivation gerade für Außendienstmitarbeiter wichtig ist. Warum sind sie oft frustriert und müssen (durch externe Maßnahmen) motiviert werden?
- Versuchen Sie die Motive zu finden, die Sie selbst bewegen und zu Leistungsbereitschaft führen. Ordnen Sie diese in der Maslowschen Pyramide ein.

- Nennen Sie einige bekannte Motivationstheorien.
- Diskutieren Sie über die Ergebnisse des Marktforschungsinstituts Gallup. Finden Sie die Ergebnisse verständlich? Wie ist es mit den Menschen in Ihrer Umgebung, die einer regelmäßigen Arbeit nachgehen: Wo sind diese einzuordnen – und woran liegt das?

5.1.2 Motivationsinstrumente

Um die Leistungsbereitschaft der Vertriebsmitarbeiter anzuspornen, steht der Vertriebsleitung eine Reihe von Motivationsinstrumenten zur Verfügung. Sie können in **materielle und immaterielle Anreizsysteme** unterschieden werden:

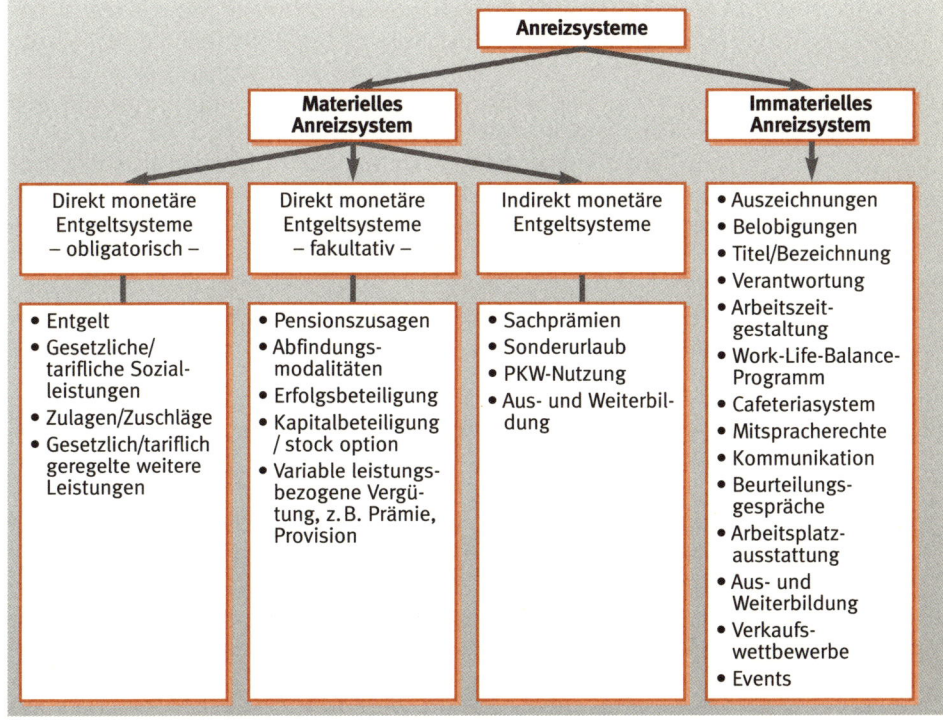

Abb. 5.3: Die wichtigsten materiellen und immateriellen Motivationsinstrumente eines Unternehmens

Obligatorische Entgeltsysteme betreffen den in Tarifverträgen, Betriebs- und Dienstvereinbarungen oder auch Arbeitsverträgen geregelten Entgeltbereich. Das ist die Zahlung eines bestimmten **Arbeits-**

entgelts in Form von Festgehalt, Provision oder auch Prämien. Obligatorisch sind ebenfalls bestimmte gesetzlich geregelte **Sozialleistungen** wie die Zahlung von Arbeitgeberzuschüssen zur gesetzlichen Krankenkasse und zur gesetzlichen Rentenversicherung. Gesetzlich, tariflich oder durch Einzelvereinbarungen geregelt ist die Zahlung von **Zulagen oder Zuschlägen** wie Überstundenzulagen, Nachtzulagen, Sonn- und Feiertagszuschlägen usw. Auch gibt es eine Reihe **weiterer Gesetze**, die bestimmte Leistungen regeln, wie das Bundesurlaubsgesetz, das Entgeltfortzahlungsgesetz oder das Mutterschutzgesetz.

> Arbeitsengelt, Sozialleistungen, Zulagen/Zuschläge, weitere gesetzlich geregelte Leistungen sind „obligatorisch"

Darüber hinaus kann der Arbeitgeber auf **freiwilliger Basis**, d. h. **fakultativ**, mit dem Mitarbeiter Vereinbarungen über **direkt monetäre Leistungen** treffen. Es können **Sonderzahlungen**, wie z. B. das 13. Monatsgehalt, **Gratifikationen**, wie z. B. eine betriebliche **Alterversorgung**, **Erfolgsbeteiligungen**, z. B. auf Unternehmensgewinne, **Altersabsicherungen**, **Lebensversicherungen** und auch **Provisionen** und **Prämien** gezahlt werden (vgl. Bröckermann 2002, S. 501 ff.).

Dieser fakultative Bereich ist für Vertriebsmitarbeiter sehr interessant und findet vielfältig Anwendung. So werden z. B. oft Unfall-Lebensversicherungen vereinbart oder für leitende Mitarbeiter Erfolgsbeteiligungen als Bonuszahlungen gewährt. Die Zahlung von variablen Vergütungen in Form von Prämien bei bestimmten Zielerreichungen ist in vielen Firmen an der Tagesordnung für Außendienstmitarbeiter.

> Indirekt monetäres Entgelt sind geldwerte Leistungen

Unter **indirekt monetärem Entgelt** sind geldwerte Leistungen zu verstehen, die zum Teil auch, wie die PKW-Nutzung oder Sachprämien, durch den Mitarbeiter bzw. das Unternehmen versteuert werden müssen.

Aus- und Weiterbildung kann sowohl zum indirekt monetären Entgelt als auch zu den **immateriellen Anreizen** gerechnet werden. Diese stellen Anreize dar, die keinen konkreten materiellen Gegenwert besitzen und auf die Befriedigung verschiedener nicht materieller Bedürfnisse der Mitarbeiter abheben. Ganz aktuelle Ansätze sind hier: **Work-Life-Balance-Programme** und **Cafeteriasysteme**. Work-Life-Balance-Programme sind flexible Arbeitszeitmodelle. Dazu gehören Gleitzeit, Teilzeit oder individuelle Zeitkonten, die z. B. dazu führen, sog. „Sabbaticals" einlegen zu können. Sabbatical ist ein bezahlter Langzeiturlaub mit einer Job-zurück-Garantie. In Cafeteriasystemen hat der Mitarbeiter die Wahlmöglichkeit innerhalb eines Leistungskorbes, z. B. Versicherungen, Fahrzeug, Bildungsurlaub usw.

> Immaterielle Anreize haben keinen konkreten materiellen Gegenwert und heben auf die Befriedigung verschiedener nicht materieller Bedürfnisse der Mitarbeiter ab

In der Praxis wird immer häufiger der englische Begriff **„Incentive"** für die verschiedenen Anreizformen verwendet.

Verknüpft man die Bedürfnisse, wie sie bei Maslow strukturiert sind, mit den verschiedenen Motivationsinstrumenten, ergibt sich folgender Zusammenhang:

Bedürfnis	Maßnahmen/Motivationsinstrumente für Vertriebsmitarbeiter
Physiologische Bedürfnisse / Grundbedürfnisse (sog. primäre Bedürfnisse): Hunger, Durst, Schlaf, Wärme, Kleidung, Sexualität usw.	• Arbeitsvertrag • Festgehalt/Basiseinkommen
Sicherheitsbedürfnisse (sog. sekundäre Bedürfnisse): erreichtes ökonomisches Niveau erhalten, Gesundheit erhalten, Geborgenheit, Schutz, Angstfreiheit	• Vertragsgestaltung • Kündigungsfristen durch das Unternehmen • Einkommenshöhe • Abfindungsmodalitäten • Absicherungen im Krankheitsfall • Pensionszusagen/Altersversorgung • Lebensversicherung • Training/Schulung • Beurteilungsgespräche
Soziale Bedürfnisse: Zugehörigkeit, Kommunikation, Zuwendung, Akzeptiert werden, Partnerschaft	• Betriebsklima • Regelmäßige Kommunikation • Information • Verkäufertreffen • Events
Bedürfnis nach Anerkennung / Ich-Bedürfnisse: Ansehen, Status, guter Ruf, Prestige	• Ausstattung des Arbeitsplatzes • Pkw-Nutzung (insb. auch Pkw-Modell) • Übertragung von Verantwortung • Belobigungen/Auszeichnungen • Beförderung • Funktionsbezeichnung/Titel (nach außen / gegenüber Kunden) • Verkaufswettbewerbe/Geld-, Sachprämien • Events
Bedürfnis nach Selbstverwirklichung: kreatives Denken, eigene Ideen und Vorstellungen realisieren, Wunschträume erfüllen	Soweit sich dieses Bedürfnis auf die Vertriebstätigkeit bezieht: • Mitspracherechte • Übertragung von Verantwortung Soweit sich dieses Bedürfnis auf Bereiche außerhalb des Arbeitsplatzes bezieht: • Arbeitszeitgestaltung • Einkommenshöhe

Abb. 5.4: Bedürfnisse und mögliche Maßnahmen zur Bedürfnisbefriedigung im Vertriebsbereich

Jedes Unternehmen setzt alle oder zumindest einige dieser Instrumente ein, um die Motivation der Vertriebsmitarbeiter zu fördern.

Im Vertrieb besonders häufig eingesetzt – und deshalb hier etwas ausführlicher beschrieben – werden
1) Verkaufswettbewerbe und
2) „Events".

Zu 1) **Verkaufswettbewerbe**: Die Anlässe für Verkaufswettbewerbe sind sehr vielfältig: Sie sollen anregen,
- den Gesamtumsatz eines Mitarbeiters zu steigern,
- den Umsatz mit einzelnen Produkten zu fördern,
- den Umsatz mit bestimmten Kunden zu steigern,
- Umsatz- oder Deckungsbeitragsziele zu erreichen oder zu übersteigen,
- neue Kunden zu gewinnen,
- neue Produkte einzuführen,
- Auftragsgröße zu steigern,
- Konditionen zu verändern usw.

60% der Verkaufswettbewerbe haben ein umsatzbezogenes Ziel

In der Praxis haben mehr als 60% der Wettbewerbe ein umsatzbezogenes Ziel (vgl. Kienbaum-Studie 1995, zitiert bei Witt 1996, S. 256)

Verkaufswettbewerbe werden meist unter ein bestimmtes **Motto** gestellt (z.B.: „Wir schaffen den Endspurt!" „Mit neuen Produkten zu neuen Zielen!") Die Vorstellung des Wettbewerbs erfolgt meist auf einer **Vertriebstagung**, die oft an einem besonders schönen, **attraktiven Tagungsort** in einen **besonderen Tagungshotel** mit einem **Rahmenprogramm** stattfindet. Den Mitarbeitern werden die Regeln und Ziele des Verkaufswettbewerbs vorgestellt und sie werden informiert, welche Unterstützung sie erhalten und vor allem, welche **„Belohnung"**, welche Prämie sie bei Erreichen der Wettbewerbsziele erwartet.

Bei den Prämien kann es sich um eine Geldprämie handeln, sehr oft sind diese Prämien allerdings (indirekt materielle) Sachpreise, wie Reisen, Fernseher, Uhren, Laptop usw. Oftmals ist auch eine immaterielle Komponente, wie z.B. Auszeichnung als „Sieger des Monats" oder Ehrennadel: „Außendienstmitarbeiter des Jahres" usw. eingeschlossen.

Verkaufswettbewerbe können verschiedene Bedürfnisse befriedigen

Insofern berühren Verkaufswettbewerbe verschiedene Bedürfnisse: Soziale Bedürfnisse durch das meist mit dem Wettbewerb verbundene Verkäufertreffen. Das Bedürfnis nach Anerkennung und Prestige durch Auszeichnungen und auch die Art und Weise der Ausgestaltung des Verkäufertreffens.

Werden im Wettbewerb Sachprämien ausgelobt, sollte bei der Kostenplanung an die Versteuerung gedacht werden.

Sachprämien sind geldwerte Leistungen, die versteuert werden müssen. Von dem Mitarbeiter kann das nicht erwartet werden.

Umfang, Ziel und Ausgestaltung der Wettbewerbe sind unterschiedlichster Art. Für die Motivation der Mitarbeiter ist es wichtig, dass es **präzise Wettbewerbsregeln** gibt und auch, dass eine **pünktliche und nachvollziehbare Auswertung der Ergebnisse** erfolgt. In der Praxis hat es sich als gut erwiesen, einzelne Außendienstmitarbeiter in die Ausgestaltung von Wettbewerben einzubeziehen. Sie wissen, was den Kollegen gefallen und was sie zur aktiven Teilnahme am Wettbewerb anregen wird.

Außendienstmitarbeiter sollten in die Planung von Wettbewerben einbezogen werden

Zu 2) **Events**: Ein Event ist die **Inszenierung eines besonderen Ereignisses**, das „als Plattform zur erlebnisorientierten Kommunikation und Präsentation eines Produktes, einer Dienstleistung oder eines Unternehmens dient" (Meffert 1998, S. 714).

Die Dramaturgie solcher Events baut auf starken emotionalen und physischen Reizen auf. Dadurch soll eine hohe Aktivierung und Motivation der Teilnehmer zu dem erlebten Themenkomplex erreicht werden.

Starke emotionale und physische Reize

Außendiensttagungen/Verkäufertreffen werden heute oft als Event konzipiert. Die Verkaufsmitarbeiter sollen mitgerissen werden für das neue Produkt, für die Erreichung der Umsatzziele, für das Unternehmen usw. Ein Event kann die Plattform für die Information über den Verkaufswettbewerb sein.

Die Ausgestaltung des Events kann so großartig sein, dass die Teilnahme an dem Event bereits eine (immaterielle) Motivation für die Verkaufsmitarbeiter darstellt. Events bieten also eine Möglichkeit, die Mitarbeiter zu motivieren und Leistungsbereitschaft zu erzeugen, ohne dass – wie im Verkaufswettbewerb – quantitative Ziele detailliert erreicht werden müssen, um dann einen in Aussicht gestellten Preis zu erhalten.

ZUSAMMENFASSUNG ÜBUNG

- Mögliche Maßnahmen zur Motivationssteigerung können in ein materielles und ein immaterielles Anreizsystem unterteilt werden.
- Das materielle Anreizsystem untergliedert sich in obligatorische, d. h. gesetzlich vorgeschriebene, und fakultative, d. h. freiwillige Maßnahmen. Weiterhin ist es untergliedert in die sog. indirekt

monetären Leistungen, die einen geldwerten Vorteil für den Mitarbeiter darstellen.
- Ein weites Feld für Motivation bieten die immateriellen Anreizsysteme. Mit ihnen werden Bedürfnisse befriedigt, die im Bereich der Zugehörigkeit, der sozialen Anerkennung und auch der Selbstverwirklichung liegen.

ZUSAMMENFASSUNG **ÜBUNG**

- Nennen Sie die verschiedenen Anreizsysteme mit ihren vielfältigen Ausgestaltungsmöglichkeiten.
- Diskutieren Sie die Tabelle „Bedürfnisse und mögliche Maßnahmen zur Bedürfnisbefriedigung" – stimmen Sie mit den Zuordnungen überein? Haben Sie Anregungen dazu?

5.1.3 Thesen zur Motivation

Da die Motivation im Vertriebsalltag ein besonders große Rolle spielt, soll dieses Kapitel mit einige aktuellen Thesen zur Motivation abgeschlossen werden:
- „Der Draht zu den beteiligten Menschen wird gnadenlos unterschätzt, Anerkennung für unwichtig gehalten." (Enkelmann 2002, S. 70)
- „Je besser ein Arbeitnehmer ausgebildet ist, (...) desto wichtiger ist für ihn die persönliche Anerkennung." (Enkelmann 2002, S. 70)
- „Fundiertes, aufrichtiges Lob schenkt dem Menschen neuen Glauben an sich selbst und ist deshalb das wirksamste Mittel einer erfolgreichen Menschenbehandlung." (Enkelmann 2002, S. 71)
- „Salary alone isn't a motivator" (Nelson 1996, o.S.)
- „Die Attraktivität des Verkäuferberufs liegt nicht ausschließlich in einem leistungsbezogenen Vergütungssystem. Monetäre und nicht monetäre Incentives sind sicherlich wichtige Bestandteile, aber auch persönliche Weiterentwicklung und Karrierechancen werden in Zukunft qualifizierte Bewerber verstärkt motivieren." (Schneider 2002, S. 61)
- Fünf Motivatoren im Außendienst (vgl. Lenfers/ Siepe 2002, o.S.)
    - Vorbild (die Führungskraft als Berater, Coach, Spielertrainer)
    - Zielvereinbarung (das Commitment zwischen Führungskraft und Mitarbeitern)
    - Leistungsanreize (individuelle, leistungsorientierte Bezahlung)
    - Konfliktbereitschaft (die durch die Führungskraft inszenierte Erschütterung)

„Salary alone isn't a motivator"

- Selbstmotivation (auf den Mitarbeiter setzen, anstatt Antreiber von außen zu sein)

Im Vertrieb stellt die **Entlohnung** der Mitarbeiter **eines der wichtigsten Motivationsinstrumente** dar. Jedes Unternehmen entwickelt sein eigenes Vergütungssystem und versucht so, die Kundenbearbeitung durch die Mitarbeiter zu fördern und zu unterstützen, die Leistungsbereitschaft der Mitarbeiter anzuspornen und die Kunden- und Vertriebsziele zu erreichen. Die Entscheidungen über Ziele, Struktur und Ausgestaltung von Vergütungssystemen sind daher von grundsätzlicher Bedeutung für den Erfolg der Vertriebsarbeit.

5.2 Vergütung

Entscheidungen über Ziele, Struktur und Ausgestaltung von Vergütungssystemen sind von grundsätzlicher Bedeutung für den Erfolg der Vertriebsarbeit

5.2.1 Anforderungen an Vergütungssysteme

Bei den Überlegungen über ein Vergütungssystem im Vertrieb muss ein Unternehmen entscheiden, welche Höhe das Einkommen haben soll. Hier gibt es keine festen Regeln. Die **Einkommenshöhe** variiert von Branche zu **Branche** und ist zudem abhängig von der **Größe des Unternehmens** und der **Umsatzverantwortung des Mitarbeiters**.

Beispiel

Die Unternehmensberatung Kienbaum führt in regelmäßigen Abständen Vergütungsstudien durch. Im Jahr 2001 wurde ermittelt:
- Junior-Verkäufer: 76.000 DM (38.360 €) jährlich
- Junior-Verkäufer mit Studium: 92.000 DM (47.040 €)
- Verkäufer: Zwischen 50.000 DM (25.560 €) und 400.000 DM (204.500 €)
- Führungskräfte im Vertrieb: zwischen 60.000 DM (30.700 €) und 500.000 DM (255.600 €)

Am besten bezahlt werden die Verkaufsmanager der Chemie und der Mineralölindustrie. Ein Außendienstmitarbeiter verdient hier durchschnittlich 245.000 DM (125.300 €) während der Kollege in der metallverarbeitenden Industrie im Schnitt lediglich 184.000 DM (94.100 €) verdient. (Quelle: Handelsblatt, 30.8.2001)

Neben der Festlegung der Einkommenshöhe muss das Unternehmen über die **Art und Weise der Entlohnung** entscheiden, d.h., wie die Mitarbeiter dieses Einkommen erzielen. Viele Firmen haben zwar auch heute noch für ihre Vertriebsmitarbeiter Festgehälter, diese werden jedoch in vielen Fällen ergänzt um eine erfolgsabhängige Vergütung.

Zielerreichung wird mit immer wieder neuen materiellen oder immateriellen Anreizen gefördert

Die Breite der direkten und indirekten monetären Leistungen sowie die zahlreichen immateriellen Instrumente lassen eine **Vielfalt an Vergütungssystemen** zu. Jede Vertriebsabteilung hat ein ganz individuelles Vergütungssystem, das im Zeitablauf vielen Veränderungen unterworfen ist. Für einzelne Kunden, bestimmte Vertriebswege oder für die verschiedenen Produkte werden oft regelmäßig, meist mehrfach im Jahr herausfordernde Ziele formuliert. Die Zielerreichung wird mit immer wieder neuen materiellen oder immateriellen Anreizen gefördert. Solche **Vergütungssysteme können sehr schnell sehr komplex werden**.

	Basisentlohnung	Ziele Kunden 1 ... N	Ziele Absatzkanäle 1 ... N	Weitere Ziele
Direkt materiell • Festgehalt • Provision • Geldprämien				
Indirekt materiell • Sachprämien • Firmenwagen usw				
Immateriell • Belobigung • Auszeichnung • Titel usw.				

Abb. 5.5: *Beispiel für ein komplexes Vergütungssystem*

Es ist notwendig, **Anforderungen** festzulegen, die bei der Planung eines **Vergütungssystems** oder auch dessen Überprüfung nicht außer Acht gelassen werden sollten (vgl. Stanton/Spiro 1999, S. 280 ff.; vgl. Weiss 2000, S. 300; vgl. Koinecke, Koinecke 1996, S. 145f).

Das Vergütungssystem hat direkte Folgen auf die erfolgreiche Umsetzung der Marketing- und Vertriebsplanung

Die **Grundlage für die Planung des Vergütungssystems** ist die Anknüpfung und Verbindung an die **Marketing- und Vertriebsplanung**. Das Vergütungssystem hat direkte Folgen auf die erfolgreiche Umsetzung dieser Pläne. Wenn z. B. ein neues Produkt sehr schnell sehr breit in den Markt eingeführt werden soll, dann kann das durch die Zahlung einer Prämie oder einer progressiv gestaffelten Provision gefördert werden.

Von den Mitarbeitern wird besonders gefordert, dass das Vergütungssystem eine **Mindestsicherheit** gibt (vgl. zu den obligatorischen Entgeltbestandteilen Kap. 5.1.2). Weiterhin erwarten Mitarbeiter, dass Vergütungssysteme **einfach zu verstehen** sind. In der Praxis ist dies durch die Komplexität solcher Systeme und die unterschiedlichen Laufzeiten von leistungsabhängigen Zahlungen nicht immer gegeben. Die Mitarbeiter erwarten zudem **Fairness**, d. h., sie erwarten eine angemessene Vergütung für eine entsprechende Leistung. Nichts demotiviert einen Außendienstmitarbeiter mehr als das Gefühl, dass seine Leistung nicht adäquat bezahlt wird.

Das Schaubild fasst solche Anforderungen an ein Vergütungssystem zusammen, wobei hier sowohl die Interessen der Vertriebsleitung als auch die der Mitarbeiter berücksichtigt sind.

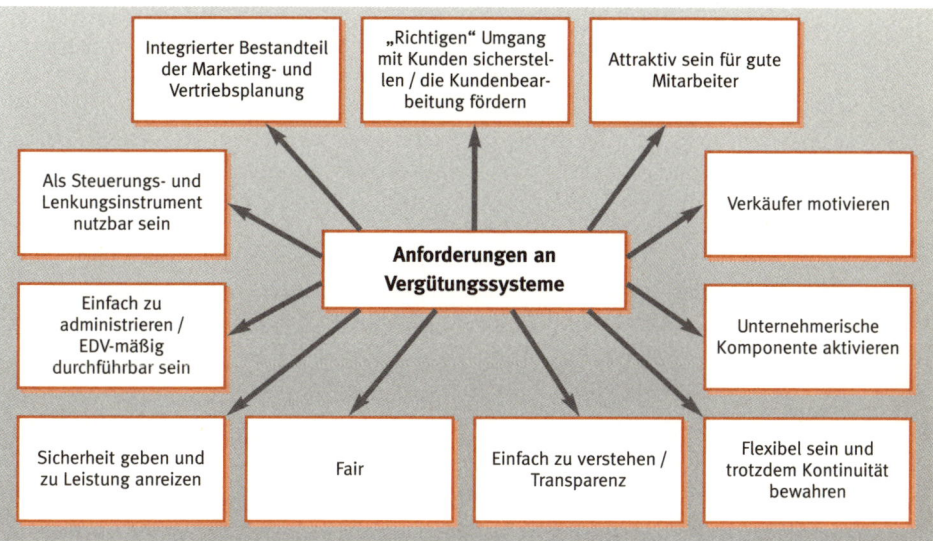

Abb. 5.6: Anforderungen an Vergütungssysteme im Vertrieb

ZUSAMMENFASSUNG   ÜBUNG

- Jedes Unternehmen entwickelt für seine Vertriebsabteilung ein eigenes Vergütungssystem und versucht so, die Kundenbearbeitung der Mitarbeiter zu fördern, die Leistungsbereitschaft anzuspornen und die Ziele zu erreichen.
- Über die Höhe des Einkommens gibt es keine generellen Aussagen, sie variiert mit der Branche, der Unternehmensgröße und der Qualifikation des Mitarbeiters.
- Auch die Art und Weise der Entlohnung mit Festgehalt oder variablen Gehaltsbestandteilen wird sehr unterschiedlich gehandhabt.

- Die Anzahl der möglichen direkt monetären und indirekt monetären Leistungen eröffnet vielfältige Möglichkeiten der Gestaltung. Vor diesem Hintergrund sind eine Reihe von Anforderungen an ein Vergütungssystem zu stellen, welche die Interessen des Unternehmens wie auch die der Mitarbeitern wahren.

ZUSAMMENFASSUNG **ÜBUNG**

- Welche verschiedenen materiellen und nicht materiellen Anreizsyteme stehen einem Unternehmen zur Verfügung?
- Nennen Sie die Anforderungen, die an ein Vergütungssystem zu stellen sind, und versuchen Sie jede Anforderung mit einem Beispiel zu erläutern.
- Welche der Anforderungen in dem Schaubild werden eher von den Mitarbeitern und welche von der Vertriebsleitung gestellt?

5.2.2 Vergütungsformen

Festgehalt, Provisionen und Prämien

Für die Gestaltung von Vergütungssystemen im Vertrieb sind, soweit es sich um direkt monetäre Bestandteile handelt, das Festgehalt, Provisionen und Prämien die wichtigsten Komponenten.

Beispiel

Nach der 1996 durchgeführten Studie der Unternehmensberatung Kienbaum erhalten (vgl. Hassmann 1996, S. 7):

1996 erhielten 78% der Vertriebsmitarbeiter ein Festgehalt mit einer erfolgsabhängigen Vergütung

- 22% der Vertriebsmitarbeiter nur Festgehalt
- 78% erhalten Festgehalt und eine erfolgsabhängige Vergütung
  – davon 60% Festgehalt und Provision (und ggf. weitere Komponenten, wie z. B. Prämien)
  – davon 18% Festgehalt und Prämie (und ggf. weitere Komponenten)

Bei den Mitarbeitern, die neben dem Festgehalt eine erfolgsabhängige Vergütung erhalten, liegt der Anteil des Festgehaltes in vielen Firmen bei 80% und mehr des gesamten Jahreseinkommens.

Es stellt sich die Frage: In welcher Situation ist welche Entlohnungsform besonders sinnvoll, und welche Vor- und Nachteile haben die verschiedenen Formen (vgl. Weiss 2000, S. 302ff., vgl. Kieser 2002, S. 526 ff.)?

Die Zahlung eines **Festgehaltes ohne eine zusätzliche erfolgsabhängige Komponente** kann angeraten sein,
- wenn die **Beratungstätigkeit** überwiegt – hier ist kein direkter, sondern nur ein indirekter Bezug zur Umsatzerreichung gegeben;
- bei **langdauernden Verkaufsprozessen** – z. B. im Investitionsgüterbereich, wo sich die Verhandlungen über z. B. Großprojekte über Monate, wenn nicht Jahre hinziehen können;
- bei **Teamverkauf** – wenn Schwierigkeiten bestehen, den Erfolg des Teams einzelnen Mitarbeitern zuzuordnen; (Eine andere Möglichkeit wäre: Das gesamte Team erhält zusätzlich eine erfolgsabhängig Vergütung und teilt nach Köpfen auf.)
- bei **Saisonartikeln** – die saisonalen Schwankungen hat der Vertriebsmitarbeiter nicht zu vertreten;
- bei Produkten, deren Umsatz stark von **Investitionen** in die Werbung **abhängig** ist – auch hier hat der Vertriebsmitarbeiter die Entscheidung über die Investitionen nicht zu vertreten.

Vorteile und Nachteile des Festgehalts lassen sich zusammenfassen:

Festgehalt – Vorteile	Festgehalt – Nachteile
- genau und einfach berechenbar - leicht verständlich - Sicherheit für die Mitarbeiter - Lohnkosten sind genau planbar	- wenig Anreiz zu überdurchschnittlicher Leistung - Begrenzung der Einkommensmöglichkeiten - unflexibel - schwer an konjunkturelle Veränderungen anzupassen - ohne unternehmerische Komponente

Abb. 5.7:   Vor- und Nachteile von Festgehalt

Eine **Provision** ist ein Prozentsatz auf eine bestimmte Bezugsgröße. Laut Kienbaum-Studie werden Provisionen in **85 %** auf **umsatzbezogene Ziele** gezahlt. Dabei kann es sich um den Gesamtumsatz handeln oder um bestimmte Umsatzzielerreichungen oder Umsatzzielüberschreitungen. In **15 %** der Fälle werden **andere Ziele** verprovisioniert, z. B. deckungsbeitragsbezogene Ziele oder die Gewinnung von Neukunden (vgl. Hassmann 1996, S. 7).

Es lassen sich **lineare**, **degressive** und **progressive Provisionen** unterscheiden:

> Eine Provision ist ein Prozentsatz auf eine bestimmte Bezugsgröße

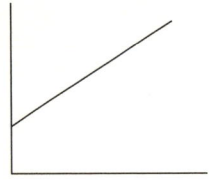
Lineare Provision

- **Lineare Provision**

    Die Provision beträgt 7% vom Umsatz. Das Festgehalt beträgt 1.000 € monatlich.

    Frage: Wie hoch ist das Jahresgehalt eines Außendienstmitarbeiters, der 300.000 € Umsatz erzielt?

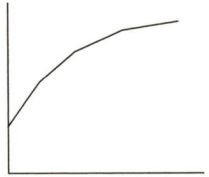
Degressive Provision

- **Degressive Provision**

    Es wird ein degressives Provisionssystem mit folgender Staffelung vereinbart:
    - bis 250.000 € 8%
    - ab 250.001 € 6%
    - ab 450.001 € 4%
    - ab 650.001 € keine Verprovisionierung

    Das Festgehalt beträgt 800 € monatlich.

    Frage: Wie hoch ist das Jahresgehalt des Vertriebsmitarbeiters, der insgesamt 680.000 € Umsatz erzielt?

Progressive Provision

- **Progressive Provision**

    Es wird ein progressives Provisionssystem mit folgender Staffelung vereinbart:
    - bis 250.000 € 3%
    - ab 250.001 € 5%
    - ab 450.001 € 7%
    - ab 650.001 € 7,5%

    Das Festgehalt beträgt 800 € monatlich.

    Frage: Wie hoch ist das Jahresgehalt des Vertriebsmitarbeiters, der insgesamt 720.000 € Umsatz erzielt?

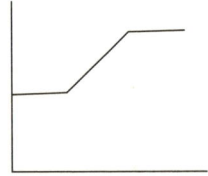
Festgehalt und lineare Provision

- **Festgehalt und lineare Provision in einem bestimmten Umsatzzielbereich**

    Der Mitarbeiter erhält ein Festgehalt von 3.000 €. Weiterhin in einem Umsatzbereich von 200.000€ bis 400.000 € eine Provision von 3%.

    a) Wie hoch ist das Jahresgehalt bei einem Umsatz von 300.000 €?
    b) Wie hoch ist das Jahresgehalt bei einem Umsatz von 450.000 €?

In manchen Unternehmen werden Provisionen erst ab einer bestimmten Umsatzhöhe, einer bestimmten Zielerreichung (z. B. Deckungsbeitrag) oder für einen bestimmten Zielkorridor bezahlt.

Die **unternehmerische Komponente** der Tätigkeit des Außendienstmitarbeiters wird besonders angesprochen, wenn **Provisionen deckungsbeitragsbezogen gezahlt** werden. Das Kostenbewusstsein wird geschärft und der Mitarbeiter kann jenseits der Verkaufstätigkeit einen Beitrag zu seiner Einkommenserzielung leisten (vgl. zur Berechnung des Deckungsbeitrages Kap. 6.3.3).

Deckungsbeitragsbezogene Provisionszahlungen schärfen das Kostenbewusstsein

In den meisten Fällen sind Provisionen mit Festgehalt oder garantierten Mindestprovisionen verbunden.

Progressive Provisionen haben das Ziel, den Mitarbeiter zu **möglichst viel Umsatz** anzuregen. Progressive Provisionen sind sinnvoll, wenn z. B. ein **neues Produkt** auf dem Markt eingeführt wird und zu befürchten steht, dass sehr schnell Nachahmer auf den Markt kommen oder wenn **viele Wettbewerber** am Markt sind, gegen die das Unternehmen „ankämpfen" muss.

Natürlich besteht hier als Nachteil die Gefahr des **„hard selling"**. Der Verkäufer versucht, um jeden Preis zu verkaufen, er wird zum Druckverkäufer. Viele Kunden akzeptieren diese Verkaufsstrategie nicht. Weiterhin besteht die Gefahr, dass **Kunden zu viel Ware** einkaufen und das Unternehmen über einen längeren Zeitraum keine oder nur noch geringe Umsätze tätigen kann. Zudem ist dieser vorgezogene Umsatz **durch die progressive Provision teuer bezahlt** worden.

Das Ziel von **degressiven Provisionen** ist ebenfalls, den Vertriebsmitarbeiter zu **mehr Umsatz** anzuregen. Die Gefahr des „hard selling" oder der Überbevorratung der Kunden ist hier jedoch wesentlich geringer. Der Vertriebsmitarbeiter wird darauf achten, die Kunden gemäß ihren Möglichkeiten „richtig" mit Ware zu bevorraten, damit er **dauerhaft im Zielkorridor der höchsten Prämierung seinen Umsatz stabilisieren** kann.

Grundsätzlich ist es auch möglich, wenn auch komplizierter, den **Provisionsverlauf s-förmig** zu gestalten, d.h. in einem bestimmten Umsatzbereich den Mitarbeiter zu sehr viel Umsatz anzuregen, danach aber dämpfend auf weitere Umsätze einzuwirken.

Die generellen Vor- und Nachteile von Provisionen zeigt die folgende Abbildung:

Provisionen – Vorteile	Provisionen – Nachteile
• starker motivationaler bzw. unternehmerischer Anreiz • besonders geeignet für neue Verkaufsaufgaben, um Absatzchancen auszuloten • einfach zu berechnen • voraussehbar und planbar • Charakter von variablen Kosten	• Gefahr des „hard selling", insbesondere bei progressiven Provisionen • Unzufriedenheit der Mitarbeiter bei unterschiedlichen Situationen in den Verkaufsgebieten • Konjunkturabhängigkeit

Abb. 5.8: Vor- und Nachteile von Provisionen

<small>Prämien sind feste Geldbeträge, die für eine bestimmte Zielerreichung gezahlt werden</small>

Prämien sind feste Geldbeträge, die für eine bestimmte Zielerreichung gezahlt werden. Unter Prämien werden aber auch Sachgegenstände (die einen geldwerten Vorteil haben), z. B. Uhr, Fernsehgerät usw. verstanden.

In 70 % der Fälle werden, lt. Kienbaum-Studie, Prämien auf umsatzbezogene Ziele gezahlt, in 30 % der Fälle werden sonstige Kriterien angesetzt wie z. B. Deckungsbeitragsziele, Zielvorgaben für die Anzahl der neu zu gewinnenden Kunden, Distributionsziele für neue Produkte usw. (vgl. Hassmann 1996, S. 7).

<small>Prämien sind immer zeitlich befristet</small>

Prämien sind immer **zeitlich befristet**, d. h., eine Maßnahme, die prämiert werden soll, ist immer mit einer Zeitangabe versehen. In der Praxis „laufen" oft mehrere Prämienausschreibungen gleichzeitig. Es können kurzfristige und langfristige Leistungssteigerungen durch Prämien unterschieden werden.

Die **kurzfristigen Leistungssteigerungen** durch Prämien werden weiter unterschieden in:
- **Aktionsprämie**: Prämie, die für eine bestimmte Aktion oder einen Aktionszeitraum gewährt wird.

Beispiel:

Im Aktionszeitraum vom 1.3. bis 31.5. erhält jedes Team eines Gebietsverkaufsleiters bei Erreichung von 100 % des vorgegebenen Gesamtgebietsumsatzes pro Teammitglied eine Aktionsprämie von 250 €. Der zuständige Gebietsverkaufsleiter erhält in diesem Fall ebenfalls eine Prämie von 250 €.

- **Auftragsprämie**: Damit sollen bei bestehenden Kunden kurzfristig die Auftragsvolumina erhöht werden.

> **Beispiel**
>
> Bezogen auf das Umsatzvolumen der Aufträge: Jeder Mitarbeiter erhält vom 1.5 bis 30.6. für jeden Auftrag über 500 € eine Prämie von 15 €.
> Bezogen auf die Anzahl der Aufträge in einem bestimmten Zeitraum: Jeder Mitarbeiter erhält im gleichen Zeitraum 20 € Prämie pro Auftrag, wenn er wöchentlich mindestens 35 Aufträge einholt.

- **Neukundenprämie**: Für den zeitlich befristeten Einsatz der Mitarbeiter, neue Kunden zu gewinnen (kann erhebliche Mehrarbeit für den Mitarbeiter in seinem Bezirk bedeuten).

> **Beispiel**
>
> Im Zeitraum vom 1.7. bis 30.11. sollen sich die Außendienstmitarbeiter verstärkt um die Gewinnung von Neukunden bemühen. Für jeden Neukunden mit einer Mindestbestellung von 100 € wird eine Prämie von 50 € gezahlt.

- **Neuproduktprämie**: Für die Einführung eines neuen Produktes bei bestehenden Kunden.

> **Beispiel**
>
> Jeder Auftrag über das Neuprodukt x im Zeitraum vom 1.4. bis 30.8. wird mit einer Prämie von 5 € honoriert.
> Bei 100 Neuproduktaufträgen erhält der Mitarbeiter zusätzlich 1 Reisewecker; bei 200 Neuproduktaufträgen einen CD-Player.

- **Distributionsprämie**: Für die kurzfristige Steigerung der Distribution von Produkten bei bestehenden Kunden.

> **Beispiel**
>
> Bestimmte Produkte aus dem Gesamtsortiment haben eine geringe Distribution. Im Zeitraum vom 1.4. bis 31.7. sollen sich die Außen-

dienstmitarbeiter verstärkt für die Distribution dieser Produkte bei bestehenden Kunden einsetzen. Pro Erstauftrag dieser Produkte wird eine Prämie von 15 € gezahlt.

Bei den **langfristigen Leistungssteigerungen** durch Prämien werden unterschieden:
- **Distributionsprämie**: Für den kontinuierlichen Ausbau der Distribution, d. h. die Gewinnung neuer Kunden (= verbunden mit Gebietsveränderungen und Einstellung weiterer Mitarbeiter).

Beispiel

Das Unternehmen will in seiner Vertriebsschiene eine möglichst flächendeckende Distribution aufbauen. Im Zeitraum vom 1.1. bis 31.12. wird für jeden neu akquirierten Kunden eine Distributionsprämie von 50 € gezahlt.

- **Besuchsanzahlprämie**: Die durchschnittliche Anzahl der Besuche soll gesteigert werden.

Beispiel

Durch die Einführung von CAS entfallen einige zeitintensive Arbeiten für den Außendienst. Die frei gewordenen Kapazitäten sollen dazu genutzt werden, die Anzahl der Besuche zu intensivieren. Im Zeitraum 1.5 bis 30.4 des nächsten Jahres erhält jeder Mitarbeiter in jeder Woche für jeden zusätzlichen Kundenkontakt gegenüber seiner jetzt vorliegenden durchschnittlichen Anzahl von wöchentlichen Kundenkontakten (z. B. 35 Besuche) eine Prämie von 5 €. Die Anzahl der möglichen zusätzlichen und prämierten wöchentlichen Kundenkontakte ist auf 6 begrenzt.

- **Inkassoprämie**: Der Verkäufer soll ausstehende Forderungen einziehen.

Beispiel

Die Zahlungsmoral sinkt. Aus diesem Grund erhalten die Außendienstmitarbeiter ab sofort bis auf weiteres eine Prämie von 15 € für jeden

Außenstand, den sie bei ihrem nächsten Kundenkontakt bar einziehen können.

- **Planerfüllungsprämie**: Bei dieser Prämie wird die Erreichung von vorgegebenen Zielen während des Planungszeitraums prämiert.

Beispiel

Die Außendienstmitarbeiter erhalten folgende Planerfüllungsprämie jeweils bezogen auf ihre individuell verabschiedeten Umsatz- und Deckungsbeitrags-Budgets:

Zielerreichungsgrad	von Umsatzbudget	von prozentualem DB-Budget
90 %	Prämie 200 €	Prämie 200 €
95 %	300 €	300 €
100 %	500 €	1.500 €
105 %	750 €	1.500 €
110 %	1.000 €	1.500 €

Durch Prämien hat die Vertriebsleitung eine **Vielfalt von Möglichkeiten**, auf die Arbeitsergebnisse der Mitarbeiter im Vertrieb **motivierend und steuernd einzugreifen**. Die Prämierung muss sich nicht nur auf die Mitarbeiter im Außendienst beschränken, auch die Mitarbeiter im Innendienst oder das Key-Account-Management werden durch den Einsatz von Prämien motiviert und können in solche Entlohnungssysteme eingeschlossen werden.

Auch die Mitarbeiter im Innendienst oder das Key-Account-Management werden durch Prämien motiviert

Für **Geldprämien** wird, wie bei Gehalt, die **Lohn- bzw. Einkommensteuer** automatisch durch die Firma abgeführt. **Sachprämien** stellen – wie bereits erwähnt – einen geldwerten Vorteil dar und müssen daher ebenfalls durch den Außendienstmitarbeiter bzw. durch das Unternehmen versteuert werden. Da der Mitarbeiter dazu in den wenigsten Fällen bereit sein wird, sollte bei der Planung und Budgetierung solcher Sachprämien oder Sachpreise der an das Finanzamt abzuführende Teil nicht vergessen werden.

Bei sämtlichen Fragen der **Lohngestaltung** ist das **Mitbestimmungsrechts des Betriebsrates** zu beachten. Gemäß § 87 Absatz 10 BetrVG hat der Betriebsrat Mitbestimmungsrechte bei Fragen der betrieblichen Lohngestaltung, insbesondere der Aufstellung von Entlohnungsgrundsätzen und der Einführung und Anwendung von neuen Entlohnungsmethoden sowie deren Änderung. Gemäß Absatz 11 hat der Betriebsrat Mitbestimmungsrechte bei der Festsetzung von Akkord- und Prämiensätzen und vergleichbarer leistungsbezogener Entgelte.

Unter Berücksichtigung der Tagungszeiträume des Betriebsrats und möglichem Abstimmungsbedarf kann für die Zustimmung zu einem Prämiensystem doch einige Zeit vergehen, die im Vorfeld eingeplant werden sollte.

Der Betriebsrat hat Mitbestimmungsrechte bei Fragen der betrieblichen Lohngestaltung

ZUSAMMENFASSUNG ÜBUNG

- In der Praxis werden noch sehr viele Verkaufsmitarbeiter mit Festgehalt entlohnt.
- Bei den Provisionen werden lineare, degressive, progressive und auch s-förmige Varianten unterschieden. Der Einsatz und die Motivation des Außendienstmitarbeiters zu (eher weniger oder) noch mehr Leistung wird mit diesen verschiedenen Provisionsformen gesteuert, je nach Interessenlage des Unternehmens.
- Provisionen werden primär auf Umsätze gezahlt. Der Einbezug des Deckungsbeitrages in die Provision fördert das Kostenbewusstsein der Mitarbeiter.
- Prämien werden für sehr verschiedene kurzfristige und langfristige Leistungssteigerungen gezahlt. Prämien sind entweder Geldbeträge oder Sachprämien. Bei den Sachprämien darf die Versteuerung nicht vergessen werden.

ZUSAMMENFASSUNG ÜBUNG

- Diskutieren Sie Festgehalt, Provision und Prämie bzgl. ihrer Vor- und Nachteile.
- Warum sollte Provision auch auf den erzielten Deckungsbeitrag gezahlt werden?
- Diskutieren Sie Vor- und Nachteile, Provisionszahlungen nur am Deckungsbeitrag auszurichten.

5.2.3 Umstellung von Vergütungssystemen

Durch Vergütungssysteme sollen die Mitarbeiter motiviert und gesteuert werden, um insgesamt die **Kundenbearbeitung** kontinuierlich zu **fördern** und zu unterstützen. In vielen Unternehmen stellt sich regelmäßig die Frage, inwieweit das **bestehende Vergütungssystem**

dazu auch geeignet ist und dieser Zielsetzung wirklich dient. Insbesondere wenn Außendienstmitarbeiter nur mit Festgehalt bezahlt werden oder dort, wo das Festgehalt einen sehr hohen Anteil am Gesamtgehalt ausmacht, wird diese Frage immer wieder diskutiert.

Was kann ein Unternehmen machen, wenn es erkennt, dass **Konkurrenten leistungsstarke Feldorganisationen** haben, mit denen die eigene Organisation nicht standhalten kann? Einer der möglichen Gründe für die vergleichsweise schwächere Leistung kann sein, dass das Vergütungssystem die Außendienstmitarbeiter nicht genügend motiviert.

Was passiert, wenn motivierte, leistungsstarke Vertriebsmitarbeiter sehen, dass die **Verdienstmöglichkeiten durch das Festgehalt begrenzt** sind, andere Unternehmen aber durch variable, zielorientierte Vergütungssysteme die Möglichkeit wesentlich höherer Verdienste schaffen? Ist die Kündigung dieser guten Mitarbeiter die Folge?

Aus verschiedenen Gründen kann sich also für ein Unternehmen die Frage stellen, welche Möglichkeiten bestehen, Vergütungssysteme mit hohem Anteil an Festgehalt auf **variablere Systeme mit stärker motivationalem Charakter und unternehmerischer Komponente** umzustellen.

Welche Möglichkeiten bestehen, Vergütungssysteme mit hohem Anteil an Festgehalt auf variablere Systeme mit stärker motivationalem Charakter und unternehmerischer Komponente umzustellen?

Eine in der Praxis anzutreffende **Methode** ist hier das **„Einfrieren" des fixen Anteils bzw. des Festgehaltes** (vgl. Koinecke/Koinecke 1996, S. 154 ff.): Das **Festgehalt** bleibt **auf dem aktuellen Niveau** bestehen, **Gehaltserhöhungen** (tarifliche und freiwillige) der nächsten Jahre gehen in einen **„Prämientopf"** und/oder in einen **„Provisionstopf"**. Aus diesem „Topf" werden Prämien oder Provisionen bezahlt.

Einfrieren des Festgehaltes

Während anfänglich natürlich nur geringe Summen für Leistungsanreize zur Verfügung stehen, baut sich dieser „Topf" sukzessive bis zu einem zu vereinbarenden Verhältnis zum Festgehalt auf. Das relativ langsame Anwachsen des „Topfes" fördert die Motivation der Mitarbeiter nicht immer im notwendigen Maß.

Anfänglich stehen nur geringe Summen für Leistungsanreize zur Verfügung

In der Praxis funktioniert die Einführung dieser Methode meist dann, wenn **zwei Kriterien** beachtet werden:

1. Ein **Teil der tariflichen Gehaltserhöhung wird** an die Vertriebsmitarbeiter als Erhöhung des Festgehaltes **ausgezahlt**, damit Kostensteigerungen in den verschiedensten Bereichen aufgefangen und keine realen Einkommensverluste erlitten werden.
2. Die **Unternehmensleitung** honoriert die Bereitschaft der Vertriebsmitarbeiter, dieses neue Vergütungssystem zu akzeptieren und zukünftig auf Teile sicherer Entlohnung zu verzichten, indem sie selbst einen **finanziellen Beitrag in den „Topf"** leistet, der bei Ziel-

erreichung zu insgesamt höheren Gehältern der Vertriebsmitarbeiter führt.

Wenn gewünscht wird, dass der variable Anteil an der Gehaltssumme wesentlich schneller wächst, ist noch **eine andere Methode** in der Praxis einsetzbar: das **„Reduzieren" des Festgehaltes** (vgl. Koinecke/Koinecke 1996, S. 132 ff.): Hier wird den Mitarbeitern angeboten, dass das **Festgehalt stark abgesenkt** wird; im Gegenzug haben die Mitarbeiter die Möglichkeit, bei Erreichen der vereinbarten Ziele **Prämien bzw. Provisionen** zu verdienen, die erheblich über das frühere Festgehalt hinausgehen.

> Bei Zielerreichung besteht die Möglichkeit, Prämien bzw. Provisionen zu verdienen, die erheblich über das frühere Festgehalt hinausgehen

Für eine **Übergangszeit**, bis man sich an die neuen „Spielregeln" gewöhnt hat, kann den Mitarbeitern ein **Garantieeinkommen** angeboten werden. Für die Mitarbeiter, die zu viel Risiko sehen, besteht die Möglichkeit, zu einem späteren Zeitpunkt, z. B. nach einem Jahr, dem System ebenfalls „beizutreten".

Die Methode des „Reduzierens" wird von sehr leistungsstarken Mitarbeitern, die Vertrauen in ihre weitere Leistungsfähigkeit haben, vermutlich angenommen. Zudem wird es sich eher um Mitarbeiter handeln, die keine familiären Verpflichtungen haben und das Sicherheitsmotiv nicht so sehr beachten müssen.

Für die Einführung beider Methoden ist es wichtig, dass:
- die Vertriebsmitarbeiter aus der Vergangenheit heraus wissen, dass sie sich **auf Zusagen** der Geschäftsleitung **verlassen** können;
- die Mitarbeiter das Vertrauen haben, dass ihr eigener Einsatz von der Unternehmensleitung **nicht missbraucht** werden wird;
- die **Mitarbeiter** an der Festlegung der Ziele, die sich innerhalb von der Geschäftsleitung vorgegebener Bandbreiten bewegen, **beteiligt** werden.

Das „Einfrieren" des fixen Anteils oder das „Reduzieren" des Festgehaltes, die Umstellung des Gehaltssystems und die Details der Ausgestaltung sind zwischen der Unternehmens- bzw. Vertriebsleitung und den Arbeitnehmervertretern, d. h. dem Betriebsrat abzustimmen.

 In jedem Fall ist eine Änderungskündigung notwendig, da das Entlohnungssystem der Mitarbeiter verändert wird.

ZUSAMMENFASSUNG ÜBUNG

- Vergütungssysteme sollen Vertriebsmitarbeiter motivieren, steuern und insgesamt die Kundenbearbeitung fördern. Dort, wo nur

Festgehalt gezahlt wird, stellt sich oft die Frage nach Umstellungsmöglichkeiten auf flexible Systeme mit hoher motivationaler Komponente.
- Zwei Methoden sind in der Praxis erprobt: das „Einfrieren" des Festgehaltes und das „Reduzieren" des Festgehaltes. Beide Methoden haben ihre Vor- und Nachteile.
- In jedem Fall ist die Umstellung nur möglich, wenn sich die Mitarbeiter auf Zusagen der Vorgesetzten verlassen können, Vertrauen in die Vertriebs- bzw. Unternehmensleitung haben und an der Festlegung der Ziele zur Erreichung der dann variablen Gehaltsbestandteile beteiligt sind.

ZUSAMMENFASSUNG **ÜBUNG**

- Diskutieren Sie die beiden Methoden „Einfrieren" und „Reduzieren". Welche Methode würden Sie vorziehen?
- Entwickeln Sie einen Vorschlag für ein attraktives Gehaltssystem, bei dem das Festgehalt reduziert wird. Legen Sie selbst das Ausgangsgehalt fest und überlegen Sie dann, wie der variable Gehaltsanteil beschaffen sein sollte, um motivierend zu wirken. Legen Sie gleichzeitig ein bestimmtes Umsatzniveau des Mitarbeiters zugrunde und berechnen Sie, um wie viel der Umsatz steigen muss, damit das neue Gehaltssystem für das Unternehmen nicht unwirtschaftlich wird. (Achtung! Der Umsatz muss nicht nur die Gehaltskosten decken!)

5.3 TRAINING UND SCHULUNG

5.3.1 Stellenwert

Die Produktivität und die Ergebnisse, die Vertriebsmitarbeiter bei der Kundenbearbeitung und auch innerhalb der Vertriebsorganisation erbringen, hängen ab von der **Qualität** ihrer Leistungen. Für die Qualität von Leistungen sind die **Motivation und die Qualifikation der Mitarbeiter** ausschlaggebend (wobei gemäß der Vroom-Formel – vgl. Kap. 5.2.1 – die Fähigkeit/Qualifikation, ein Ergebnis zu erreichen, wiederum die Motivation beeinflusst).

Für die Qualität von Leistungen sind die Motivation und die Qualifikation der Mitarbeiter ausschlaggebend

Die erforderlichen Qualifikationen lassen sich klassifizieren in:
- **Fachliche Qualifikation**: z. B. Marktkenntnisse, Wissen über das eigene Unternehmen, dessen Ziele und Strategien, Kenntnisse über Kunden und Vertriebsschienen sowie die Wettbewerber, Produkt-

kenntnisse, IT-Kenntnisse sowie Sicherheit bei der Anwendung der wichtigsten Businesssoftware, Logistikkenntnisse usw.
- **Qualifikation der Methodenanwendung**: z. B. Analysefähigkeit, Verhandlungsgeschick, Fähigkeit zu planen, Entscheidungsfähigkeit, Zielorientierung usw.
- **Soziale Qualifikation**: Kooperationsfähigkeit, Durchsetzungsvermögen, Kommunikationsfähigkeit, Kompromissfähigkeit usw.

Neue Technologien verändern die Anforderungen

In den letzten Jahren haben **neue Technologien**, insbesondere die Informationstechnologie und der Bereich der Logistik, die **Anforderungen** an die Vertriebsmitarbeiter **verändert**.

 Nur durch Personalentwicklungsmaßnahmen kann die Qualifikation der Vertriebsmitarbeiter kontinuierlich festgestellt und an die Marktveränderungen angepasst werden.

Hier nur einige der Begriffe, die heute im Vokabular eines Außendienstmitarbeiters eine Selbstverständlichkeit sein müssen:

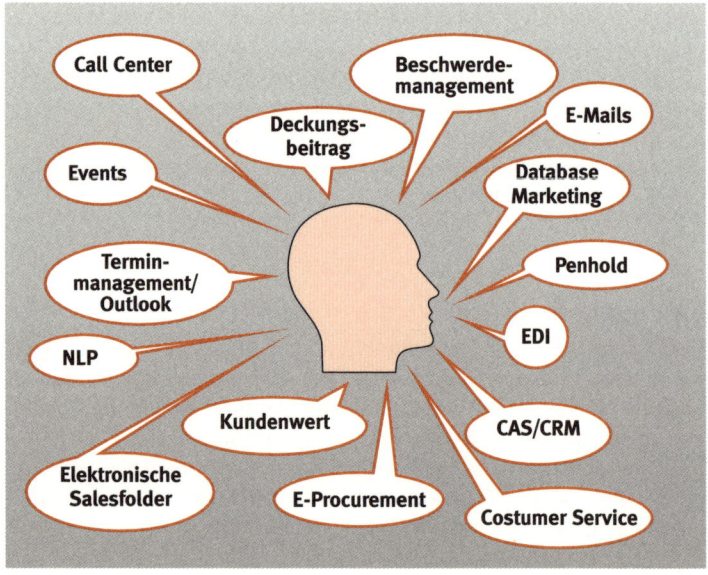

Abb. 5.9: Begriffe, die heute im Vokabular eines Außendienstmitarbeiters selbstverständlich sind

Dazu ist Training und Schulung dringend notwendig!

Einige Veränderungen, die ein Außendienstmitarbeiter, ein Innendienstmitarbeiter und ein Vertriebscontroller in der Konsumgüterindustrie erleben, seien an folgendem Beispiel verdeutlicht:

Beispiel

- „Gestern" war es die Aufgabe des Außendienstmitarbeiters, zu verkaufen, Neuprodukte vorzustellen und die ausreichende Bevorratung des Kunden mit Ware sicherzustellen.
„Heute" ist er überwiegend ein Berater, der den POS managen muss. Er soll z. B. in der Lage sein, Aktionen zu vereinbaren, durchzuführen und zu kontrollieren. Einen selbstständigen Einzelhändler soll er bei der Sortimentszusammensetzung und Regalgestaltung unterstützen. Den Vorschlag für einen Regalspiegel gibt er möglichst gleich an Ort und Stelle in seinen Laptop ein und macht das neue Regal dem Kunden virtuell sichtbar. Dass die Beherrschung des PCs und der Umgang mit CAS/CRM-Software notwendig ist, bedarf fast keiner Erwähnung.
- Für den Innendienstmitarbeiter ist es heute üblich, telefonisch mit den Kunden in Verbindung zu stehen. Dadurch ergänzt er die Arbeit der Feldmitarbeiter und macht sie noch effizienter. Die Beherrschung sämtlicher Anforderungen, die aus der informationstechnologischen Unterstützung der Vertriebsarbeit (z. B. CAS/CRM- und auch ERP-Systeme, Call-Center usw.) und der technischen Anbindung an die Kunden (z. B. EDI) resultieren, ist selbstverständlich.
- Selbst im Vertriebscontrolling sollten neben Kennziffern, Kundenwertanalysen, Vertriebsdeckungsbeitragsrechnungen oder Portfolio-Analysen neue Instrumente wie z. B. Benchmarking oder Balanced Scorecard Eingang finden.

Der **Wandel** in den Berufsbildern im Vertrieb **ist immens** und **Mitarbeiterentwicklung** und **Mitarbeitertraining** sind wichtiger denn je. Die Vertriebsmitarbeiter sind die Speerspitze zum Kunden. Ein Unternehmen ist vom Erfolg seiner Vertriebsmitarbeiter bei den Kunden abhängig.

Mitarbeiterentwicklung und Mitarbeitertraining sind wichtiger denn je

Beispiel

Von der Zeitschrift acquisa wurden Vertriebsvorstände aus verschiedenen Branchen befragt, welchen Herausforderungen sich der Vertrieb künftig stellen muss. Eines der Stichworte war: „Qualifikation". Hier einige Äußerungen dazu (vgl. Schneider 2002, S. 60-64):

- Dr. Joachim Schmidt, Mitglied des Geschäftsfeldvorstands Mercedes-Benz Pkw und smart, Leiter Vertrieb und Marketing: „In der Automobilbranche ist die Qualifikation der Vertriebsmannschaft einer der wichtigsten zukünftigen Erfolgsfaktoren. Dabei bezieht sich Qualifizierung nicht nur auf das Fachwissen, sondern auch auf die Verhaltenskompetenz. Verkäufer müssen deshalb bei uns ein standardisiertes Qualifizierungsprogramm absolvieren."
- Josef Brauner, Telekom-Vorstand für Festnetz und T-Systems: „Auch der Qualifizierungsgrad im Vertrieb ist von entscheidender Bedeutung. Er muss zukünftig sehr hoch sein. (...) Die Qualifikation des Verkäufers bildet die Grundlage für das Value Selling. Aus diesem Grund muss die Qualifikation sowie die permanente Weiterbildung besonders in den Mittelpunkt der Vertriebsaktivitäten gerückt werden."
- Walter Schumacher, Vorstand Vertrieb, Marketing und Service Rollendruckmaschinen der Koenig & Bauer AG (KBA): „Im hochpreisigen Investitionsgütergeschäft ist neben der technischen auch die betriebswirtschaftliche, sprachliche und nicht zuletzt menschliche Qualifikation der Verkäufer von entscheidender Bedeutung. (...) Die Verkäufer müssen sowohl intern gegenüber Projektmanagement und Konstruktion als auch extern bei den Kunden überzeugend auftreten und teamfähig sein. Die modernen EDV-Instrumente im Bereich Selbstorganisation, Kommunikation und Präsentation müssen sie beherrschen, (...). Dafür wird sowohl intern als auch extern ein umfangreiches Schulungsprogramm notwendig."
- Anton Bühler, Ressortleiter Private Client Services der Credit Suisse (Deutschland) AG: „Im hart umkämpften Markt der gehobenen Finanzdienstleistungen spielt die Qualifikation des einzelnen Beraters natürlich eine Schlüsselrolle, da die Qualifikation sowie die Motivation Differenzierungskriterien im Markt sind. Die Berater müssen deshalb hochwertige Schulungen durchlaufen, aufbauend auf ihrer persönlichen Qualifikation durch ein Studium oder eine Ausbildung und langjährige Berufserfahrung."

ZUSAMMENFASSUNG **ÜBUNG**

Vertriebsmitarbeiter in allen Funktionsbereichen benötigen höchste Qualifikation im fachlichen Bereich, in der Methodenanwendung sowie in ihren sozialen Fähigkeiten. Diese Qualifikationen sichern dem Unternehmen, zusammen mit hoher Motivation, die Qualität der Leistungen. Diese Qualität ist notwendig, um den Anforderungen der Kunden und der Märkte atandhalten zu können und im Wettbewerb zu bestehen.

ZUSAMMENFASSUNG **ÜBUNG**

- In welche verschiedenen Aspekte lässt sich die „Qualifikation" klassifizieren?
- Nennen Sie Beispiele dafür, dass sich die Anforderungen an Vertriebsmitarbeiter verändert haben.

5.3.2 Entwicklung von Trainingsprogrammen

Wenn ein Unternehmen seine Mitarbeiter trainieren will, dann empfiehlt es sich immer, das **Training „Top-down"** durchzuführen, d.h. das Training beim Vertriebsmanagement zu beginnen. „Auch das Management wird mit neuen Anforderungen konfrontiert. Es muss seine Mitarbeiter im Tagesgeschäft begleiten und unterstützen. Weil der Chef sein Team am besten kennt, müsste er sie auch am besten trainieren können. Deshalb beginnen Veränderungen im Mitarbeiterverhalten immer beim Vorgesetzten." (Ballhaus/Stippel, S. 69)

> Wenn ein Unternehmen seine Mitarbeiter trainieren will, dann empfiehlt es sich immer, das Training „Top-down" durchzuführen

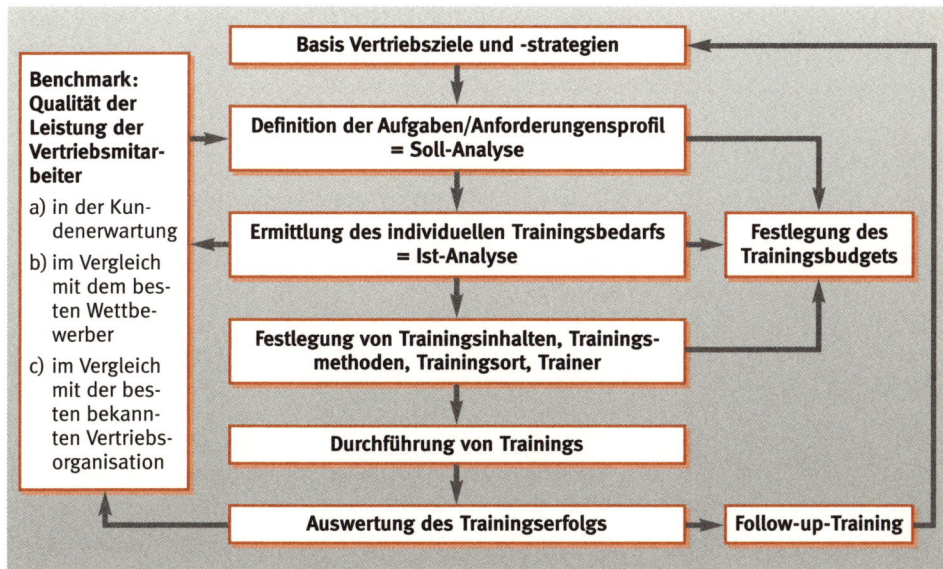

Abb. 5.10: Prozessablauf für das Mitarbeitertraining

Aufgaben und Anforderungsprofil für jeden Funktionsbereich definieren

Das Training des Managements unterliegt also dem gleichen Prozessablauf wie das anschließende Training der Mitarbeiter. Auf Basis der **Vertriebsziele und -strategien** sind die Aufgaben und das Anforderungsprofil für jeden Funktionsbereich zu definieren (Soll-Analyse).

Als **Benchmark** oder Gradmesser für das **Qualitätsniveau**, das die Vertriebsmitarbeiter erreichen müssten, dienen:
- die Erwartungen, die die Kunden an die Vertriebsleistung haben,
- die Qualität der Vertriebsmitarbeiter des besten Wettbewerbers bzw. der besten Vertriebsorganisation.

Der nächste Schritt ist die **Ermittlung des Trainingsbedarfs der Mitarbeiter** in einer bestimmten Funktion, z.B. im Key-Account-Management. Dazu muss in einer Ist-Analyse der aktuelle Stand der Fähigkeiten festgestellt werden. Für diese Feststellung bieten sich verschiedene **Methoden** an:

Verschiedene Methoden für die Ist-Analyse

- Befragung der Mitarbeiter,
- Beobachtung der Mitarbeiter bei der Durchführung ihrer Tätigkeiten durch den Vorgesetzten,
- Auswertung und Vergleich der Ergebnisse der Mitarbeiter, z.B. auf Basis von Kennziffern, oder auch
- die Befragung der Kunden.

Die Ergebnisse der **Ist-Analyse** sind dann mit der **Soll-Analyse** abzugleichen.

Höhe des Budgets hängt auch von Trainingsmethode, Trainingsort und Trainer ab

Je nach dem Ausmaß der **Abweichungen** zwischen dem **aktuellen Leistungsstand** der Mitarbeiter und der **angestrebten Leistungsqualität** ist das **Budget**, das für Trainingszwecke eingeplant werden muss, mehr oder weniger groß. Die Höhe des Trainingsbudgets wird zudem durch die Trainingsmethode, den Trainingsort und auch den eingesetzten Trainer bestimmt.

> **Beispiel**
>
> Das Durchschnittshonorar von Seminartrainern liegt lt. einer Umfrage bei 1.365€. Die Tagessatzspanne klafft allerdings weit auseinander:
> - 36% der Seminartrainer verlangten Tageshonorare unter 1.020 €,
> - 24% bis zu 1.530 €,
> - 18% bis zu 2.045 € und
> - 22% über 2.045 € (vgl. Prittwitz 2001, S.78).

Bei den **Trainingsmethoden** werden „unpersönliche" und „persönliche" Methoden unterschieden (vgl. Weis 2000, S. 160 ff.):
- **Unpersönliche Methoden** und Medien sind z. B.: Bücher und Lehrbriefe, programmierte Unterweisung, Video, CD-ROM, Computer-based-Training (CBT), Business-TV oder Internet (Intranet). Unpersönliche Methoden sind besonders geeignet, wenn es um die Vermittlung von Faktenwissen geht.

    Unpersönliche Methoden für die Vermittlung von Faktenwissen

- **Persönliche Methoden** sind z. B.: Vorträge und Diskussionen, Seminare, Rollenspiel oder On-the-Job-Training. „Das klassische Seminar (Classroom-Training) verliert offenbar an Bedeutung. (...) Eine Ausnahme sind allgemeine Seminare wie Persönlichkeitsbildung oder Rhetorik. (...) Mehr Bedeutung haben hingegen das Coaching und die Prozessbegleitung (Operation-Training)." (Ballhaus/Stippel 1999, S. 70)

Bei der Frage nach dem **Trainer** gibt es drei Möglichkeiten (vgl. Dalrymple/Cron/Decarlo 2001, S. 375f.):
- Einsatz von **spezialisierten Mitarbeitern** aus dem Unternehmen selbst: z. B. ein Mitarbeiter aus der eigenen Marktforschungsabteilung, der die Vertriebsmitarbeiter in die wichtigsten Marktforschungsmethoden und Kennziffern zum Käuferverhalten einführt. Als Nachteil bei diesen Trainern wird angeführt, dass sie keine genauen Kenntnisse von realistischen Arbeitssituationen der Vertriebsmitarbeiter haben. Der Transfer des gelernten Wissens auf die Praxissituation ist oftmals schwierig.
- Einsatz von **Vorgesetzen**: Vorgesetzte wissen, welche Fähigkeiten ihre Mitarbeiter besitzen müssen. Es mangelt den Vorgesetzten allerdings oftmals an der Methodenkenntnis, d. h. der richtigen Art und Weise, ihr Wissen zu vermitteln. Außerdem haben Vorgesetzte ihren eigenen Aufgabenbereich und dadurch nicht immer die Zeit, sich den Schulungsaufgaben ausreichend zu widmen.
- Einsatz von **externen Trainern**: Diese zeichnen sich durch Fachwissen und Methodenwissen aus. Um die Anwendung des vermittelten Wissens durch die Mitarbeiter abzusichern, sollten die externen Trainer nachweisbar Kenntnisse der jeweiligen Branche, der wichtigsten Kunden der Branche und des Unternehmens selbst sowie seiner wichtigsten Wettbewerber haben.

    Externe Trainer zeichnen sich durch Fach- und Methodenwissen aus

Nach der Durchführung des Trainings oder aber – wenn es sich um einen längerfristigen Trainingsprozess handelt – begleitend zum Training sollte die **Auswertung der Ergebnisse der Trainingsmaßnahme** erfolgen. In der Praxis ist es nicht immer leicht, einen konkreten **Bezug**

„What did we get from our training dollars?"

zwischen den **Schulungsmaßnahmen und der Leistung des Mitarbeiters** festzustellen. Hier ist zu Recht die Frage zu stellen: „What did we get from our training dollars?" (Dalrymple/Cron/Decarlo/ 2001, S. 376).

Als **Evaluationsmethoden** bieten sich an:
- **Feedback** zu der Trainingsmaßnahme durch den **Mitarbeiter**,
- **Beurteilung** des Verhaltens des Mitarbeiters durch den **Vorgesetzen**,
- **Selbstbeurteilung** des Verhaltens nach dem Training durch den **Mitarbeiter**,
- Ermittlung der **Arbeitsergebnisse** des Mitarbeiters (z.B. Umsatz, Kundengewinnung, etc.), ggf. im Vergleich zu nicht trainierten Mitarbeitern,
- **Beurteilung** des Mitarbeiters durch die **Kunden**.

Schulung und Training sichern die Qualität am wichtigsten Punkt des Unternehmens: dem Kontakt zum Kunden

„One of the biggest mistakes management can make is failure to follow up on training. One-shot training is a proven formula for failure and a big waste of company money." (Darymple/Cron/Decarlo 2001, S. 378) Schulung und Training für Vertriebsmitarbeiter sind eine unternehmerische Entscheidung. Sie sichert die **Qualität** am wichtigsten Punkt des Unternehmens, dem **Kontakt zum Kunden**. Zur Förderung der Kundenbearbeitung sind **kontinuierliches Training und Schulung** aller Vertriebsmitarbeiter dringend notwendig.

ZUSAMMENFASSUNG ÜBUNG

- Schulung und Training sollten immer „Top-down" erfolgen, also beim „Chef" anfangen.
- Soll-/Ist-Vergleich vor Festlegung der Schulungs- und Trainingsmaßnahmen: Welche Qualifikationen werden benötigt, um den Zielen und Strategien des Vertriebs gerecht zu werden (Soll) und welche Qualifikation haben die Vertriebsmitarbeiter aktuell (Ist)?
- An der Soll-/Ist-Abweichung orientiert sich die Höhe des Trainingsbudgets, die -methode, der -ort und die Trainerart.
- Nach dem Training muss der Trainingserfolg festgestellt werden.

ZUSAMMENFASSUNG ÜBUNG

- Erläutern Sie die Phasen des Trainingsprozesses.
- Diskutieren Sie kritisch, ob und warum Training „Top-down" verlaufen sollte.

5.4 VERKAUFSGESPRÄCH

5.4.1 Zentrale „Bausteine" des Verkaufsgesprächs

Betrachtet man die Literatur, die zahlreichen Seminarveranstaltungen und die vielen auf diesem Gebiet spezialisierten Trainer, dann gehört die Verkaufsgesprächsführung zu den wichtigsten Themen im Vertrieb. Tatsächlich ist das Verkaufsgespräch auch in Zeiten von Internet und E-Commerce – oder vielleicht gerade deshalb – eines der **zentralen Themen**, das die Mitarbeiter im Vertrieb, insbesondere im Außendienst bewegt. Warum ist der eine Kollege immer wieder erfolgreich im Gespräch mit den Kunden und warum haben andere doch mehr oder weniger große Hemmschwellen und Probleme? Es kann an dieser Stelle keine ausführliche Darstellung aller Ansätze und Theorien zur Verkaufsgesprächsführung erfolgen, der Leser erhält hier jedoch eine Einführung in das Thema und den Hinweis, dass eine eingehende Beschäftigung mit der Gesprächsführung auch für Situationen außerhalb des Vertriebs lohnend ist.

Verkaufsgespräch ist in Zeiten von Internet und E-Commerce eines der zentralen Themen

Für ein gutes Verkaufsgespräch werden im Wesentlichen immer wieder die folgenden **sieben Bausteinen** diskutiert:

Abb. 5.11: Die zentralen „Bausteine" des Verkaufsgesprächs

Diese sieben Bausteine des Verkaufsgesprächs lassen sich wiederum in zwei Bereiche aufteilen: den verbalen und den nonverbalen Bereich. Beim **verbalen Bereich** geht es darum,
- wie die **Inhalte** des Verkaufsgesprächs **strukturiert** werden können (Kap. 5.4.2) und

- welche **Techniken** zur Verfügung stehen, um
  - Informationen zu erhalten,
  - störende Einwände zu beseitigen und
  - das Gespräch zu einem guten Abschluss zu bringen (Kap. 5.4.3),
- welche **psychologischen Ansätze** es gibt, die helfen, die Gesprächssituation zu analysieren und zu beeinflussen (Kap. 5.4.4 und 5.4.5).

Beim **nonverbalen Bereich** geht es um
- die **Körpersprache**, die ohne gesprochene Worte großen Einfluss auf das Gespräch nimmt, und um den großen Bereich der „**Artefakte**", das sind die äußeren Bedingungen, die Menschen schaffen und die auf das Gespräch einwirken (Kap. 5.4.6), und
- die **neurolinguistische Programmierung** (NLP – Kap. 5.4.5), die ebenfalls viele Hinweise, über Bedeutung und Einsatz der nonverbalen Kommunikation im sozialen Miteinander gibt.

Da der Umgang mit den Kunden nicht immer ganz einfach ist, hier zunächst einige **grundsätzliche Tipps aus der Praxis**:

- **Besuchsvorbereitung**:
  Jeder einzelne Kundenbesuch entscheidet über weitere Aufträge für das Unternehmen und sehr oft auch über zusätzliche Verdienstmöglichkeiten für den Vertriebsmitarbeiter. Deshalb sollte jeder Kundenbesuch gut vorbereitet werden, damit er so ausgeht, wie ihn sich der Vertriebsmitarbeiter vorstellt. Ein **gutes Kundenbesuchs-Management** beinhaltet:
  - Eine **Analyse**, z. B. anhand der Fragen: Wie ist der Auftragsstand, der Angebotsstand, der Inhalt der letzten Gespräche usw.? (CAS-Systeme sind hier sehr hilfreich – vgl. Kap. 5.6) Was weiß ich über anstehende Projekte des Kunden? Welche Einflüsse sind von Wettbewerbsseite zu erwarten? Usw.
  - Dann muss sich der Vertriebsmitarbeiter überlegen, was er im Gespräch erreichen will, er muss sich **Ziele setzen**.
  - Im nächsten Schritt ist zu klären, was grundsätzlich erfolgen muss, damit der Kunde diesen Zielen folgen wird, also welche **Strategie** der Vertriebsmitarbeiter einschlagen sollte.
  - Dann werden die **konkreten einzelnen Argumente und Details**, die den Kunden überzeugen sollen, formuliert.

- **Fragen stellen und zuhören**:
  Dem Kunden die **richtigen Fragen** zu stellen ist notwendig, um die Bedürfnisse des Kunden zu erkennen und ihm das geeignete Ange-

bot unterbreiten zu können. Mit Fragen führt der Vertriebsmitarbeiter den Kunden durch sämtliche Themenkreise, die er kennen muss, um den Kunden gut beraten und bedienen zu können.

„Wer fragt, der führt"

Bei den Antworten muss der Mitarbeiter sehr gut zuhören können. Das Zuhören bezieht sich hier sowohl auf **gesprochene Worte** als auch auf **unausgesprochene Informationen**. Was sagt der Kunde vordergründig? Was sagt der Kunde zwischen den Zeilen? Was sagt der Kunde mit seiner Körpersprache? Was will der Kunde wirklich sagen?

- **Fakten klären, Missverständnisse vermeiden:**
  In vielen Gesprächen besteht die Gefahr, aneinander vorbeizureden. Was meint der Kunde, wenn er sagt, er braucht dringend eine Ersatzlieferung? Bevor der Mitarbeiter im vorauseilenden Gehorsam alles daransetzt, dringend zu erfüllen, ist es besser, mit dem Kunden zu klären, was „dringend" konkret bedeutet: „Was meinen Sie damit, wenn Sie sagen, dass Sie dringend die Ersatzlieferung brauchen? Wann soll sie bei Ihnen eintreffen?"

Kunde und Verkäufer dürfen nicht aneinander vorbeireden

- **Empfehlung einholen und angeben:**
  Das Nennen von Empfehlungen oder Referenzen erweist sich besonders im Dienstleistungsbereich als geeignet, um einen Kunden für sich zu gewinnen bzw. Vorbehalte abzubauen: „Ich rufe an auf Empfehlung von ...", „Herr X von Firma Y hat mir empfohlen, mich bei Ihnen vorzustellen ..." usw.

- **Zusatzverkäufe/Cross-Selling:**
  In manchen Branchen bietet es sich an, den Kunden aktiv auf ergänzende Produkte hinzuweisen, um so Zusatzverkäufe/Cross-Selling zu initiieren. Wenn der Kunde eine neue Büroausstattung kauft, braucht er oft auch neue Lampen oder einige Accessoires oder einfach nur Unterlegscheiben für die Bürotische, damit der Boden nicht verkratzt wird.

- **Preisnennung:**
  Viele Mitarbeiter im Vertrieb haben Angst vor der Preisnennung, weil sie befürchten, dass der Kunde daraufhin von einem Kauf Abstand nimmt. Diese Mitarbeiter versäumen es meist, dem Kunden den **Nutzen und den möglichen Zusatznutzen** einer Ware wirklich nahe zu bringen. Beides, Nutzen und Zusatznutzen, machen jedoch den Preis eines Produkts aus und müssen dem Kunden vermittelt werden. Ist der Kunde von dem Nutzen eines Produkts überzeugt und entspricht es seinen Vorstellungen und Wünschen, dann will

Nutzen und Zusatznutzen machen den Preis eines Produkts aus und müssen dem Kunden vermittelt werden

er es auch besitzen. Der Preis spielt dann nicht mehr die Hauptrolle. Hier gilt die Empfehlung:

→ *Über den Preis erst reden, wenn der Kunde das komplette Leistungspaket kennen gelernt hat.*

- **„Nein" sagen können**:

  Fordert ein Kunde eine Leistung, die das Unternehmen nicht erfüllen kann, dann muss ein Vertriebsmitarbeiter – nach gründlicher Prüfung und ggf. Abstimmung mit seinen Vorgesetzten – auch „Nein" sagen, sei es ein „Nein" auf eine weitere Konditionsforderung oder ein „Nein" auf einen Auftrag, der die Entwicklungsabteilung oder die Produktionsabteilung in erhebliche Schwierigkeiten brächte. Wichtig ist es jedoch, dem Kunden eine **Erklärung für das „Nein"** zu geben und ihm zu vermitteln, dass man alles in der Macht Stehende versucht hat, um den Kundenwunsch zu erfüllen.

  Der **Kunde schätzt Klarheit und Aufrichtigkeit**: Zusagen, die nicht gehalten werden können, belasten das Kunden-Lieferanten-Verhältnis; Zugeständnisse (z.B. bei Konditionen), die dann doch gegeben werden, wenn der Kunde lange und intensiv genug „bohrt", machen den Vertriebsmitarbeiter unglaubwürdig und belasten sämtliche weiteren Gespräche.

- **Schwierige Kunden ernst nehmen**:

  Auch schwierige Kunden sind Kunden. Deshalb sollte es gelingen, auch mit diesen gut umzugehen. Hier ist insbesondere der Einsatz nicht-verbaler Techniken und Erkenntnisse hilfreich.

5.4.2 Aufbau des Verkaufsgesprächs

Welches sind die typischen Merkmale, die erfolgreiche Verkaufsgespräche auszeichnen? Wie kann man ein Verkaufsgespräch besser gestalten? Um dies zu analysieren wurden Verkaufsgespräche nach unterschiedlichen Kriterien in Phasen unterteilt, der **„phasenbezogene Ansatz"** wurde entwickelt. „Im Vordergrund der Zielsetzungen derartiger Darstellungen stehen entweder Aktionstechniken beim Verkäufer oder die möglichen gedanklichen Stufen oder Situationen, die ein potenzieller Käufer durchlaufen soll." (Weiss 2000, S. 192) Je nachdem, was man mit der Einteilung darstellen will, differenziert man zwischen 4 und 12 Phasen oder Stufen des Verkaufsgesprächs.

Die ersten systematischen Ansätze führten zu der sog. **Verkaufsformel**. Hier wird das Gespräch im zeitlichen Ablauf strukturiert. Die bekannteste Formel ist die sog. **AIDA-Formel** von Elmar Lewis, 1898 entwickelt (vgl. Weiss 2000, S. 192). AIDA steht für:

- **A** = Attention
- **I** = Interest
- **D** = Desire
- **A** = Action

Die sog. **DIBABA-Formel** von Goldmann stellt eine Weiterentwicklung dar (vgl. Goldmann 2002, S. 223 ff.). Die Formel soll zeigen, wie der Verkäufer verfahren muss, damit sich der Käufer in seinem Sinne verhält.

- **D** = Definitionsstufe: Definition der Kundenwünsche
- **I** = Identifizierungsstufe: Identifizierung des Bedarfs
- **B** = Beweisstufe: Beweisführung für Vorteile des eigenen Produkts
- **A** = Annahmestufe: Bestätigung durch den Kunden
- **B** = Begierdestufe: Den Kaufwunsch beim Kunden auslösen
- **A** = Abschlussstufe: Auftragsabschluss erlangen

Wie kann der Verkäufer den Käufer dazu bringen, sich in seinem Sinn zu verhalten?

Erwähnenswert ist noch die 12-stufige **VERKAUFSPLAN-Formel** von Wage, die wiederum eine Erweiterung der DIBABA-Formel darstellt (vgl. Weiss 2000, S. 192 ff.), oder die **WALVATAW-Formel** von Winkelmann (vgl. Winkelmann 2000, S. 263).

Insgesamt gilt: „Jede Formel kann nur einige Aspekte des gesamten Verkaufsvorganges erfassen und die Multidimensionalität jedes möglichen Verkaufsvorganges. Aus diesem Grund haben alle derartigen Verkaufsformeln u. E. nur pädagogisch-didaktischen Wert im Hinblick auf die gedankliche Durchdringung der jeweiligen Verkaufssituation." (Weiss 2000, S. 195)

Um speziell **Bedürfnis- oder Motivforschung beim Kunden** zu betreiben, erscheint die von Herndl vorgeschlagene Vorgehensweise sehr sinnvoll (vgl. Herndl 2001, S. 76 ff.):

- **Kontaktaufnahme/Einstiegsfragen**: Mit Einstiegsfragen wird das Gespräch eröffnet: „Was machen die Geschäfte?", „Was kann ich heute für Sie tun?", „Welche Pläne haben Sie für die nächste Zeit?" Usw. Die positive Kontaktaufnahme ist sehr wichtig, um schnell eine **günstige Verkäufer-Käufer-Situation** zu schaffen. Dazu gehören neben den Einstiegsfragen auch nonverbale Aspekte wie die richtige Kleidung, die angemessene Gestik, insgesamt ein positives, dem Gesprächspartner und der Situation angemessenes Auftreten des Verkäufers.

Die positive Kontaktaufnahme ist wichtig, um schnell eine günstige Verkäufer-Käufer-Situation zu schaffen

- **Motivforschung/Vertiefungsfragen**: Der Verkäufer versucht durch intensive Fragen zu erfahren, was der Kunde warum kaufen möchte und wie genau die Sache beschaffen sein muss, damit sie seinen Vorstellungen entspricht. Vertiefungsfragen dienen dazu, das Kaufmotiv zu erforschen. Der Kunde muss so lange gefragt werden, bis nicht nur der Vertriebsmitarbeiter, sondern auch der Kunde selbst ein klares Bild davon hat, was er wirklich will.

- **Bestätigen/Verständniskontrolle**: Durch Bestätigungen gibt der Verkäufer zu verstehen, dass er Interesse an den Aussagen des Kunden zeigt. Gleichzeitig dienen sie als Kontrolle, ob er den Kunden richtig verstanden hat.

<small>Bestätigungen zeigen Interesse und sind ein gutes Kontrollinstrument</small>

- **Zusammenfassen/Angebot unterbreiten**: Hat der Kunde sein Kaufmotiv klar definiert und der Verkäufer durch Fragen und Bestätigungen den Kunden genau verstanden und alles erfahren, kann der Verkäufer das Gesagte noch einmal zusammenfassen und das Angebot unterbreiten.

Ein anderer Ansatz ist die **SPIN-Methode**. Sie zeigt den Weg, wie im Gespräch die Kundenbedürfnisse in Erfahrung gebracht werden können und der Kunde selbst in die Lage versetzt wird, den Vorteil anderer/neuer Lösungen zu erkennen (vgl. Rackham 1996, S67ff.):

- **Situation Questions**: Der Verkäufer erfragt die gegenwärtige Situation des Kunden, seine Strategie, Produkt- und Servicewünsche: Wie lange sind Sie in der Firma? Was sind Ihre Ziele? Wie entwickelt sich das Geschäft? Wie viele Leute sind bei Ihnen angestellt? Welche Maschinen haben Sie? usw. Der Verkäufer muss jedoch „vorsichtig" mit solchen Fragen umgehen, sonst reagiert der Kunde gelangweilt oder ungeduldig. Rackham fand sogar heraus, dass solche Kundenbesuche erfolgreicher sind, in denen der Kunde nicht mit „Situation Questions" überhäuft wurde.

<small>„Situation Questions" nur in Maßen sinnvoll</small>

- **Problem Questions**: Der erfahrene Verkäufer versucht, Probleme und Schwierigkeiten beim Kunden in Erfahrung zu bringen und aufzudecken: Sind Sie zufrieden mit Ihrer gegenwärtigen Ausrüstung? Wo liegen die Schwierigkeiten in der Art und Weise, wie Sie ... im Moment benutzen? usw. Problem Questions führen besser als Situation Questions zu erfolgreichen Gesprächen.

- **Implication Questions**: Der Verkäufer versucht zu erfahren, welche (negativen) Folgen diese Probleme haben. Implication Questions führen in vielen Fällen dazu, dass sich der Kunde über die negativen Folgen eines Problems überhaupt erst bewusst wird. Insbesondere wenn es um große, teure Anschaffungen geht, sind Implication Questions hilfreich. Das Ziel auf Seiten des Verkäufers ist, die Anschaffungskosten vergleichsweise zu den Kosten der negativen Folgen des Problems zu relativieren.

Insbesondere wenn es um große, teure Anschaffungen geht, sind „Implication Questions" hilfreich

- **Need-Payoff Questions**: Der Verkäufer klärt ab, welchen Nutzen mögliche Problemlösungen dem Kunden bringen würden. Während die Implication Questions also problemorientiert sind, sind die Need-Payoff Questions lösungsorientiert: Wie würde Ihnen das helfen? Welchen Nutzen sehen Sie in …? Warum ist es für Sie so wichtig, dieses Problem zu lösen?" Usw.

> **ZUSAMMENFASSUNG** **ÜBUNG**
>
> Das Verkaufsgespräch ist das zentrale Element im Umgang mit den Kunden. Angefangen von der 4-stufigen AIDA-Formel bis zur 12-stufigen VERKAUFSPLAN-Formel gibt es verschiedene phasenbezogene Ansätze. Interessant sind auch Ansätze wie die SPIN-Formel, die sich speziell mit der Analyse der Bedürfnisstruktur des Kunden beschäftigen. Insgesamt geben die verschiedenen Methoden Ideen und Anregungen. Am Ende muss der Verkäufer jedoch selbst den richtigen, der Situation und dem Kunden angemessenen Aufbau und Ablauf des Verkaufsgesprächs finden.

5.4.3 Techniken zur Gesprächsführung

Im Nachfolgenden werden einige Hinweise zu den wichtigsten Techniken der Gesprächsführung gegeben. Der interessierte Leser findet in vielen Verkaufsbüchern (z. B. Weiss 1998, Bänsch 1998) vertiefende Informationen zum Thema.

 Die wichtigsten rhetorischen Elemente im Verkaufsgespräch sind: Fragetechniken, Einwandbehandlung und Abschlusstechniken.

Dem Kunden die richtigen **Fragen** zu stellen erfordert vom Verkäufer viel Gespür und Übung. Der Verkäufer muss eine ganze Reihe von Fragen stellen, um den Kunden zu aktivieren, an einem beide Seiten zufrieden stellenden Gespräch mitzuarbeiten, Einstellungen und Meinungen des Kunden kennen zu lernen, notwendige Informationen bei der Motivforschung zu erhalten und die Bestätigung vom Kunden zu

Die richtigen Fragen zu stellen erfordert viel Gespür und Übung

erhalten, dass er ihn richtig verstanden hat und dass Übereinstimmung besteht.

Der Verkäufer sollte daher die **Fragearten und Fragetechniken** beherrschen, um das **Gespräch** in seinem Sinne **führen** zu können.

Bei den **Fragearten** unterscheidet man:

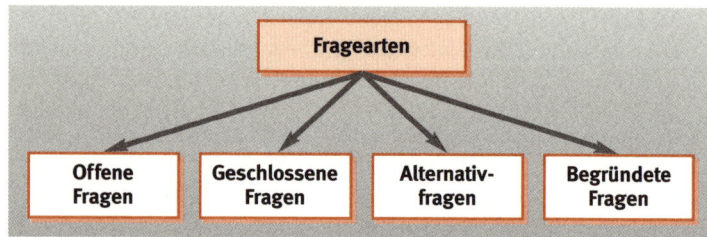

Abb. 5.12: Verschiedene Fragearten

Offene Fragen sind immer W-Fragen

- **Offene Fragen**: Durch eine offene Frage kann der Verkäufer relativ viele Informationen erhalten. Offene Fragen sind immer **W-Fragen**: Was, Wie, Wieso, Weshalb, Warum usw. In der Motivforschung werden offene Fragen gestellt. Beispiel: „Was meinen Sie mit ...?", „Was halten Sie von ...?", „Wie wichtig ist Ihnen ...?", „Was bedeutet für Sie ...?" usw.

Durch geschlossene Fragen können Ziele präzisiert werden

- **Geschlossene Fragen**: Durch geschlossene Fragen können Ziele präzisiert werden. Die Antworten beschränken sich meist auf „Ja" oder „Nein" oder sind sehr kurz. Mit geschlossenen Fragen kann man Ergebnisse festhalten und kontrollieren, ob man Einstellungen und Standpunkte richtig verstanden hat. Beispiel: „Kann ich das Display ebenfalls notieren?"

Alternativfragen schließen ein „Nein" des Kunden normalerweise aus

- **Alternativfragen**: Alternativfragen geben dem Kunden eine Wahlmöglichkeit, sie lassen Alternativen zu, die der Kunde aussuchen kann. Auch schließen Alternativfragen normalerweise aus, dass der Kunden „Nein" sagt. Beispiel: „Sind Sie mit dieser Auftragshöhe einverstanden oder sollten wir zur Vermeidung von Vorratslücken den Auftrag aufstocken?"
- **Begründete Fragen**: Bei der begründeten Frage versucht der Verkäufer das Ziel seiner Frage in eine Begründung „einzupacken". Dadurch weiß der Kunde, warum die Frage gestellt wird, und ist eher darum bemüht, die Frage zu beantworten. Beispiel: „Sie haben kritisch angemerkt, dass unser Sortiment nicht abgerundet ist. Daher würde ich gern wissen, welche Aufmachungen unser Sortiment aus Ihrer Sicht sinnvoll ergänzen würden?"

Die wichtigsten **Fragetechniken** mit einigen erläuternden Beispielen sind nachfolgend aufgeführt (vgl. Weiss 2000, S. 214 ff.):

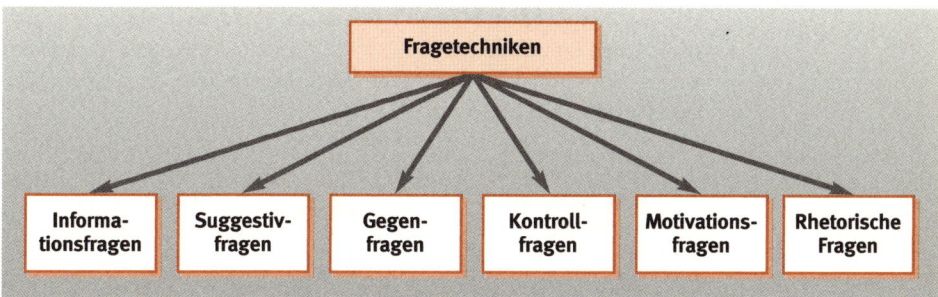

Abb. 5.13: Verschiedene Fragetechniken

- **Informationsfragen**: Der Verkäufer erfragt Informationen über bestimmte Sachverhalte oder auch Meinungen und Einstellungen des Kunden. Hierbei kann es sich sowohl um offene als auch um geschlossene Fragen handeln.
- **Suggestivfragen**: Anhand von Suggestivfragen versucht der Verkäufer, den Kunden in seinem Sinne zu beeinflussen: „Sie wissen doch auch, dass ...", „Als Experte auf dem Gebiet sehen Sie ... das auch kritisch", „Sie wollen doch auch nicht, dass ... oder?"
- **Gegenfragen**: Der Verkäufer versucht, auf eine Aussage oder eine Frage des Kunden durch Gegenfragen Zeit und zusätzliche Informationen zu erhalten: „Der Preis ist zu hoch? – Im Verhältnis wozu?", „Die Produkte sind bei Ihnen nicht einsetzbar? – Welche Anforderungen stellen Sie denn?"
- **Kontrollfragen**: Mit ihnen kann der Verkäufer feststellen, ob Übereinstimmung zwischen ihm und dem Kunden besteht. Weiterhin kann er mit Kontrollfragen den positiven Ablauf des Gesprächs sicherstellen und das Gespräch voranbringen. Kontrollfragen sind meist geschlossene Fragen. „Ich kann also davon ausgehen, dass Ihnen unsere Kollektion zusagt?", „Habe ich Sie richtig verstanden, dass ...?", „Sie sind also an weiteren Gesprächen interessiert, ja?"

    Kontrollfragen sind meist geschlossene Fragen

- **Motivationsfragen**: Sie dienen dazu, den Gesprächspartner zu bewegen, seine wirklichen Motive zu offenbaren: „Ihre Ausführungen sind sehr interessant. Wie sind Sie darauf gekommen?", „Welche Erfahrungen haben Sie bislang damit gemacht?"

    Motivationsfragen sollen den Kunden dazu bewegen, seine wirklichen Motive zu offenbaren

- **Rhetorische Fragen**: Deren Aufgabe ist es, die Aufmerksamkeit des Kunden aufrecht zu erhalten: „Sie werden sich auch fragen, warum das sein muss?", „Wer kennt nicht die Sorge, eine falsche Entscheidung zu treffen?"

Die meisten Kunden bringen irgendwann im Verlauf eines Verkaufsgespräches Einwände hervor. Es gibt auch eine Reihe von Techniken, diesen **Einwänden zu begegnen** (vgl. Weiss 2000, S. 238 ff.; vgl. Bänsch 1996, S.63 ff.):

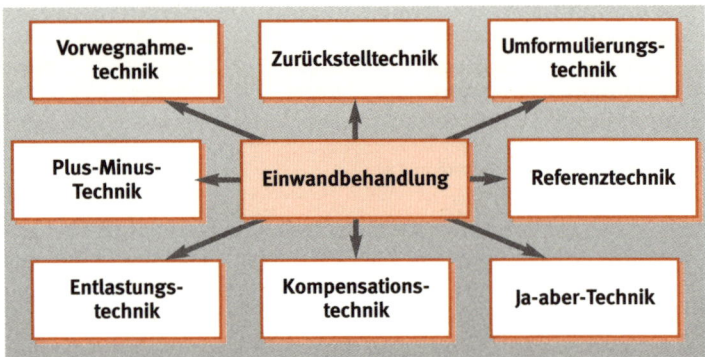

Abb. 5.14: Möglichkeiten der Einwandbehandlung

- **Vorwegnahmetechnik**: Der Verkäufer greift im Vorfeld den möglichen Einwand auf und beantwortet ihn im Laufe des Gesprächs: „Oft fragen die Kunden ..."
- **Zurückstelltechnik**: Der Verkäufer bittet darum, eine Frage auf einen günstigeren Zeitpunkt, z.B. wenn mehr Informationen gegeben wurden, zu verschieben: „Ich habe Ihre Frage notiert und werde gleich darauf zurückkommen."
- **Umformulierungstechnik**: Hier versucht man, durch Umformulierung die Schärfe aus einem Einwand herauszunehmen: „Es ist nicht nur der Preis, sondern auch die Leistung, die ...", „Anders ausgedrückt könnte man auch sagen, dass ..."
- **Plus-Minus-Technik**: Vorhandenen Nachteilen werden die (größeren) Vorteile für den Kunden gegenübergestellt: „Der Kaufpreis ist hoch, dafür haben Sie jedoch die Garantie, dass ...", Wenn Sie sich für diese Anschaffung entscheiden, haben Sie in kürzester Zeit folgende Vorteile ..."
- **Referenztechnik**: Durch Bezugnahme auf Referenzen oder Konkurrenten wird versucht, den Nutzen zu verstärken: „Vergleichbare Unternehmen verwenden schon lange ...", „Selbst ein bekannter Konkurrent von Ihnen hat ..."

- **Entlastungstechnik**: Hier wird eine falsche oder ungerechtfertigte Aussage des Gesprächspartners in abgemildeter, umgangssprachlicher Form bereinigt, ohne dass der Gesprächspartner sein Gesicht verliert: „Was Sie da erlebt haben, ist wirklich schrecklich. In diesem Fall sieht die Angelegenheit aber anders für Sie aus ...", „Vermutlich haben Sie das nur im Ärger gesagt. Wir wissen doch alle, dass Sie ... sind."
- **Kompensationstechnik**: Der Verkäufer fasst noch einmal die positiven Argumente zusammen, um einen eventuell negativen Punkt auszugleichen: „Sie haben Recht, das können wir Ihnen nicht bieten. Dafür aber ...", „Selbst wenn man das berücksichtigt, sprechen für unser Angebot folgende Argumente ..."

> Positive Argumente zusammenfassen, um einen negativen Punkt auszugleichen

- **Ja-aber-Technik**: Der Gesprächspartner erhält eine Zustimmung, dann erfolgt eine Rechtfertigung durch den Verkäufer: „So, wie Sie es darstellen, ist es richtig. Trotzdem ...", „Genau, Sie haben vollkommen Recht, in diesem Fall jedoch ..."

Am Ende des Verkaufsgesprächs ist die **Abschlusstechnik** wichtig: Der Verkäufer muss den Kunden dahin führen, eine Entscheidung zu treffen, z. B. das Gespräch weiterzuführen, einen neuen Termin mit dem Verkäufer auszumachen oder jetzt das Angebot anzunehmen und zu kaufen.

Von den sog. **Closing-Techniken** sind die **Zeitdruck-Technik** („Der Preis gilt nur noch bis ...") und die **Panik-Technik** („Die Ware ist gleich ausverkauft") die bekanntesten (vgl. Winkelmann 2000, S. 270). Auch Alternativfragen können zu einem Abschluss führen: „Soll der Auftrag über 50 oder besser über 100 Stück lauten?"

> Zeitdruck-Technik und Panik-Technik sind die bekanntesten Closing-Techniken

Daneben gibt es eine ganze Reihe weiterer Methoden, um den Käufer zum Abschluss hinzuführen. Die wichtigsten sind (vgl. Weiss 2000, S. 242 ff., vgl. Bänsch 1996, S. 90 ff.):

- **Zusammenfasstechnik**: Der Verkäufer fasst die wichtigsten Argumente zusammen: „Wenn ich Sie richtig verstanden haben, wollen Sie ..."
- **Feststellungstechnik**: Der Verkäufer stellt Fragen, die der Kunde möglichst mit „Ja" beantwortet: „Sie wollen also Kosten einsparen? Außerdem wollen Sie die Mitarbeiter entlasten? Und schließlich soll das neue System möglichst schnell und unkompliziert eingeführt werden?"
- **Empfehlungstechnik**: Der Verkäufer versucht, eine objektive Aussage zu machen: „So, wie sich die Angelegenheit bei Ihnen darstellt, sollten Sie ...", „In dieser Marktsituation entscheiden sich viele Kunden ..."

- **Referenztechnik**: Der Verkäufer versucht, Erfahrungen von anderen zu nutzen, um das Urteil über das Angebot aufzuwerten: „80 % unserer Kunden sind von der Leistung überzeugt und empfehlen uns weiter.", „Selbst in der Zeitschrift xx wurden wir lobend erwähnt."
- **Pro- und Contra-Technik**: Dem Kunden werden schriftlich die Vor- und Nachteile aufgelistet.
- **Teilentscheidungstechnik**: Der Verkäufer versucht, zumindest für bestimmte Teile oder Einzelaspekte eine Entscheidung herbeizuführen: „Sie brauchen die neue Software einsatzbereit bis zum 1.10.?", „Um nicht wieder eine Vertragsverlängerung zu haben, müssen Sie bis zum xy kündigen."

> Zumindest für Einzelaspekte eine Entscheidung herbeiführen

Mit welchen Techniken der beste Verkaufserfolg zu erzielen ist, lässt sich nicht pauschal entscheiden. Wichtig ist, dass der Verkäufer die **Techniken** kennt und sie übt. Nur durch **Übung** ist er in der Lage, sie zu beherrschen, um sie dann **situationsadäquat einsetzen** zu können.

Ebenso wichtig ist es, dass die Techniken im Zusammenspiel mit dem **jeweiligen Kunden passend** eingesetzt werden. Die Kunden sind so unterschiedlich, wie auch die Verkäufer unterschiedlich sind. Jede Interaktion zwischen Menschen ist anders. Das hat bereits das GRID-Raster, ein verhaltenswissenschaftlicher Ansatz zur Erklärung und Verbesserung der Kommunikation zwischen Verkäufer und Kunde, gezeigt (vgl. Kap. 4.3.1).

ZUSAMMENFASSUNG ÜBUNG

- Damit das Verkaufsgespräch rhetorisch zugunsten des Verkäufers verläuft, gibt es für die Formulierung von Fragen, für die Behandlung von Einwänden seitens des Kunden und für den Gesprächsabschluss verschiedene Techniken oder Methoden.
- Der Verkäufer muss diese Techniken üben, bis er sie perfekt beherrscht.
- Ein guter Verkäufer setzt die in Abhängigkeit vom Kunden und der konkreten Situation jeweils optimale Methode ein.

ZUSAMMENFASSUNG ÜBUNG

- Versuchen Sie, eigene Beispiele für die verschiedenen Techniken zu finden.
- Üben Sie die Techniken in einem Ihrer nächsten Gespräche.

5.4.4 Transaktions-Analyse

Jedes Gespräch, auch jedes Verkaufsgespräch, kann als Transaktion gesehen werden: Zwei Menschen begegnen sich, der eine fängt an zu sprechen, das nennt man **„Transaktions-Stimulus"**. Sagt oder macht der andere etwas, das sich auf den vorangegangenen Stimulus bezieht, dann bezeichnet man das als **„Transaktions-Reaktion"**.

Die Transaktions-Analyse versucht zu ergründen, welcher „Ich-Zustand" die Transaktion ausgelöst hat und welcher „Ich-Zustand" der Reaktion zugrunde lag (vgl. Berne 1968, S. 32).

Die Transaktions-Analyse versucht zu ergründen, welcher „Ich-Zustand" die Transaktion ausgelöst hat und welcher „Ich-Zustand" der Reaktion zugrunde lag

Was ist ein **„Ich-Zustand"**? Jeder weiß, dass Menschen von Zeit zu Zeit und manchmal auch spontan deutliche Veränderungen in Stimmlage, Vokabular, aber auch in Ihrer Einstellung und Anschauungsweise erkennen lassen. „Diese Veränderungen im Verhaltensbereich sind oft von Umschichtungen im Gefühlsbereich begleitet. In jedem Individuum korrespondiert eine bestimmte Verhaltensstruktur auch mit einer bestimmten Gemütslage, während eine andere wieder eng mit einer unterschiedlichen seelischen Verfassung verbunden ist, die oft sogar im Widerspruch zur ersteren steht. Diese Veränderungen und Unterschiede führen zu der **Idee von verschiedenen ‚Ich-Zuständen'**." (Berne 1968, S. 25)

Beispiel

- Einkäufer zu Verkäufer wohlmeinend: „Ich habe Verständnis dafür, dass Sie als neuer Mitarbeiter noch etwas Zeit benötigen, bis Sie alle Details ihrer Produkte kennen. Das wird schon im Lauf der Zeit klappen. Für den Anfang machen Sie das schon ganz gut."
- Einkäufer zu Verkäufer zynisch: „Es ist erstaunlich, dass mir Ihre Firma einen Mitarbeiter schickt, der noch nicht einmal seine Produkte genau kennt. Was halten die eigentlich von mir als Kunde?"
- Einkäufer zu Verkäufer sachlich: „Ich habe Verständnis für Ihre Situation als neuer Mitarbeiter in der Firma. Ich fände es aber sachdienlich, wenn Ihre Firma Ihnen noch für eine gewisse Zeit einen erfahrenen Mitarbeiter zur Seite stellen würde."
- Einkäufer zu Verkäufer scherzend: „Ha, ha, ich kann mir vorstellen, dass Sie sich unwohl fühlen, ginge mir vermutlich genauso!"

Es gibt ein ganzes Repertoire der verschiedensten **Empfindungssysteme**, die mit entsprechenden **Verhaltenssystemen** gekoppelt sind. Eric Berne hat es geschafft, diese Zusammenhänge auf ganz einfache und für jeden verständliche Weise zu verdeutlichen und mit einfachen Worten erklärbar zu machen. Nach ihm lässt sich das Repertoire möglicher **Verhaltenszustände** auf **drei Kategorien** reduzieren:

- **Eltern-Ich**
  Eltern-Ich sind Ich-Zustände, die denen von Elternfiguren ähneln. Das bedeutet, man nimmt die gleiche **Geisteshaltung** ein **wie einer der Elternteile** und reagiert so, wie er reagiert hätte, mit der gleichen Haltung, dem gleichen Vokabular und auch den gleichen Empfindungen. Das Eltern-Ich ist beladen mit vielen Geboten, Verboten, Vorschriften, Vorurteilen, Moral, Gewissen, Verhaltensweisen und Gewohnheiten (= **kritisch bevormundendes Eltern-Ich**).
  Auf der anderen Seite hat das Eltern-Ich aber auch sehr viele liebevolle Züge: Fürsorge, Pflege, Helfen-Wollen, Sorgen machen, Liebhaben (= **unterstützendes, fürsorgliches Eltern-Ich**).

- **Erwachsenen-Ich**
  Das Erwachsenen-Ich sind Ich-Zustände, die autonom auf eine **objektive Erfassung der Wirklichkeit** ausgerichtet sind. Die Gedanken werden unvoreingenommen aufgrund **eigener sachlicher Schlussfolgerungen** geäußert. Das Erwachsenen-Ich muss also permanent abwägen, Daten verarbeiten und überprüfen, Informationen vergleichen und zu eigenen Schlussfolgerungen kommen.
  Zu den Informationen, die das Erwachsenen-Ich **überprüft**, gehören auch die **Informationen aus dem Eltern-Ich und die aus dem Kind-Ich**. Das Erwachsenen-Ich versucht, zwischen beiden objektiv zu vermitteln. Wichtig ist, dass das Erwachsenen-Ich nicht dazu da ist, das Kind-Ich oder das Eltern-Ich zu „entsorgen". Es soll nur abwägen und das wegwerfen, was nicht mehr angemessen ist, und das beibehalten, was uns gut tut und für uns wichtig ist.

> Das Erwachsenen-Ich sind Ich-Zustände, die autonom auf eine objektive Erfassung der Wirklichkeit ausgerichtet sind

Beispiel

Das Eltern-Ich sagt mir, dass ich bei Rot nicht über die Straße gehen darf. Das Kind-Ich sagt: Ich will jetzt über die Straße rennen.
Das Erwachsenen-Ich wägt die Situation ab und beschließt, dass es tatsächlich besser ist, in Ruhe zu warten, bis die Ampel grün ist.

- **Kind-Ich**
  Das Kind-Ich sind Ich-Zustände, die sozusagen **regressive Relikte** darstellen, d. h., sie wurden **in früher Kindheit fixiert** und sind

immer noch wirksam. Anders ausgedrückt, die Art und Weise der Reaktion entspricht genau der, die man als kleiner Junge oder als kleines Mädchen gezeigt hätte.

Wie beim Eltern-Ich sind aber auch hier zwei verschiedene Verhaltensformen möglich: Einmal das ganz **natürliche Kind-Ich**, das sich zeigt in Spontanreaktionen wie Rebellion oder schöpferischem Impuls, das neugierig ist, fröhlich, gefühlvoll und oftmals wenige Grenzen hat und kaum Vorbehalte kennt.

Daneben gibt es das **angepasste Kind-Ich**, das altklug ist und besserwissend, manchmal unbeherrscht, aber auch angepasst, still, trotzig und schüchtern.

> Art und Weise der Reaktion entspricht genau der, die man als kleiner Junge oder als kleines Mädchen gezeigt hätte

Jeder Mensch besteht also aus diesen drei Zuständen. Sie sind sorgfältig voneinander abgegrenzt; denn sie sind nicht nur sehr verschieden voneinander, sondern liegen zum Teil auch im Widerspruch miteinander. Menschen sind in der Lage, mit variierender Schnelligkeit von dem einen Ich-Zustand auf einen anderen zu wechseln.

> Menschen sind in der Lage, mit variierender Schnelligkeit von dem einen Ich-Zustand in einen anderen zu wechseln

Was besagt nun die Transaktions-Analyse? Betrachtet man die drei möglichen Ich-Zustände, so sind zwischen zwei Personen eine ganze Reihe von verschiedenen Reaktionen möglich:

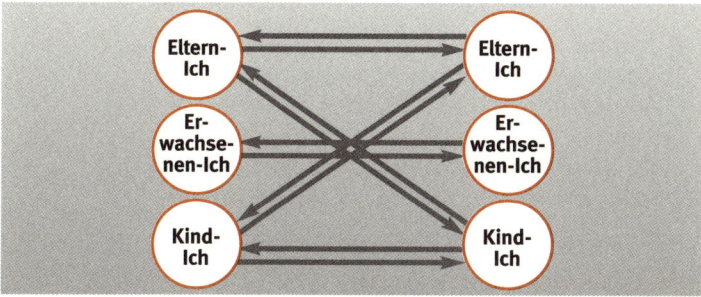

Abb. 5.15: *Mögliche Transaktionen nach der Transaktions-Analyse*

Das Schaubild verdeutlicht, dass es viele mögliche **Transaktionen** gibt, **die parallel verlaufen**, z. B.:

- Stimulus aus Kind-Ich an Kind-Ich / Reaktion aus Kind-Ich an Kind-Ich
- Stimulus aus Eltern-Ich an Kind-Ich / Reaktion aus Kind-Ich an Eltern-Ich
- Stimulus aus Erwachsenen-Ich an Erwachsenen-Ich / Reaktion aus Erwachsenen-Ich an Erwachsenen-Ich

> Transaktionen, die parallel verlaufen, sind Komplementär-Transaktionen

In diesen Fällen spricht man von **Komplementär-Transaktionen** (horizontal-parallele und diagonal-parallele Transaktionen).

 Parallele Reaktionen sind Reaktionen, die passend zu der Art des Stimulus sind.

Beschäftigt man sich intensiver mit der Abbildung, erkennt man weitere mögliche Reaktionsmuster, **Überkreuz-Transaktionen**, z. B.:
- Stimulus aus Erwachsenen-Ich an Erwachsenen-Ich / Reaktion aus Eltern-Ich an Kind-Ich
- Stimulus aus Eltern-Ich an Kind-Ich / Reaktion aus Eltern-Ich an Kind-Ich
- Stimulus aus Erwachsenen-Ich an Erwachsenen-Ich / Reaktion aus Kind-Ich an Eltern-Ich

Überkreuz-Reaktionen führen zu Problemen

Überkreuz-Reaktionen sind die Reaktionen, die zu Problemen in der Kommunikation, im sozialen Miteinander führen, denn:

 Die Reaktion ist hier nicht passend zu dem Stimulus, der gegeben wurde.

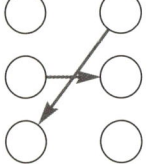

Beispiel

- Stimulus: Wissen Sie, wo meine Unterlagen sind?
  Reaktion: Mein Gott, Ihre Unordnung ist katastrophal.
- Stimulus: Ihre aktuelle Umsatzsituation ist nicht erfreulich.
  Reaktion: Mein Gott, in dieser Firma klappt aber auch nichts, jede Produkteinführung ist zu spät, die Promotions sind schlecht zu verkaufen, wie soll ich da meinen Umsatz machen?

ZUSAMMENFASSUNG **ÜBUNG**

Versuchen Sie herauszufinden, in welchen Ich-Zuständen sich Sender und Empfänger befinden. Machen Sie auch Vorschläge für eine angemessene parallele Reaktion. (S = Sender, E = Empfänger)

1. S: „Die Lieferung kann bis zum 30. eintreffen."
   E: „Mein Gott, dauert das lange, wir brauchen die Lieferung wirklich viel früher."
2. S: „Mit welchen Aktionen wollen Sie Ihr Jahresendbudget erreichen?"

> **ZUSAMMENFASSUNG** **ÜBUNG**
>
> E: „Darüber werde ich mir bei nächster Gelegenheit Gedanken machen."
> 3. S: „Das Schulungsprogramm war für die Mitarbeiter wirklich nicht geeignet. Die Anforderungen waren viel zu hoch."
> E: „Dann sollten wir das nächste Mal mit mehr Ruhe die Schulungen abstimmen."

Die (einfache) Transaktionsaktionsanalyse hilft, solche **Überkreuzreaktionen** zu **erkennen**, zu **lösen** und dadurch zwischenmenschliche Probleme zu reduzieren. Darüber hinaus beschäftigt sich die Transaktionsanalyse mit **verdeckten Transaktionen**, mit **Rollen**, **Ritualen**, **Lebensskripten** und vielem mehr.

Die Idee von **„Spielen"**, die **Erwachsene** miteinander spielen, führt in der Transaktionsanalyse zu der Idee, diese Spiele unter dem Gesichtspunkt der Lebensanschauungen einzuteilen: „Du bist nicht o.k." – „Ich bin nicht o.k." Die Transaktionsanalyse hilft, die Lebensanschauung zu verändern in: **„Ich bin o.k." – „Du bist o.k."**.

Auch in Verkaufsgesprächen kann die Transaktionsanalyse deshalb von großem Nutzen sein und sollte in entsprechenden Seminaren trainiert werden.

> **ZUSAMMENFASSUNG** **ÜBUNG**
>
> - Die Transaktionsanalyse verdeutlicht auf sehr einfache und anschauliche Weise Empfindungszustände, die alle Menschen besitzen und die mit bestimmten Verhaltensweisen verbunden sind.
> - Diese sog. Ich-Zustände sind: Eltern-Zustand, Erwachsenen-Zustand und Kind-Zustand.
> - Solange zwischen Menschen parallele Reaktionen stattfinden, also der Ich-Zustand der Reaktionen zum Ich-Zustand des Stimulus passt, verläuft das soziale Miteinander problemlos.
> - Schwierig wird es bei Überkreuz-Reaktionen. Immerhin hilft das Wissen um die Transaktionsanalyse, solche Überkreuz-Reaktionen aufzulösen und in parallele Transaktionen zu verwandeln.

5.4.5 NLP

Das Kunstwort **Neurolinguistisches Programmieren**, kurz NLP genannt, beschäftigt sich mit den vielfältigen **Beziehungen zwischen**

Körper, Sprache und Denken. Im Zusammenhang mit NLP wird sehr oft von Machtausübung und von der Manipulation anderer Menschen gesprochen. Kein Wunder, dass NLP schnell seinen Einzug in den Verkauf und in das Verkäufertraining gefunden hat. NLP wird von vielen als die Methode der Wahl angesehen, im Verkauf erfolgreich zu sein. Was ist nun unter NLP zu verstehen?

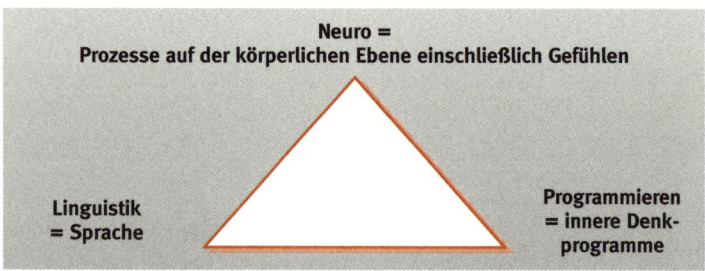

Abb. 5.16: NLP – die Beziehungen zwischen Körper, Sprache und Denken

Die amerikanischen Psychologen **Richard W. Bandler** (Gestalttherapeut) und **John Grinder** (Professor für Linguistik) beschäftigen sich sehr intensiv mit der Frage, „warum es manchen Menschen besser als anderen gelingt, auch in schwierigen Situationen Vertrauen und Kontakt zu anderen Menschen aufzubauen, sie zu verstehen und selbst verstanden zu werden". (Birker 2000, S. 11)

Grinder als Linguistiker war in der Lage, die Sprache dieser Menschen sehr genau zu erfassen, Bandler wiederum konnte aus der Gestalttherapie intuitives und wirksames Verhalten erkennen. Sie analysierten Videoaufnahmen und Tonbänder bis ins Detail und fanden heraus, wie es diesen Menschen gelingt, **auf andere Menschen/Klienten einzugehen**, und wie sie sogar **Veränderungen im Denken und Verhalten der Klienten hervorrufen** konnten.

Dieses Vorgehen wird „Modelling" genannt. Es führt zu den Grundlagen von NLP. Modelling ist das Bilden und Nutzen von Modellen, um bestimmte Verhaltensweisen zu erlernen. „Wenn der NLPler die genauen Muster und Strukturen seines Denkens und Handelns herausgefunden hat, ist er selbst in der Lage, die gleiche Leistung zu erbringen." (Ulsamer 1995, S. 21)

Bei der Analyse der Gesprächsaufzeichnungen wurde klar, dass **gute Beziehungen zum Gesprächspartner** zustande kommen, **wenn auf den anderen eingegangen wird**. Dieses Eingehen auf den anderen ist viel wichtiger als die Sachaussagen.

Die erfolgreichen Therapeuten passten sich – unbewusst – nicht nur mit ihrem **Sprachverhalten**, sondern auch mit ihrer **Gestik**, **Mimik** und **Körperhaltung** an ihre Klienten an.

Die Analysen von Bandler und Grinder machten die Strukturen und die Muster des Vorgehens deutlich.

Weitere Begriffe, die mit NLP verbunden sind, sind z. B. (vgl. Ulsamer/ Blickhan 1995, S. 66f):
- **Ressourcen**: Das sind alle persönlichen Stärken und Fähigkeiten, die einen Menschen kraftvoll und energiegeladen machen.
- **Rapport**: „Der gute Kontakt" / **Pacing und Leading**; sich auf den anderen einstellen und ihn beeinflussen.
- **Repräsentationssysteme**: Unterschiedliche Wahrnehmungsstile. Die wichtigsten sind Sehen (**visuell**), Hören (**auditiv**) oder Fühlen (**kinästhetisch**). Mit diesen Wahrnehmungsstilen – die meisten Menschen bevorzugen einen oder zwei Sinne – machen sich die Menschen ihr ganz individuelles Bild von der Welt.
- **Refraiming**: Einem bestimmten Verhalten einen neuen Rahmen geben, es in einem anderen Licht sehen und es dadurch vielleicht besser verstehen.
- **Ankern**: Das Verbinden von einem Gefühl mit einem Bild oder einer Berührung oder einem Ton

> Mit ihren Wahrnehmungsstilen machen sich die Menschen ihr ganz individuelles Bild von der Welt

NLP entstammt ursprünglich dem psychotherapeutischen Bereich, wo es heute noch intensiv in den verschiedenen Bereichen der Therapie und Familienberatung eingesetzt wird. NLP wurde seit den Anfängen in den 70er Jahren nicht nur durch seine Gründer weiterentwickelt, gelehrt und trainiert.

NLP hat schnell Einzug gehalten in die unterschiedlichen Bereiche der Kommunikation, der Konfliktberatung, Organisationsentwicklung und auch in den Verkauf (vgl. Birker 2000, S. 14). Ob des großen und schnellen Verbreitungsgrades und der gerade im Verkauf so wichtigen Wirkung auf andere Menschen hat NLP auch **negative Schlagzeilen** erhalten. „**Macht oder Kooperation**! NLP ist für viele noch immer ein Zauberwort, für andere aber ein Stein des Anstoßes, da **Manipulation** nicht ausgeschlossen ist." (Ulsamer 1995, S. 21)

Zusammenfassend lässt sich sagen: **NLP ist eine äußerst wirksame Methode**, sich selbst und andere Menschen besser zu verstehen und miteinander erfolgreich umzugehen. Der Besuch von **NLP-Seminaren** ist **empfehlenswert** – wenn man sicher ist, dass das Seminar von einem wirklich gut ausgebildeten und ernsthaften NLP-Trainer durchgeführt wird.

> NLP ist eine äußerst wirksame Methode, sich selbst und andere Menschen besser zu verstehen und miteinander erfolgreich umzugehen

5.4.6 Nonverbale Kommunikation

Der „soziale Status, die Rangordnung und Selbsteinschätzung innerhalb einer Gruppe und deren Struktur, die gesellschaftliche Stellung von Menschen lässt sich aus ihrer Körpersprache entnehmen. (...) Unsere **Körpersprache ist deutlicher als die der Wörter**. (...) Unser Körper reagiert immer auch spontan und kann sich nicht so verstellen, wie das unsere Wörter tun. Der Körper ist primär – nicht das Wort. (...) Was wir sind, sind wir durch unseren Körper. Der Körper ist der Handschuh der Seele, seine Sprache das Wort des Herzens. Jede innere Bewegung, Gefühle, Emotionen, Wünsche drücken sich durch unseren Körper aus" (Molcho 1983, S. 10 und S.20 f.). Besser und schöner als mit diesen Worten von Samy Molcho kann die Bedeutung der Körpersprache fast nicht beschrieben werden.

Jede innere Bewegung, Gefühle, Emotionen, Wünsche drücken sich durch unseren Körper aus

Neben der Körpersprache gibt es sehr viele äußere Zeichen und Signale, die wahrgenommen werden und die Rückschlüsse auf uns selbst, auf unsere Einstellungen, unsere Persönlichkeit und unsere Emotionen zulassen. Sie sollen als **„Artefakte"** bezeichnet werden, als **äußere Zeichen, die von Menschen gesetzt werden**.

Sowohl Körpersprache als auch die Artefakte werden – bewusst oder unbewusst – zur nonverbalen Kommunikation eingesetzt. „Interpersonale Kommunikation besteht nur zu einem kleinen Teil aus verbalen Botschaften. Gewöhnlich übermitteln wir **zusammen mit Worten und Sätzen eine Vielfalt nonverbaler Signale**, die der verbalen Botschaft Nachdruck verleihen, sie aber auch modifizieren oder völlig ersetzen können. Es kommt vor, dass in – manchmal sogar recht komplexen – sozialen Begegnungen überhaupt nur nonverbale Botschaften ausgetauscht werden." (Forgas 1994, S. 126)

Körpersprache und Artefakte werden – bewusst oder unbewusst – zur nonverbalen Kommunikation eingesetzt

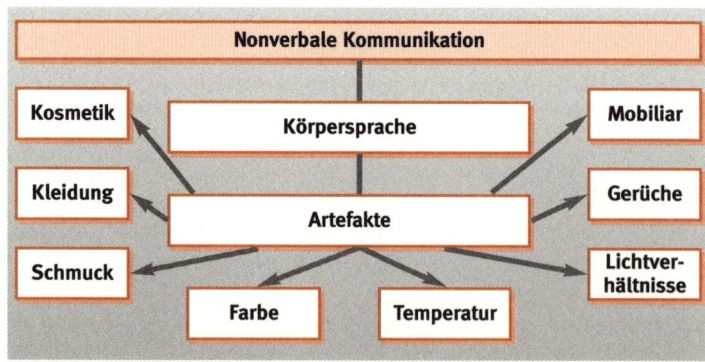

Abb. 5.17: Nonverbale Kommunikation als Gesamtheit aus Körpersprache und Artefakten

Dem Körper stehen ganz viele Möglichkeiten offen, sich mitzuteilen. Die wichtigsten **Mitteilungskanäle** sind: Blick, Blickkontakt, Pupillen, „Mit den Augen sprechen", Körperorientierung, Distanz zu anderen, das Berühren von anderen, unsere Gesten, das Ausmaß der Gestik, Bein- und Fußbewegungen, Kopfnicken, Aktivitäten des Gesichts, Arm- und Beinhaltung, Handbewegungen und auch unser Stimmvolumen, Sprechgeschwindigkeit und Intonation. (Vgl. Forgas 1994, S. 141 ff.)

Durch nonverbale Kommunikation werden **soziale Situationen** gesteuert (vgl. Forgas 1994, S. 134 ff.):

- **Signalisieren von Interesse an einer Interaktion**: z. B. indem Menschen ab und zu mit dem Kopf nicken, wenn ein anderer spricht, dem sie zuhören. Interesse wird auch gezeigt, wenn man sich mit dem Körper dieser Person zuwendet oder angemessen nah steht.
- **Bekunden von Langeweile und Desinteresse**: z. B. durch Gähnen oder Wegschauen. Oder die Mimik des Gesichtes zeigt, was man so denkt.
- **Signalisieren des Wunsches, eine Begegnung fortzusetzen oder auch zu beenden**: Das Beenden wird z. B. geäußert, wenn der Augenkontakt reduziert wird, der Blick umherwandert und nicht mehr auf die andere Person konzentriert ist, wenn man die Distanz vergrößert oder Vorbereitungen trifft, aufzustehen.
- **Bekundung von Zustimmung/Ablehnung**: z. B. durch Kopfnicken oder mit entsprechenden Handgesten.

> Durch nonverbale Kommunikation werden soziale Situationen gesteuert

Mit nonverbaler Kommunikation erfolgt **Selbstdarstellung**:

- **Persönlichkeit**: Natürlich zeigen wir unsere Persönlichkeit nonverbal, wer würde schon sagen: „Ich bin ein eifriger junger Mann und jederzeit bemüht, meine Arbeit ordentlich zu machen. Meine Freunde sagen, ich bin nett und sehr umgänglich, und ich bin ziemlich sicher, dass Sie das auch bald von mir denken werden."
Unsere Körperhaltung zeigt eine Menge über unsere Persönlichkeit. Wir neigen aber auch dazu, aufgrund von nonverbalen Reizen dem Sender, dem anderen Menschen, ganz bestimmte Eigenschaften zuzuordnen. Ein Mann, der eine Brille trägt, ist eher intellektuell und er wird als zuverlässig eingeschätzt. Welche Frau in der Werbung trägt schon eine Brille? Die Werbung nutzt solche bestehenden Klischees.
- **Sozialer Status**: Durch Artefakte wie Kleidung, Schmuck, Kosmetik, Einrichtung, Möbel wird oberflächlich der soziale Status vermittelt. Welchen sozialen Status die Person wirklich hat, wird durch tiefer

> Mit nonverbaler Kommunikation erfolgt Selbstdarstellung

gehende Signale wie Gesten, Bewegungen, Körperhaltung vermittelt.
- **Rollenfunktion**: Welche Rolle spielt ein Mensch? Vater, Ehemann, Liebhaber, Sohn, Freund, Lehrer, Manager. Menschen passen ihr „Ich" an das „Soll" der Rolle an. Ist es nicht angepasst, fällt man (unangenehm) auf. Das Rollenspiel erfolgt im Wesentlichen nonverbal durch Körpersprache und Artefakte.

Das Rollenspiel erfolgt im Wesentlichen nonverbal durch Körpersprache und Artefakte

Nonverbal ist auch die **Kommunikation von emotionalen Zuständen**:
- **Gesichtsausdruck**: Insbesondere durch das Gesicht, aber auch durch Körperhaltung, Gestik, Berührungen, Distanz usw. können alle Emotionen, alle unsere Gefühle mitgeteilt werden: Trauer, Freude, Mitleid, Neugier, Ekel, Liebe, Angst, Schmerz usw. Untersuchungen zeigen, dass die Verbindung von Emotionen und Gesichtsausdruck so eng sind, „dass Menschen bereits dann eine Emotion zu erfahren scheinen, wenn sie auf Anweisung ihre Gesichtsmuskeln in eine Position bringen, die normalerweise mit dem Senden eines emotionalen Signals assoziiert ist" (Forgas 1994, S. 136). „Cheese!"
- **Gestik**: Bemerkenswert an den Gesten ist, dass sie sehr stark kulturabhängig sind und bestimmte geografische Grenzen offensichtlich nicht überschreiten.
- **Distanz**, die die Menschen zueinander halten, ist ein weiteres Indiz für ihre Emotionen:
  - **intime Zone** (Distanz zwischen Freunden, Liebenden): ca. 0–60 cm
  - **persönliche Zone** (Distanz zwischen Menschen, die sich kennen): ca. 60–120 cm
  - **sozial-konsultative Zone** (Distanz z. B. zum Arzt oder Rechtsanwalt): ca. 120–330 cm
  - **die öffentliche Zone** (Distanz eines Redners): ca. 3,30 m und mehr
- **Körperhaltung**: Auch sie lässt viele Rückschlüsse über den emotionalen Zustand des Menschen zu. Ein Mensch, der traurig ist, hat eine andere Körperhaltung als einer, der sich freut und glücklich ist. Ein Mensch, der aufgeregt ist, bewegt sich ganz anders als ein Mensch, der gelangweilt ist, usw.

Nonverbal ist auch die Kommunikation von emotionalen Zuständen

Ein Mensch, der traurig ist, hat eine andere Körperhaltung als einer, der sich freut

Nonverbal kommunizieren wir auch **Einstellungen**, die wir haben. Durch den **Körper** zeigen Menschen insbesondere:
- freundliche – feindselige Einstellungen
- dominante – unterwürfige Einstellungen

Nonverbal kommunizieren wir auch Einstellungen

Der **Gesichtsausdruck** und die **Stimmlage** spielen eine besondere Rolle, Einstellungen zu kommunizieren. So zeigen Untersuchungen, dass selbst die neutralsten Nachrichtensprecher durch die Art, wie sie politische Nachrichten vorlesen, ohne es zu wollen, eine Menge über ihre persönlichen politischen Überzeugungen verraten (vgl. Forgas 1994, S. 137).

Nonverbale Botschaften sind keine Alternative zur Sprache, es bestehen **erhebliche Unterschiede zwischen beiden Kommunikationssytemen**, wobei die gemachten Ausführungen nur einen kleinen Einblick in die Thematik geben konnten.

Folgt man den Erkenntnissen über Inhalt und Funktion der nonverbalen Kommunikation, dann ist das **Training der Körpersprache für Mitarbeiter im Vertrieb sehr wichtig**.

> Nonverbale Botschaften sind keine Alternative zur Sprache, es bestehen erhebliche Unterschiede zwischen beiden Kommunikationssytemen

ZUSAMMENFASSUNG ÜBUNG

- Nonverbal werden soziale Situationen, also auch Gesprächssituationen gesteuert. Wer wir sind, zeigen wir ebenfalls nonverbal. Wir drücken unsere emotionalen Zustände mit unserem Körper aus und kommunizieren auch unsere Einstellungen, ohne Worte machen zu müssen.
- Nonverbale Kommunikation ist keine Alternative zur Spache, sondern sie ergänzt unsere Worte um wesentliche Inhalte.
- Ohne Worte geben auch die vielen Artefakte Auskunft über einen Menschen. Artefakte sind z. B. das Mobiliar in seinem Büro oder Zuhause, Gerüche, die man verbreitet, Farben, die man liebt und vorzugsweise z. B. in der Kleidung trägt, usw.
- Für das gute Verkaufsgesprächs ist es ganz wichtig, die nonverbalen Signale des Kunden richtig zu erkennen und selbst die richtigen nonverbalen Signale zu senden.

ZUSAMMENFASSUNG ÜBUNG

- Beobachten Sie Menschen in Ihrer Umgebung einmal ganz genau und versuchen Sie zu analysieren, was Sie alles nonverbal über diese Menschen erfahren können.
- Beobachten Sie Menschen im Gespräch und registrieren Sie, wie die Körpersprache eingesetzt wird.
- Versuchen Sie, für die vielen Artefakte erläuternde Beispiele zu finden.

5.5 Salesfolder und andere Verkaufshilfen

Um die Arbeit beim Kunden zu fördern und insbesondere das Gespräch mit dem Kunden zu unterstützen, werden den Vertriebsmitarbeitern eine Reihe von Unterlagen und Hilfsmittel zur Verfügung gestellt. So gibt es:

- **schriftliche Unterlagen** (analog und digital) wie: Salesfolder, Preislisten, Produkt- bzw. Programmbroschüren, Firmenbroschüren, Jahresgesprächsfolder, Verkaufshandbücher (Sales Manuals);
- **technische/elektronische Hilfsmittel** wie: Laptops, Pen-Computer oder Handheld-Computer, Handys, Smartphones, PDA/Organizer, Drucker, Beamer/Projektoren, Video, Videokonferenzsysteme.
- Und natürlich gehören im Konsumgüterbereich **(Original-)Produkte** und **Produktproben** zur Ausstattung eines Vertriebsmitarbeiters.

5.5.1 Schriftliche Unterlagen für den Einsatz beim Kunden

Aus den möglichen schriftlichen Unterlagen werden an dieser Stelle drei näher vorgestellt:
1. der Salesfolder,
2. der Jahresgesprächsfolder und
3. das Verkaufshandbuch.

Zu 1.: **Salesfolder**:

Salesfolder sind schriftliche Unterlagen zu einem bestimmten Thema, die das Unternehmen an den Kunden geben will

Salesfolder sind schriftliche Unterlagen zu einem bestimmten Thema oder einer bestimmten Information, die das Unternehmen an den Kunden weiterleiten will. Sie dienen als **Gesprächsleitfaden** für den Verkaufsmitarbeiter. Aufgrund der fast immer enthaltenen Abbildungen **visualisieren** sie auch den Gesprächsgegenstand. Salesfolder verbleiben oft beim Kunden und sind damit gleichzeitig eine Dokumentation der Informationen des Lieferanten/Herstellers.

Anlässe, Salesfolder zu erstellen, sind z. B. die Information des Kunden über
- die Einführung eines neuen Produktes,
- neue Marktforschungsergebnisse, z. B. bezüglich der Entwicklung der Marktanteile oder des Bekanntheitsgrads einer Marke des Unternehmens,
- eine neue Werbekampagne oder Verkaufsförderungsmaßnahmen.

Beispielhaft werden nachfolgend die **Inhalte eines Salesfolders** für die Einführung eines neuen Konsumgutes in den Geschäften/Filialen des Lebensmittelhandels aufgeführt (für die so genannten Listungsgespräche in den Handelszentralen wären weitergehende Informationen notwendig!):

- **Produkt selbst**:
  - Abbildung
  - Produktbeschreibung
  - Produktausstattung
  - ökologische Aspekte der Verpackung
- **Technische Produktdaten**:
  - Gebinde-/Verpackungseinheit und -maße
  - Palettenart/-inhalt/-maße
  - EAN-Codes der Versandeinheit
- **Marktforschungsergebnisse**:
  - Verbrauchertests
  - Abverkaufstest
- **Mediakampagne/Werbung**:
  - Eingesetzte Medien
  - Leistungswerte/Verbraucherkontakte der Medienkampagne
  - Key Visuals bzw. Storyboard
- **Platzierungsvorschlag**:
  - Regalplatzierung
  - Zweitplazierung
- **Verkaufsförderung**:
  - Verbraucherpromotions
  - POS-Aktivitäten
  - Displays

Die **Gestaltung** solcher Salesfolder ist sehr unterschiedlich. Je nach Bedeutung der Aktivität oder Information, über die berichtet werden soll, ist der Salesfolder mehr oder weniger aufwendig gestaltet. Zu einer üppigen Gestaltung gehört z. B. die Verwendung einer besonderen **Papierqualität**, ein besonderes **Format** oder eine auffällige **Bindung** der einzelnen Seiten des Folders.

In manchen Fällen werden auch sog. **„Gimmicks"** eingesetzt, welche die besondere Aufmerksamkeit des Kunden anziehen sollen. Manchmal werden auch ganze **Präsentations-Sets** zusammengestellt. Sie enthalten den Salesfolder, Produktmuster und oft ein Präsent.

In Zeiten des Laptops werden mittlerweile auch **elektronische Salesfolder**, z. B. als Power-Point-Präsentationen entwickelt. Der elektronische Salesfolder hat zudem den Vorteil, dass kundenindividuelle Informationen ohne großen Aufwand integriert werden können. Trotzdem sollte ein „Handout" aus Papier eingeplant werden, um die Aufbewahrung der Informationen in der Akte des Einkäufers oder den Transport der Informationen im Kollegenkreis des Einkäufers sicherzustellen.

Präsentations-Sets enthalten den Salesfolder, Produktmuster und oft ein Präsent

Für die Entwicklung werden meist Werbeagenturen eingeschaltet

Bei der Vielfalt an Gestaltungsmöglichkeiten und der Wichtigkeit von Salesfoldern ist es nicht verwunderlich, wenn für die Entwicklung meist **Werbeagenturen** eingeschaltet werden. Ihre Aufgabe ist es, prägnante, überzeugende Formulierungen zu finden. Auch sollen sie für den Salesfolder „schicke" Präsentationsformen kreiieren.

 Wenn Aufmachung und Inhalt eines Salesfolders überzeugend sind, wird das Verkaufsgespräch wirkungsvoll unterstützt und es gelingt besser, den Kunden zu begeistern.

Bei allen Freiheitsgraden in den Gestaltungsmöglichkeiten sollte nicht vergessen werden, dass sich die Chancen des Aufbewahrens dieser Folder durch ein aktengerechtes Format erhöhen.

Zu 2: **Jahresgesprächsfolder**:
Das Führen von sog. Jahresgesprächen ist z.B. zwischen den Herstellern von Konsumgütern und den Zentralen des Lebensmittelhandels seit vielen Jahren üblich. In diesen Gesprächen wird das **abgelaufene Jahr analysiert**, die Einführung von **Neuprodukten** diskutiert und im Schwerpunkt die **Konditionen** des nächsten Geschäftsjahres **verabschiedet**. Darüber hinaus werden zunehmend auch **gemeinsame Verkaufs- und Vermarktungsstrategien** diskutiert.

In Jahresgesprächen wird das abgelaufene Jahr analysiert, die Einführung von Neuprodukten diskutiert und insbesondere die Konditionen des nächsten Geschäftsjahres verabschiedet

Ein gut aufgemachter und strukturierter Jahresgesprächsfolder hilft dem Key-Account-Manager, Strategie, Ziele und Maßnahmen seines Unternehmens zu verdeutlichen. **Inhaltlich** ist ein **Jahresgesprächsfolder** in der Konsumgüterindustrie z.B. meist aus einem allgemeinen und einem kundenindividuellen Teil zusammengesetzt:

Allgemeiner Teil:
- Wichtigste Ergebnisse des laufenden Geschäftsjahres des Lieferanten (z.B. Umsatz- und Marktanteilsentwicklung, allgemeine Entwicklung in den Absatzwegen/Vertriebsschienen)
- Generelle Ziele des Lieferanten für das nächste Geschäftsjahr
- Wichtigste produktbezogene Ziele und Vorhaben
- Einführung von Neuprodukten
- Werbung, einschl. der geplanten Investitionen in Werbung sowie der Media-Leistungswerte

Kundenindividueller Teil:
- Ergebnisse des laufenden Geschäftsjahres (Umsätze/Abverkäufe/Reichweite usw. in der Vertriebslinie; Marktanteile in der Vertriebsschiene und in der Warengruppe; Erfolg von Produktneueinführun-

gen; Erfolg von POS-Aktivitäten; Effizienz des Einsatzes der Feldorganisation; VK-Preisgestaltung usw.)
- Kundenindividuelle Ziele für das nächste Geschäftsjahr (Umsatz, Marktanteile in der Vertriebsschiene und in der Warengruppe, Produktrentabilität, Flächenproduktivität usw.)
- Kundenindividuelle Maßnahmen zur Zielerreichung
  - Neuprodukte inkl. Platzierungsvorschläge
  - Trade-Marketing-Maßnahmen: Aktivitäten am POS einschließlich Sortimentsüberarbeitung, Promotion-Maßnahmen, Co-Marketing-Aktionen, Einsatz der Feldorganisation, Regalservice/Merchandising, Maßnahmen im Bereich der Logistik/Supply Chain Management, sonstige Service-Leistungen usw.

Jahresgesprächsfolder besteht aus einem allgemeinen und einem kundenindividuellen Teil

Das **Format** des Jahresgesprächsfolders orientiert sich an der Gesprächssituation. Es sind meist mehrere Teilnehmer auf der Kundenseite, die der Key-Accounter gleichzeitig mit seiner Präsentation ansprechen will. In der Praxis hat sich die Verwendung eine **aufklappbaren Salesfolders** (**DIN A 3**) mit einer stabilen Aufstellhilfe aus Karton als sehr praktisch erwiesen. Natürlich können die Inhalte auch elektronisch, z. B. als **Power-Point-Präsentation** aufbereitet werden und via **Laptop und Beamer** präsentiert werden. Meist wird dem Kunden eine Kopie des Jahresgesprächsfolders im handlichen DIN-A4-Format übergeben.

Meist mehrere Teilnehmer auf Kundenseite, die der Key-Accounter gleichzeitig mit seiner Präsentation anspricht

Zu 3: **Verkaufshandbuch**:
Das Verkaufshandbuch oder Sales Manual hat die Aufgabe, den Vertriebsmitarbeiter umfassend über alle Themen zu informieren, die er für die Erfüllung seiner Aufgaben bei den Kunden benötigt. Es ist quasi ein **Nachschlagewerk**, das dem Mitarbeiter kontinuierlich zur Verfügung steht.

Die **wichtigsten Inhalte**, also **mittel- bis längerfristig gültige Daten und Informationen**, die das Verkaufshandbuch für einen Außendienstmitarbeiter im Konsumgüterbereich z. B. enthalten sollte, sind:
- **Unternehmen**:
  - Philosophie
  - Strukturen
  - Geschichte
  - Erfolge
  - Bedeutung im Markt
- **Markt/Zielgruppe**:
  - Marktgröße
  - Marktsegmente

Das Verkaufshandbuch informiert den Vertriebsmitarbeiter umfassend über alle Themen, die er für die Erfüllung seiner Aufgaben bei den Kunden benötigt

Die wichtigsten Inhalte eines Verkaufshandbuchs

- Marktentwicklung
- Marktanteile, Marktanteilentwicklung
- Zielgruppenbeschreibung
- **Produkte des Unternehmens**:
  - Produktbeschreibung
  - (Technisches) Fachwissen zu den Produkten
  - Produktausstattung
  - Ergebnisse der Marktforschung
  - Vergleich Wettbewerbsprodukte
  - Preislisten/Standardkonditionen
  - Lieferbedingungen
- **Konkurrenten**:
  - Produkte
  - Umsätze/Marktbedeutung
  - Werbliche Aktivitäten
  - Preisstellung
  - Distribution
- **Werbung/Verkaufsunterstützung**:
  - Anzeigen/Storyboards
  - Mediapläne
  - Standarddisplays/Paletten
  - VKF-Material
- **Kunden/Handel**:
  - Kundenstruktur
  - Informationen zu den Kunden
  - Erläuterungen zu den Absatzwegen/Vertriebsschienen
  - Kundenspezifische Informationen
- **Verkaufsgespräch**:
  - Checkliste zur Vorbereitung
  - Argumentationsleitfaden Standardfragen und Antwortmöglichkeiten
  - Umgang mit Reklamationen
  - Checkliste Neukundengewinnung
- **Vertriebsorganisation**:
  - Organigramm
  - Adressen/Telefonnummern
  - Formulare
- **Schulung und Training**: Inhalt und Ergebnis von Trainingsveranstaltungen
- **Lexikon**:
  - Wichtige Begriffe und ihre Bedeutung
  - Kennziffern des Handels

Je nachdem, um welche Branche es sich handelt und welche Funktion der Vertriebsmitarbeiter ausübt, müssen die Daten und Informationen um die spezifischen Bedürfnisse und Belange ergänzt werden.

Damit Verkaufshandbücher eine wirksame Unterstützung sind, müssen sie **regelmäßig gepflegt und aktualisiert** werden.

> Daten und Informationen müssen um die spezifischen Bedürfnisse ergänzt werden

Verkaufshandbücher sollten also (vgl. Weiss 2000, S. 178):
- helfen, Verkaufsgespräche effizienter zu führen,
- jederzeit das notwendige Wissen für die verschiedensten Kundensituationen zur Verfügung stellen,
- zur Systematisierung der Verkaufsarbeit beitragen,
- helfen, die Kundenbeziehung zu gestalten.

ZUSAMMENFASSUNG

- Für den Besuch beim Kunden werden Vertriebsmitarbeiter regelmäßig mit schriftlichen Verkaufsunterlagen ausgestattet.
- Neben Preislisten, Produkt- und Programmbroschüren sind die sog. Salesfolder ein fast unentbehrliches Instrument, um Informationen an die Kunden zu vermitteln.
- Für Jahresgespräche werden Jahresgesprächsfolder eingesetzt.
- Das Verkaufshandbuch fasst alle Informationen zusammen, die der Vertriebsmitarbeiter für seine Arbeit benötigt.

ÜBUNG

- Nennen Sie Anlässe, zu denen Salesfolder erstellt werden. Welche Inhalte hat ein Salesfolder dann jeweils?
- Stellen Sie sich vor, Ihr Unternehmen führt einen neuen Laptop mit allen technischen Features und mit besonders elegantem Design ein. Für die Vorstellung in Fachmärkten soll ein Salesfolder erstellt werden. Versuchen Sie, Text- und Gestaltungselemente für einen z. B. 4-seitigen Salesfolder zu entwickeln.
- Welche Inhalte hat ein Jahresgesprächsfolder und welche ein Verkaufshandbuch?

5.5.2 Elektronische Verkaufshilfen

Durch die Entwicklungen in der Informations- und Kommunikationstechnologie sowie die Möglichkeiten, Vertriebswege über neue Medien besser zu bearbeiten und neue Vertriebswege zu erschließen, müssen sich Vertriebsabteilungen zunehmend auch mit „elektronischen Verkaufshilfen" auseinander setzen. Eine Vielzahl solcher Verkaufshilfen wird mittlerweile von den Mitarbeitern in der täglichen Arbeit genutzt und viele Firmen stehen vor Investitionsentscheidungen für diese Tools.

Die am häufigsten eingesetzten Geräte werden nachfolgend kurz aufgeführt, weiterhin wird ein Ausblick in Anwendung und Einsatz dieser Geräte in der Arbeit der Vertriebsmitarbeiter gegeben (vgl. Strohkendl 2002, S. 2 ff.):

- **Notebook/Laptop**:
  Mobile Rechner, 1992 erstmals von Toshiba eingeführt, sind aus dem Geschäftsalltag fast nicht mehr wegzudenken. Sie sind ein vollständiger Desktop-Ersatz und ermöglichen es, die anfallenden Officetätigkeiten und Präsentationen beim Kunden durchzuführen sowie jederzeit – per Inter- oder Intranet – auf Kunden- und Geschäftsdaten zuzugreifen und in E-Mail-Kontakt zu treten. Die Auswahl an Ausstattungsmerkmalen bzgl. Gewicht, Größe, Kommunikationstechnologie/Anschlüssen, Akku, Laufwerken, Arbeitsspeicher/Festplatte, Prozessorleistung und Kosten, vom Design ganz abgesehen, sind riesig. Hier gilt es, den richtigen Kompromiss zwischen Leistungsfähigkeit, Ausstattung, Mobilität und Preis zu finden.

Notebooks/Laptops sind ein vollständiger Desktop-Ersatz

- **Handys**:
  Mit den jüngsten Modellen der Handyanbieter, die fast alle über die gleichen Tools verfügen, kann man **faxen**, mittels Wireless Application Procoll (WAP) **Daten übertragen**, mit MMS **Bilder verschicken**, **E-Mails** versenden, mit PDAs oder Laptops **online gehen** und auch noch **telefonieren**. Praktisch alle Modelle verfügen auch über eine **Organizer- und Mailboxfunktion** sowie die Möglichkeit, eine Freisprechanlage anzuschließen. Unternehmen, welche die Mitarbeiter mit Handys ausstatten wollen, stehen z. B. vor folgenden Entscheidungen:
  - Welche Art Freisprechanlage soll eingesetzt werden? Alternativen, z. B. Headset mit Außenantenne, Headset mit Bluetoothtechnologie oder „Plug & Play"-Modelle, bei denen die Handyhalterung verschraubt wird und der Strom vom Zigarettenanzünder geliefert wird, oder (teure) Festeinbauten, die als einzige eine einfache Handhabung, gute Übertragungs- und Sprachqualität und weitere Features zu kombinieren wissen.

- Welcher Mobilfunktbetreiber und welche Datenübertragungsart soll gewählt werden, da sich dies in erheblich unterschiedlichen Kosten auswirkt?
- Inwieweit sind Dienste/Services notwendig, wie z. B. WAP, SMS (Short Messages Services), EMS (Enhanced Messaging Services), MMS (Multimedia Messaging Services), i-mode (ähnlich wie MMS)?

- **Personal Digital Assistant (PDA)**:
  Auch als „Palm" („Handfläche") bezeichnet, nach der Firma Palm Computing, die als erste Firma diese Geräte serienmäßig herstellte. Als der erste Palm 1993 auf den Markt kam, konnte er den PC nicht mehr ersetzen, da zu viele Kunden bereits auch einen PC besaßen. Er konnte also nur eine Ergänzung werden. Die „Jackentaschencomputer" sind für den mobilen Einsatz bestimmt und werden mit Stift oder mit Minitastatur bedient. Die wichtigste Unterscheidung ist das Betriebssystem, wobei die Marktführung bei Palm OS liegt, der größte Konkurrent ist Pocket PC. Weiterhin sind EPOC und Linux-Betriebssysteme erhältlich. Aufgaben und Funktionen sind:
  - Terminplanung, Kontaktdatenbank und Aufgabenliste.
  - Das breite Aufgabenspektrum moderner Organizer reicht vom MP3-Player zum Navigationsgerät und vom digitalen Fotoalbum zur mobilen Web- und E-Mail-Maschine.
  - Eine weitere Aufgabe ist die PC-Synchronisation von Daten.
  - Je nach Betriebssystem unterschiedlich ist die Art, sie zu bedienen: Manche setzen auf eine spezielle Kürzelschrift, die erlernt werden muss, andere setzen die Jotschrift ein, bei der variierende Schreibweisen möglich sind, mittlerweile gibt es auch Minitastaturen, welche die Texteingabe erleichtern.
  - Unterschiede gibt es – je nach Betriebssystem – hinsichtlich Bedienerfreundlichkeit, Preise, Zusatzprogramme, Bildschirm, Größe/Gewicht, Geschwindigkeit, Speicherplatz, Stromversorgung und Erweiterbarkeit.

> Die „Jackentaschencomputer" sind für den mobilen Einsatz bestimmt und werden mit Stift oder mit Minitastatur bedient

- **Spezielle PDAs/Mobile Scanner**:
  Sie werden hauptsächlich im Logistikbereich und bei Verkaufsfahrern eingesetzt. Diese Art von Handscannern sind für den Außenbereich konstruiert und bieten Schutz vor Wasser, Staub und Stößen, sie sind auch temperaturunempfindlich und können z. B. im Tiefkühlbereich eingesetzt werden. Sie verfügen über Barcodescanner und meistens über Touchscreen-Displays und Funk-LAN-Netzwerkkarten zur Kommunikation.

> **Beispiel**
>
> Im Logistikbereich werden Handscanner z. B. bei der Deutschen Post eingesetzt. Alle Pakete, die ausgeliefert werden, werden eingescannt. Beim Kunden wird der Empfang auf dem Touchscreen mit einem Plastikstift quittiert. In der Regel fällt kein Papier mehr an, da der Barcode sämtliche Informationen wie Zusteller, Datum und Uhrzeit enthält. Die Daten müssen nur einmal erfasst und als Barcodeinformation auf das jeweilige Paket aufgeklebt werden. Fehler durch Fehleingaben oder Verwechslungen werden reduziert. Die Deutsche Post bietet die Möglichkeit, die Unterschrift auf Papier zu leisten, da manche Kunden Angst vor Missbrauch ihrer digitalisierten Unterschrift haben. (Vgl. Strohkendl 2002, S. 27)

- **Beamer**:

  Genauer: Projektoren eignen sich für mobile Präsentationen. Microportable Projektoren sind für kleine und mittlere Räume geeignet, das Gewicht liegt unter zwei Kilogramm. Ultra-portable Projektoren wiegen zwei bis fünf Kilogramm, ihre Präsentationsqualität unterscheidet sich kaum mehr von stationären Konferenzprojektoren. Portable Projektoren wiegen bis zu neun Kilogramm und sind ob Größe und Gewicht kaum mehr für den mobilen Einsatz zu gebrauchen. Ihr Vorteil liegt in der enormen Lichtstärke. Moderne Geräte bieten die Möglichkeit, mit Hilfe von Laptops, PDAs oder externen Speichermedien zu präsentieren. Der Preis für microportable Projektoren liegt zwischen 5.000 und 7.000 €, während ultra-portable Projektoren ab 2.500 € zu erhalten sind.

  Moderne Geräte bieten die Möglichkeit, mit Hilfe von Laptops, PDAs oder externen Speichermedien zu präsentieren

- **Mobile Drucker**:

  Ist der Außendienst mit Laptop, PDA und Handy ausgestattet, sollte auch der Drucker nicht fehlen. Es gibt Beleg- und Rechnungsdrucker sowie Etiketten- oder Gürtelklippdrucker (meist im Groß- und Einzelhandel eingesetzt), die für den Druck von Etiketten oder Barcodeaufklebern geeignet sind. Aber: Mobile Drucker sind eigentlich nur für solche Vertriebsmitarbeiter interessant, die wirklich vor Ort Ausdrucke anfertigen müssen, wie z. B. Versicherungsvertreter. Alle anderen Anwender sind mit einem Tischdrucker besser bedient. Der Preis dieser Drucker liegt zwischen 300 und 400 €. Sie haben eine relativ geringe Auflösung und geringe Druckgeschwindigkeit.

  Mobile Drucker sind nur für solche Vertriebsmitarbeiter interessant, die vor Ort Ausdrucke anfertigen müssen

Es gibt also vielfältige Möglichkeiten, die Verkaufsarbeit elektronisch zu unterstützen. Hier konnte nur eine Auswahl angesprochen werden.

In der Praxis werden die angebotenen elektronischen Hilfsmittel jedoch nur zu einem kleinen Teil und oftmals nicht in vollem Umfang der technischen Möglichkeiten in den Firmen eingesetzt (vgl. Strohkendl 2002, S. 61): Dies liegt zum einen an den hohen Kosten für die Unternehmen (Anschaffung, Implementierung, Schulung und weitere Kosten), zum anderen an der fehlenden Bereitschaft vieler Außendienstmitarbeiter, die elektronischen Hilfsmittel richtig und in vollem Umfang einzusetzen. Die **Umstellung erfordert Mehraufwand an Arbeitszeit sowie persönliche Lernbereitschaft** – beides ist schwierig durchzusetzen. Oft fehlt auch einfach das technische Verständnis. Aber auch die Geschäftsleitung steht technischen Neuerungen nicht grundsätzlich offen gegenüber. Manchmal wird deshalb gar nicht erst über den Einsatz elektronischer Hilfsmittel im Außendienst nachgedacht.

Der Einsatz ist auch von der Aufgabe abhängig: Während bei Kunden- und Verkaufsgesprächen häufig auf den Einsatz von Verkaufshilfen in Form von PDAs und Laptops verzichtet wird, sind sie im Bereich der Organisation und Kommunikation dann doch nicht mehr wegzudenken.

Aus Gesprächen geht weiterhin hervor, dass der Einsatz elektronischer Hilfsmittel oft relativ unsystematisch erfolgt, sodass verschiedene Mitarbeiter verschiedene Systeme nutzen, die oft nicht kompatibel sind. Das führt wiederum zu unnötigen Problemen in der Organisation und Kommunikation sowie auch zu unnötigen Kosten.

> Die angebotenen elektronischen Hilfsmittel werden nur zu einem kleinen Teil und oftmals nicht in vollem Umfang der technischen Möglichkeiten in den Firmen eingesetzt

> Einsatz elektronischer Hilfsmittel oft relativ unsystematisch

ZUSAMMENFASSUNG **ÜBUNG**

Die Informationstechnologie hat in den letzten Jahren revolutionäre Möglichkeiten eröffnet, die Organisation und Kommunikation im Außendienst zu verbessern. Vom Handy über Laptops, PDAs bis zu Videokonferenzen über die ganze Welt kann heute problemlos kommuniziert werden. Die elektronischen Hilfsmittel finden Befürworter, aber auch viele Ablehner sowohl auf Mitarbeiterseite als auch auf Seiten der Unternehmensleitung. Oft ist der Einsatz der verschiedenen elektronischen Hilfsmittel unsystematisch und nicht abgestimmt, was zu unnötigen Problemen und Kosten führt.

5.6.1 Einführung und Abgrenzung

Unter dem Begriff „Computer Aided Selling" (CAS) wird die **informationstechnologische Unterstützung von Planungs- und Abwicklungsaufgaben** verstanden, die im Rahmen von Kundenmanagementprozessen – von der Pre-Sales-Phase über die Sales-Phase bis zur

5.6 Computer Aided Selling (CAS)

CAS = informationstechnologische Unterstützung von Planungs- und Abwicklungsaufgaben im Vertriebsbereich

After-Sales-Phase – anfallen (vgl. Link/Hildebrand 1993, S. 95). Oft wird CAS in einem Atemzug mit CRM genannt, dem „Customer-Relationship-Management". Die Abgrenzung zwischen beiden Begriffen ist nicht eindeutig sondern fließend: **CAS** beschränkt sich auf die Anwendung im **Vertriebsbereich** und unterstützt die Mitarbeiter in den verschiedenen Phasen des **Verkaufsprozesses**. Im Unterschied zu CAS ist unter „Customer Relationship Management" (**CRM**) ein ganzheitlicher IT-gestützter Ansatz zur **Unternehmensführung** zu verstehen, in dem **CAS ein Bestandteil** ist.

CRM „integriert und optimiert auf der Grundlage einer Datenbank und Software zur Marktbearbeitung sowie eines definierten Verkaufsprozesses abteilungsübergreifend **alle kundenbezogenen Prozesse in Marketing, Vertrieb, Kundendienst, F & E** u. a. Zielsetzung von CRM ist die gemeinsame Schaffung von Mehrwerten auf Kunden- und Lieferantenseite über die Lebenszyklen von Geschäftsbeziehungen." (Winkelmann 2000, S. 155) CRM geht nach dieser Definition über die Verkaufsaspekte hinaus und fordert, das bekannte Konzept des **Beziehungsmarketings** (vgl. Meffert 1998, S. 24 f.) computergestützt auf alle Kundenprozesse auszudehnen. Weiterhin verlangt CRM die **Anbindung von Marketingfunktionen an den Verkauf** wie Telemarketing, Call-Center, Hotlines, Help-Desk-Systeme usw.

CRM = ein ganzheitlicher IT-gestützter Ansatz zur Unternehmensführung

In diesem Sinne vertritt Winkelmann die Auffassung, dass CAS, wenn es in einem Unternehmen erfolgreich eingesetzt ist, automatisch in Richtung CRM erweitert wird. „Wer eine CAS-Vertriebssteuerung einsetzt, dem ist der Weg zu CRM vorgezeichnet. In vielen Unternehmen laufen Integration und Automatisierung von Kundenprozessen ‚scheibchenweise' (permanent) über viele Jahre ab; und nicht im Rahmen eines revolutionierenden Projektes. Den Urknall hat man mit der CAS-Einführung hinter sich." (Winkelmann 5/2000, S. 37, vgl. auch Winkelmann 2002, S. 97 ff.)

Die Beschäftigung mit CRM-Systemen führt dann übrigens automatisch zu der Frage, inwieweit betriebswirtschaftliche Standardsoftware (ERP-Systeme) wie SAP R3 nicht für die Übernahme der CAS/CRM-Aufgaben verantwortlich sein sollte bzw. diese Aufgabe bereits ausfüllt (vgl. Winkelmann 2002, S, 96 und S. 110 ff.).

CAS-Systeme werden seit Mitte der 80er Jahre zur Unterstützung des Vertriebs, insbesondere des Außendienstes, in fast allen Branchen eingesetzt. Von Anfang an dabei waren die **Konsumgüter- und Markenartikelindustrie**, **Pharmaunternehmen** sowie **Versicherungen**. Es folgten Branchen wie **Investitionsgüter** und **technische Gebrauchsgüter**. Heute ist auch eine verstärkte Nachfrage in den Bereichen **Finanz-**

dienstleistung, **Telekommunikation** und **Energieversorgung** festzustellen (vgl. o.V. 2001, S. 2).

Das **Ziel** von CAS-Systemen ist die **Effizienzsteigerung** der Vertriebsmitarbeiter und die Förderung der **Kundenbearbeitung**, insbesondere durch
- Unterstützung der Vertriebssteuerung (Planung, Steuerung, Kontrolle),
- Verbesserung der Kommunikation mit den Kunden (Verkaufsgespräch, Pflege der Beziehungen),
- Optimierung der Administration/Disposition (Abwicklungsaufgaben, Termine, Kontakte, Berichte, Präsentationen, etc.).

_{Ziel von CAS-Systemen ist die Effizienzsteigerung der Vertriebsmitarbeiter und die Förderung der Kundenbearbeitung}

In der Praxis können folgende **Nutzenvorteile durch den Einsatz von CAS** beobachtet werden (vgl. Hassmann 1997, S. 13):
Quantitativer Nutzen (Kosteneinsparungen) durch
- Materialreduzierungen,
- preiswertere Kommunikation,
- Arbeitszeiteinsparungen,
- weniger Fehler,
- schnelleren Durchlauf,
- kurzfristigere Reaktionen.

Der Nutzen ist hier (exakt) **messbar**.

_{Der quantitative Nutzen ist (exakt) messbar}

Qualitativer Nutzen durch
- bessere Qualität für den Kunden,
- gezieltere Informationen,
- bessere Marktanalysen,
- schnellere Kommunikation,
- Motivation des Außendienstes,
- Vorsprung vor Mitwettbewerbern.

Der Nutzen ist hier **nicht** (exakt) **messbar**.

_{Der qualitative Nutzen ist nicht (exakt) messbar}

Trotz all dieser offensichtlicher Nutzenvorteile zeigt die Praxis **erhebliche Probleme bei der Einführung von CAS**. Dazu gehören fehlerhafte Software, Schwierigkeiten bei der Nutzung der Technik, mangelnde Akzeptanz, insbesondere bei den Außendienstmitarbeitern, fehlende Schulung und ungenügende organisatorische Anpassungen. „Das ist nicht erstaunlich, denn schließlich hat die Einführung der technischen Innovation CAS immer auch organisatorische Konsequenzen, und Organisationsveränderungen haben mit Menschen zu tun." (Hassmann 2001, S. 3) Und die Menschen fürchten ganz besonders, dass durch

_{Trotz der offensichtlichen Nutzenvorteile zeigt die Praxis erhebliche Probleme bei der Einführung von CAS}

CAS ihre Besitzstände angegriffen werden, Arbeitsweisen sich verändern und die Anforderungen wachsen:

- **Vertrieb**: Reorganisationen werden befürchtet; denn mit der Einführung von CAS geht meist einher, dass etablierte Abläufe und gewachsene Strukturen überprüft werden. Die Folge sind oft Veränderungen in den Vertriebsstrukturen wie Neuklassifikation der Kunden, Überprüfung der Arbeitsbelastung der Mitarbeiter, Neueinteilung von Verkaufsbezirken, Umsetzung von Mitarbeitern usw.
- **Verkäufer**: Sie verlieren mit dem Informationssystem CAS ihr Monopol auf die alleinige intime Kundenkenntnis. Kunden- und Verkaufszahlen, aber auch Rabattstrukturen und Aktivitäten beim einzelnen Kunden werden transparenter, was zu einer verstärken Kontrolle und Einflussnahme führt.

Aber auch andere Abteilungen wie die **EDV-Abteilung** oder die **Produktionsabteilung** sehen Veränderungen durch CAS auf sich zukommen. So befürchtet die EDV ggf., dass etablierte Systemstrukturen verändert werden müssen, und die Produktionsabteilung befürchtet z. B., in Zukunft vermehrt Kundenwünsche bei der Fertigung berücksichtigen zu müssen (vgl. Hassmann 2001, S. 3 f.).

Die Einführung von CAS sollte bzw. muss, wie jede tief greifende Organisationsveränderung, durch Maßnahmen begleitet werden, die heute unter dem Stichwort „**Change Management**" in die Organisations-Literatur Eingang gefunden haben. Die **wichtigsten Prinzipien**, die beachtet werden sollten, sind:

- **Betroffene zu Beteiligten machen**: Die Vertriebsmitarbeiter als Betroffene müssen von Anfang an in die Veränderungsprozesse, die durch die Einführung von CAS in Gang gesetzt werden, integriert werden und damit zu Beteiligten gemacht werden. Da nicht alle Mitarbeiter teilnehmen können, sollten Mitarbeiter ausgewählt werden, die ggf. die Funktion von Meinungsführern in ihren Gruppen haben und bei denen keine grundsätzlichen Widerstände gegen IT-basierte Arbeitsmethoden bestehen.
- **Offene Kommunikation**: Es muss von Anfang an allen Mitarbeitern klar und ehrlich kommuniziert werden, was die Unternehmens- bzw. Vertriebsführung geplant hat, weiterhin, dass Arbeitsplatzveränderungen auf die Mitarbeiter zukommen. So ist auch von Anfang an der Betriebsrat in die Prozesse zu integrieren, da die Einführung von CAS eine Veränderung des Arbeitsplatzes bedeutet, die gemäß § 90 BetrVG dem Unterrichtungs- und Beratungsrecht des Betriebsrats unterliegt.

- **Vertrauen aufbauen**: Die Mitarbeiter müssen glaubhaft erfahren, dass Eingriffe in vertraute Arbeitsabläufe und Strukturen notwendig sind, um die Zukunft des Unternehmen zu sichern, und dass das Unternehmen durch entsprechende Maßnahmen wie Integration in das CAS-Projektteam, Training und Schulung die Mitarbeiter für die veränderte Arbeitsplatzgestaltung „fit" machen wird.
- **Soziale Beziehungen berücksichtigen**: Veränderungen führen auch zu der Angst, dass soziale Beziehungen zerstören werden, z. B. wenn man seine gewohnten und vertrauten Kunden nicht mehr besuchen kann. Eine andere Sorge ist, das „Gesicht zu verlieren", z. B. indem man zu dem Kunden geht, den man seit 10 Jahren besucht hat, und jetzt auf einmal für das Verkaufsgespräch einen Laptop unterstützend einsetzen soll, den man noch nicht einmal hundertprozentig bedienen kann. Das muss berücksichtigt werden.

Die Einführung von CAS hat aber nicht nur die Schwierigkeit, dass die Mitarbeiter Abwehr und Ängste zeigen. Die Einführung von CAS führt fast automatisch zu **vertriebskonzeptionellen Fragestellungen**, die in einer **Situationsanalyse** des Vertriebs münden und zur **Formulierung von Vertriebszielen und Vertriebsstrategien** zwingen. Zum Beispiel stellt sich die Frage, nach welchen Kriterien Kunden klassifiziert werden und ob diese Klassifikation den zukünftigen Anforderungen genügt. Sollen auch zukünftig alle Kunden durch den Außendienst besucht werden oder kommt eine telefonische Betreuung durch den Innendienst infrage? Welche Aufgaben nehmen die Mitarbeiter beim Kundenbesuch genau wahr? Sind umsatzbezogene Provisionssysteme auch heute noch zielführend oder muss die Provision auch am Deckungsbeitrag orientiert werden? Usw.

CAS-Projekte scheitern, wenn kein klares Vertriebskonzept vorliegt, oder aber sie laufen Gefahr, unbefriedigende Ist-Situationen festzuschreiben.

> CAS-Projekte scheitern, wenn kein klares Vertriebskonzept vorliegt oder sie laufen Gefahr, unbefriedigende Ist-Situationen festzuschreiben

ZUSAMMENFASSUNG ÜBUNG

- Planungs- und Abwicklungsaufgaben, die in den verschiedenen Phasen des Verkaufsprozesses anfallen, werden informationstechnologisch durch CAS-Systeme unterstützt.
- CRM-Systeme gehen über die Verkaufsarbeit hinaus. Vor- und nachgelagerte Kundenprozesse in den Abteilungen Marketing, Kundendienst, Logistik und weiteren Abteilungen werden integriert.
- Der Nutzen von CAS-Systemen ist Unterstützung des Vertriebsmanagements bei Planung, Steuerung und Kontrolle, Verbesse-

rung der Kommunikation mit den Kunden, Optimierung der Administration und Disposition bei Abwicklungsaufgaben, Terminplanung, Kontakten, Berichten und Präsentationen.
• Die Einführung von CAS-Systemen ist mit vielen Konsequenzen und auch Problemen verbunden.

ZUSAMMENFASSUNG ÜBUNG

• Was sind CAS-Systeme in Abgrenzung zu CRM-Systemen?
• Welche Ziele sind mit der Einführung von CAS-Systemen verbunden und welche Probleme tauchen dabei auf?
• Welche Prinzipien des „Change Management" unterstützen die tief greifenden organisatorischen Anpassungsprozesse?

5.6.2 Kernelemente eines CAS-Systems

Kernelemente des CAS-Systems sind die Nutzer, die Informationsquellen und die Funktionselemente bzw. Tools.

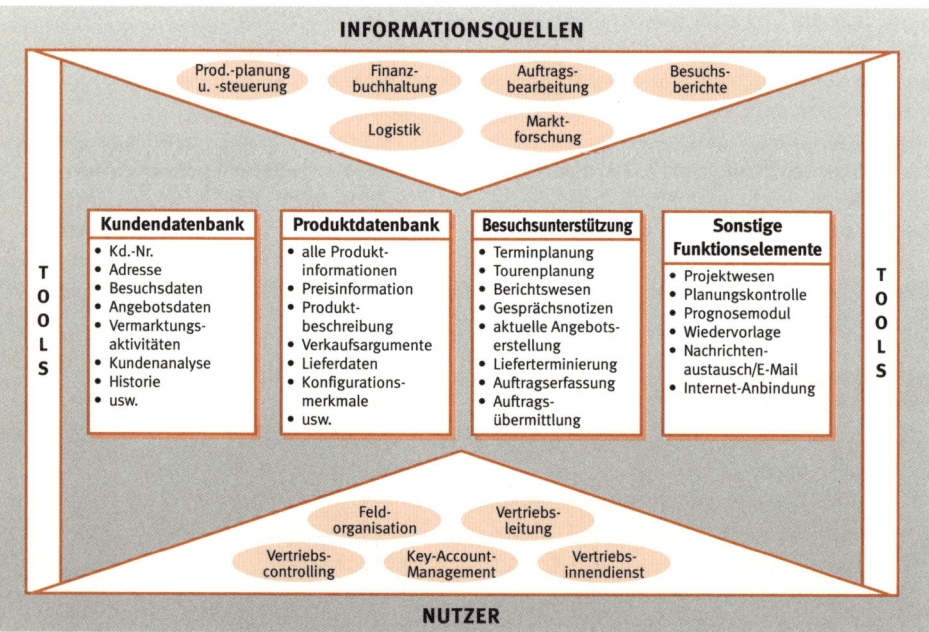

Abb. 5.18: Kernelemente eines CAS-Systems

Zu den **Nutzern** im Vertrieb gehören praktisch sämtliche Vertriebsmitarbeiter, die Vertriebsleitung, das Key-Account-Management, die Feldorganisation, der Vertriebsinnendienst und das Vertriebscontrolling. Aber auch Call Center als Service-Abteilungen können in einem CAS-System integriert werden.

Ein CAS-System wird aus **verschiedenen Informationsquellen** gespeist. Zu diesen gehören z.B. die Produktionsplanung und -steuerung, die Logistik, die Finanzbuchhaltung, die Auftragsbearbeitung, die Marktforschung sowie Besuchsberichte. Daher ist es notwendig, die Kompatibilität mit anderen im Unternehmen verwendeten IT-Systemen, wie Produktkonfigurationen, MS-Office (Word, Excel), Lotus Notes, ERP-Systemen (SAP, Oracle, etc.) oder z.B. geografischen Informationssystemen (GIS) sicherzustellen.

> Die Kompatibilität von CAS-Systemen mit anderen im Unternehmen verwendeten IT-Systemen muss sichergestellt sein

Die **Funktionselemente**, die den Verkaufsprozess unterstützen, sind vielfältig. Wichtige Tools sind z.B. (vgl. Link/Hildebrand 1993, S. 108, vgl. Homburg, Schneider, Schäfer 2001, S. 220, vgl. Hassmann 2001, S. 8f., vgl. Schwetz 2000, S. 114):

- **Kundendatenbanken** mit Grunddaten wie Kundennummer, Adresse usw.; Kundenbearbeitungsinformationen wie Besuchsdaten, Angebotsdaten, Vermarktungs-Aktivitäten, Historie usw., Kundenanalyse/Kundenportfolio-Analyse
- **Produktdatenbanken** mit allgemeinen Produktinformationen, Preisinformationen, Produktbeschreibungen, Verkaufsargumenten, Lieferzeiten, je nach Branche auch mit Konfigurationsmerkmalen wie Zusatzausstattungen usw.
- **Elemente zur Besuchsunterstützung**, z.B: Terminplanung/Tourenplanung, Angebotsstand, Berichtswesen, Gesprächsnotizen, aktuelle Angebotsinformation, Angebotserstellung/Angebotskalkulation, Wirtschaftlichkeitsberechnungen, Lieferterminierung, Auftragserfassung, Auftragsübermittlung, Reisekosten- und Provisionsabrechnung
- **Sonstige Funktionselemente** wie: Projektberichtswesen, Planungs-, Kontroll-, Prognosemodul, Wiedervorlage, Nachrichtenaustausch/eMail, Internet-Anbindung usw.

Zusätzlich zu den Standardfunktionen verfügen einzelne Anbieter über eine **Branchenspezialisierung** und bieten **Zusatzmodule** an, die sich im Baukastensystem miteinander kombinieren lassen. Branchenspezifisch werden für den Konsumgüterbereich z.B. folgende Schwerpunkte gesehen (vgl. Schwetz 2000, S. 124): Kampagnen-Management, Kunden-Artikel-Konditionen, Auftragshistorie, Auftragserfas-

> Einzelne Anbieter verfügen über eine Branchenspezialisierung und bieten Zusatzmodule an

sung, Preiserhebungen, Listungen, Key-Account-Management, EDI, Internet, Multimedia.

Bei der **Hardware** kann zudem ein **Pen-Computer** sinnvoll sein, wenn der Außendienstmitarbeiter die Auftragserfassung im Stehen durchführen muss. Auch **Handheld-Computer** mit Lesestift zum Scannen der Artikelnummer am Verkaufsregal ergänzen das Notebook sinnvoll.

> **ZUSAMMENFASSUNG** **ÜBUNG**
>
> - Nennen Sie die Kernelemente eines CAS-Systems.
> - Welche Informationen enthalten Kunden- und Produktdatenbanken?
> - Durch welche Elemente/Tools wird der Kundenbesuch unterstützt?
> - Welche weiteren Tools sollten CAS-Systeme enthalten, um den Verkaufsprozess zu erleichtern?

5.6.3 Projektdurchführung

Die Entscheidung, ein CAS-System einzuführen, erfordert die **uneingeschränkte Überzeugung der Geschäftsleitung** von der Richtigkeit dieser Investition. Diese Entscheidung verlangt auch die entsprechende **Unterstützung in allen Phasen der Implementierung**. Ohne ein eindeutiges Bekenntnis hierzu (Commitment) wird eine CAS-Implementierung scheitern, denn die beteiligten Mitarbeiter identifizieren sich lediglich in dem Maße, wie sich die Geschäftsleitung selbst damit identifiziert.

In dem Projektteam müssen alle künftigen Anwenderbereiche vertreten sein

Ist das „Ja" für CAS gefallen, so ist ein **Projektteam** zu bilden. In diesem Team müssen alle künftigen Anwenderbereiche vertreten sein, es darf auf keinen Fall ein reines EDV-Team sein. Zu den **permanenten Projektbeteiligten** gehören:
- Außendienst,
- Vertriebsleitung,
- Kundendienst,
- Innendienst,
- Marketing bzw. Handelsmarketing,
- EDV-Management.

Je nach Erfordernis müssen **weitere betroffene Funktionsbereiche** zeitweise integriert werden, z.B. Buchhaltung, Auftragsabwicklung, Logistik, Produktion usw.

Zu klären ist, welche Abteilung die Leitung des Projektteams übernimmt. Schwetz unterscheidet hier zwischen einer **Konzeptions- und einer Einführungsphase**. Insbesondere die **Konzeptionserstellung ist Sache des Vertriebs** und nicht der EDV-Abteilung.

Und er empfiehlt, die Einführungsphase in einen **vertriebsorientierten** und in einen **systemorientierten** Teil zu splitten (vgl. Schwetz 2000, S. 141).

Unterteilung in Konzeptions- und Einführungsphase

Für die Einführung eines CAS-Systems ist es empfehlenswert, dem von Schwetz entwickelten **10-Stufen-Plan** zu folgen:

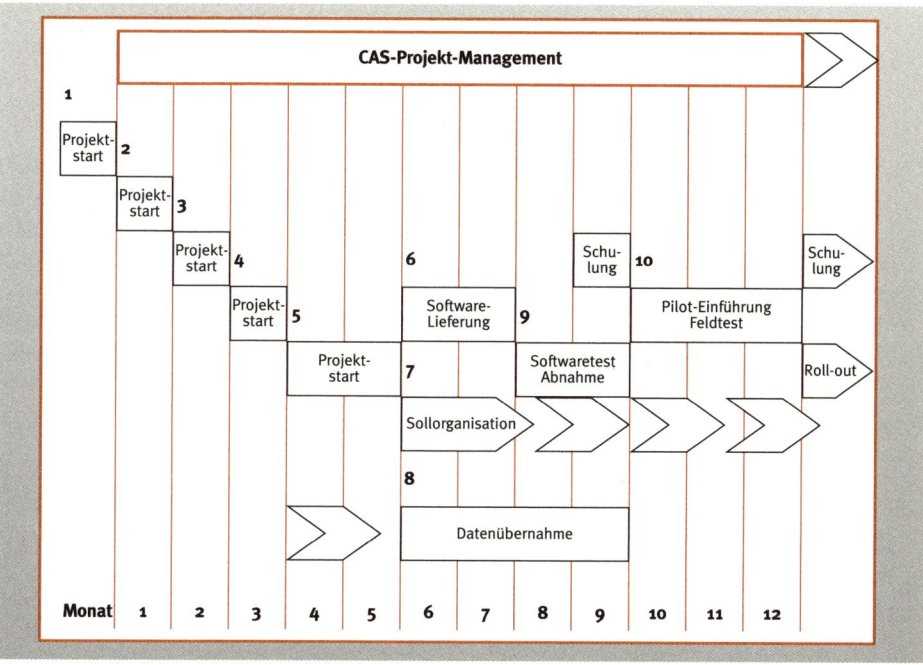

Abb. 5.19: 10-Stufen-Plan für die Einführung eines CAS-Systems (Quelle: Schwetz 2000, S. 168)

Die wesentlichen Inhalte dieser 10 Stufen werden im Folgenden dargestellt (vgl. Schwetz 2000, S. 167 ff.):

Phase 1: Zum **Projektstart** gehört:
- die Benennung der Teamleitung und der Teammitglieder,
- die Formulierung der Ziele aller Beteiligten sowie die Abschätzung des benötigten Zeitbedarfs und der Kosten,

- die Information aller betroffenen Mitarbeiter über die Pläne und die anstehenden Veränderungen.

Phase 2: Analysephase

In dieser Phase werden Vertriebsaufgaben, Vertriebsprozesse und Organisationsstrukturen sowie Informationsflüsse analysiert und schriftlich niedergelegt.

In der Analysephase werden Vertriebsaufgaben, Vertriebsprozesse, Organisationsstrukturen und Informationsflüsse analysiert

Darüber hinaus ist es hilfreich, ein „**Mengengerüst** über die wichtigen Eckdaten von heute und die Veränderungen für die Zukunft (soweit absehbar) aufzustellen" (Schwetz 2000, S. 169 f.). Mit diesem Mengengerüst kann das zu bewältigende Datenvolumen abgeschätzt werden. Zu dem Mengengerüst gehören z. B. Angaben über die Anzahl der Kunden, Anzahl der Mitarbeiter im Verkauf, Anzahl der Ausgangsrechnungen pro Jahr, Anzahl der verkaufsfähigen Produkte usw.

Phase 3: Rahmenkonzept

In diesem Rahmenkonzept werden die Ziele, die Aufgabenbereiche und die Prozesse, die über das CAS-System gesteuert werden sollen, in noch relativ grober Form beschrieben. Weiterhin wird der Kostenrahmen abgesteckt und es erfolgt eine Wirtschaftlichkeitsbetrachtung.

Das gesamte Konzept sollte dann der Geschäftsleitung und dem Betriebsrat zur Diskussion und Entscheidung bzw. Genehmigung vorgestellt werden.

Phase 4: Detailkonzept

Die einzelnen Anforderungen an Strukturen, Prozesse, Inhalte und Abläufe werden hier detailliert im Rahmen eines Pflichtenheftes beschrieben.

Phase 5: Softwareauswahl

Auseinandersetzung mit den mehr als 100 auf dem Markt erhältlichen Systemen

In dieser Stufe wird man sich mit den mehr als 100 auf dem Markt erhältlichen Systemen auseinander setzen müssen. Möglichkeiten zur Auswahl geeigneter CRM-Software sind im persönlichen Bekanntenkreis (Kollegen, Firmen, Verbände), bei Fachtagungen, im CRM-Forum (www.crmforum.de – vgl. Schwetz 2000, S. 209f.) oder auch im CRM-Report (vgl. CRM-Report 2003) zu finden.

Phase 6: Softwarelieferung

In dieser Stufe beginnt die Realisierungsphase. Es ist sinnvoll, das Projekt in die EDV-technische Umsetzung und in die organisatorische Umsetzung zu teilen.

Phase 7: Organisatorische Anpassung
Jetzt müssen auch die organisatorischen Veränderungen gestartet werden, die mit der Einführung von CAS verbunden sind, wie z. B. Veränderungen in der Vertriebsstruktur oder Einführung der neuen Richtlinien für die Markt- bzw. Kundenbearbeitung.

Phase 8: Aufbau der Kunden-Datenbank
Je nach Umfang der Kundendaten kann der Aufbau der Kunden-Datenbank bereits zu einem relativ frühen Zeitpunkt angegangen werden. Der Aufbau dieser Datenbank sollte nicht nur als formaler Vorgang der Datenerfassung gesehen werden; die Daten sollten inhaltlich auf Richtigkeit und Aktualität überprüft werden. Je nach Qualität der vorliegenden Daten ist dies ein Vorgang, der ggf. viel mehr Zeit benötigt als geplant.

Daten inhaltlich auf Richtigkeit und Aktualität überprüfen

Phase 9: Testphase und Abnahme
Zu Beginn dieser Phase müssen alle Komponenten des Systems, Hardware, Software, Kommunikationstechnik einschließlich der Schnittstellen vorhanden sein. Schwetz empfiehlt, für diese Phase, je nach Größe des Projektes, einige Wochen vorzusehen, da selbst bei renommierten Softwareanbietern immer wieder Probleme auftreten (vgl. Schwetz 2000, S. 183).

Parallel dazu erfolgt die Schulung der Pilotanwender und der Systemadministratoren.

Phase 10: Pilotphase
Für die Pilotphase sollte ebenfalls ein ausreichender Zeitraum von rund drei Monaten eingeplant werden. Die Aufgabe der Pilotanwender ist es, unter Bedingungen des Tagesgeschäfts das Programm einem praktischen Test zu unterziehen.

Für die Pilotphase sollte ein Zeitraum von rund drei Monaten eingeplant werden

Danach erfolgt der „Roll-Out", d. h. die schrittweise Einführung des CAS-Systems bei allen anderen Anwendern.

Zusammengerechnet liegen die **Einführungszeiträume** von CAS-Systemen bei circa **0,5 bis 1,5 Jahren**. Die **Kosten pro Arbeitsplatz** betragen, als Daumenregel, bei qualifizierten Software-Systemen inklusive Anpassung ca. **2.500 € ohne Hardware**.

Fallbeispiele von erfolgreich eingeführten CAS-Systemen dokumentieren (vgl. Hassmann 1997, S. 12 f.):

 CAS ist für die Vertriebsarbeit und die erfolgreiche Kundenbearbeitung ein unverzichtbares Element geworden.

ZUSAMMENFASSUNG **ÜBUNG**

- Die Einführung eines CAS-Systems fordert die uneingeschränkte Zustimmung und Unterstützung der Geschäftsleitung.
- Es ist ein Projektteam zu bilden, das sich aus allen beteiligten Funktionsbereichen zusammensetzt. In der Konzeptionsphase sollte es unter der Führung der Vertriebsabteilung stehen. Die Einführungsphase sollte in einen vertriebsorientierten und einen systemorientierten Part gesplittet werden.
- Der 10 Stufen-Plan für die Einführung umfasst nach Schwetz folgende Phasen: Projektstart, Analysephase, Rahmenkonzept, Detailkonzept, Softwareauswahl, Softwarelieferung, organisatorische Anpassung, Aufbau der Kunden-Dateibank, Testphase und Abnahme sowie Pilotphase.
- Die Einführungsdauer liegt zwischen 0,5 und 1,5 Jahren. Die Kosten für die Software inkl. Anpassung liegen, als Daumenregel, bei ca. 2.500 € pro Arbeitsplatz (ohne Hardware).

ZUSAMMENFASSUNG **ÜBUNG**

- Erläutern Sie den 10-Stufen-Plan der Einführung eines CAS-Systems und nennen Sie Details über die Aufgaben und Themen in den einzelnen Phasen.

6 Kunden- und Vertriebscontrolling

6.1	CONTROLLING IM VERTRIEB	206
6.2	KUNDEN-CONTROLLING	207
6.2.1	Kundenstatus – Loyalitätsleiter	207
6.2.2	Kundenlebenszyklus/Customer Life Cycle (CLC)	208
6.2.3	ABC-Analyse/Multifaktoren-Analyse	209
6.2.4	Portfolio-Analyse	213
6.2.5	Kundendeckungsbeitrag	217
6.2.6	Kundenkapitalwert/Customer Lifetime Value (CLV)	218
6.2.7	Analyse der Kundenzufriedenheit	219
6.3	CONTROLLING DER VERTRIEBSERGEBNISSE	221
6.3.1	Berichtswesen	221
6.3.2	Kennzahlen	223
6.3.3	Vertriebsergebnisrechnung	224
6.3.4	Beurteilungen	226
6.3.5	Benchmarking und Balanced Scorecard	227

6.1 Controlling im Vertrieb

→ *Controlling ist steuern und lenken, analysieren und planen; der Controller ist der „Steuermann".*

Eine klare und einheitliche Definition des Controllingbegriffs fehlt (vgl. Link/Gerth/Voßberg 2000, S. 9; vgl. Horvarth 2002, S. 26 ff.). Was macht das Controlling? Es soll **Planziele ausarbeiten**, die **Entwicklung von Strategien unterstützen**, **Abweichungen analysieren** und die sich daraus ergebenden **Korrekturhandlungen einleiten**. Weiterhin ist es die zentrale Aufgabe einer Controlling-Abteilung, die Führungskräfte eines Unternehmens **mit allen wichtigen Informationen** zu **versorgen** (vgl. Horvarth 2002, S. 17 f.).

Controlling ist oft spezialisiert

Controlling ist oft spezialisiert, z. B. auf die verschiedenen Funktionsbereiche oder auf Produktsparten, geografische Gebiete oder auch Projekte. Es werden **Controlling-Subsysteme** gebildet, auch als **Bereichs-Controlling** bezeichnet. Deren Notwendigkeit hängt ab von der Unternehmensgröße und -organisation, dem Produktprogramm und dem Umfeld des Unternehmens. Diese Art des Controllings macht die Controller in den einzelnen Abteilungen/Bereichen zu Assistenten, deren Tätigkeit der von Stabsstellen ähnelt. Ein solches Subsystem ist das Marketing-Controlling bzw. das **Vertriebscontrolling** (vgl. Horvarth 2002, S. 870).

Hauptaufgaben des Vertriebscontrollings: Informationsversorgung, Planungsfunktion, Koordination und Kontrolle von Vertriebsaktivitäten

Die **Hauptaufgaben des Vertriebscontrollings** bestehen in der Informationsversorgung, der Planungsfunktion, der Koordination und der Kontrolle von Vertriebsaktivitäten.

Die **strategischen Aufgaben** des Vertriebscontrollings können u. a. in der Definition der langfristigen Absatzwege sowie der langfristigen Entwicklung der Distributionslogistik unter Leistungs- und Kostengesichtspunkten liegen. Weitere Aufgabenbereiche können sein: die Entwicklung und Pflege von strategischen Steuerungssystemen, das Aufstellen von flexiblen Anreiz-, Entlohnungs- und Provisionssystemen für den Außendienst, deren Effizienzkontrolle und die Analyse der Wirkung vertrieblicher Einzelmaßnahmen, z. B. Rabatte (vgl. Küpper 1995, S. 2623). Auch die Frage, ob die vorhandene Vertriebsorganisation in Zukunft die richtige ist, kann durch das Vertriebscontrolling untersucht werden.

Die **operativen Aufgaben** des Vertriebscontrollings haben direkt mit den Auswirkungen von Vertriebsaktivitäten auf die Erreichung der in der Vertriebspolitik bzw. im Vertriebsplan formulierten Ziele zu tun.

In den nachfolgenden Kapiteln werden einige ausgewählte Instrumente des Vertriebscontrollings vorgestellt.

Bei den hier vorgestellten Controlling-Instrumenten steht der **Kunde im Mittelpunkt der Betrachtung**. Die Instrumente helfen, den Fokus der Arbeit der Vertriebsabteilung auf die **„richtigen" Kunden** zu lenken und den **Kunden richtig zu behandeln**.

Um den Kunden richtig zu behandeln, muss man den **Kundenstatus** kennen, das ist der Stand der Geschäftsbeziehungen. Mit der Kundenloyalitätsleiter und dem Kundenlebenszyklus kann der Kundenstatus erfasst werden.

Warum müssen die richtigen Kunden gefunden werden? Es können nicht alle Kunden gleich behandelt werden, sondern es ist eine „systematische ‚Auswahl der Könige'", eine **Kundenqualifizierung** vorzunehmen (Winkelmann 2002a, S. 310). Warum ist das notwendig? Die Vertriebsressourcen wie Besuchsfrequenz durch Außendienstmitarbeiter, Besuchsdauer, Verkaufsförderungsmaterial, Serviceleistungen, Rabatte, Reklamationsbehandlung, Belieferung bei Engpässen usw. reichen nicht aus, um sie allen Kunden gleichmäßig zukommen zu lassen. Sie müssen daher zielgerichtet zu den Kunden gesteuert werden, die für das Unternehmen „wichtig" sind, die sich für das Unternehmen „rechnen" und die das Unternehmen auch in Zukunft erfolgreich sein lassen. Ein weiterer Effekt der Kundenqualifizierung und der Zuordnung von Ressourcen ist, dass sich ein **höheres Kostenbewusstsein bei den Vertriebsmitarbeitern** einstellt. Infolgedessen ergeben sich auch oft Möglichkeiten der Kostensenkung.

Neben Instrumenten zur Ermittlung des Kundenstatus und zur Kundenqualifizierung wird zuletzt die Messung der **Kundenzufriedenheit** angesprochen.

6.2 KUNDEN-CONTROLLING

Die Vertriebsressourcen müssen zielgerichtet zu den Kunden gesteuert werden, die für das Unternehmen wichtig sind

6.2.1 Kundenstatus – Loyalitätsleiter

Welchen Status hat die Geschäftsbeziehung zwischen Kunde und Lieferant? Wie eng ist der Grad der Bindung? Handelt es sich bei dem Kunden um einen potenziellen Kunden, der ein Produktinteresse hat, hat er bereits einen Erstkauf getätigt oder gehört er schon fast zu den Stammkunden des Unternehmens? Anhand dieser Fragen lässt sich ein Kunde auf der **„Loyalitätsleiter"** einordnen, sie definiert den Kundenstatus.

Jeder Kontakt, den der Vertrieb zu den Kunden hat (Lead), ist danach zu bewerten, auf welcher Stufe der Loyalitätsleiter sich der Kunde befindet. Jede **Kundenkategorie** stellt unterschiedliche Anforderungen, der Vertrieb muss eine **differenzierte Ansprache** entwickeln. Kunden, die gar keine Kenntnis über das Unternehmen haben, müssen anders angesprochen werden als Kunden, bei denen bereits ein konkretes Produktinteresse vorliegt.

Jede Kundenkategorie stellt unterschiedliche Anforderungen an den Vertrieb

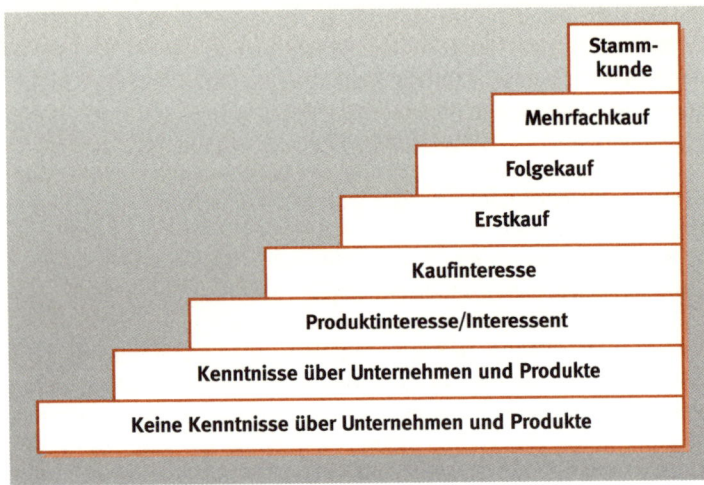

Abb. 6.1: Stufen der Loyalitätsleiter (vgl. Kreutzer 1990, S. 106)

Auch die **Betreuung** ist **unterschiedlich**: Erstkäufer sind auf andere Weise zu betreuen als Folgekäufer oder gar Stammkunden (vgl. Link/ Hildebrand 1993, S. 47f.). CAS/CRM-Software bietet heute die Möglichkeit, den Kundenstatus auf einfache Weise durch Indizierung zu erfassen (vgl. Winkelmann 2000, S. 221).

6.2.2 Kundenlebenszyklus/Customer Life Cycle (CLC)

Wie bei dem Produktlebens-Zyklus kann die Entwicklung einer Geschäftsbeziehung zwischen Kunde und Lieferant in einem Lebenszyklus-Modell gesehen werden.

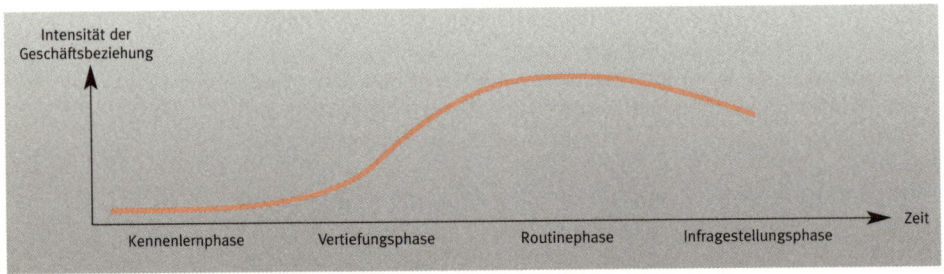

Abb. 6.2: Kundenlebenszyklus nach Hentschel (vgl. Fuchs 2002, S. 89)

Durch die Analyse, in welcher Phase sich ein Kunde befindet, kann der Vertrieb den Kunden, wie bei der Loyalitätsleiter, gezielter bearbeiten.

Für ein Unternehmen ist es auch wichtig zu wissen, wie seine Kunden auf die einzelnen Phasen verteilt sind, d. h., die **Ausgewogenheit des Kundenstamms** kann überprüft werden. Es kann allerdings vorkommen, dass Kunden Phasen überspringen oder aber in frühere Phasen zurückfallen (vgl. Peters 1999, S. 266).

> Anhand des Lebenszyklusmodells kann die Ausgewogenheit des Kundenstamms überprüft werden

ZUSAMMENFASSUNG ÜBUNG

- Welchen Status die Kundenbeziehung hat, kann sowohl mithilfe der sog. Loyalitätsleiter als auch mit dem Kundenlebenszyklus festgestellt werden.
- In beiden Fällen handelt es sich nicht um deterministische (= die Willensfreiheit verneinende) Modelle: Phasen können übersprungen werden, sie sind branchenabhängig unterschiedlich lang und der Weg kann auch rückwärts gehen. In jedem Fall helfen Sie dem Vertrieb, den Kunden angemessen zu behandeln.

ZUSAMMENFASSUNG ÜBUNG

- Schreiben Sie einen Brief an Ihre Kunden, in dem sie diese über die Einführung eines neuen Produktes informieren. Berücksichtigen Sie das eben Gelesene.
- Ein Kunde, der bereits Mehrfachkäufe getätigt hat, soll zum Stammkunden qualifiziert werden. Welche Maßnahmen sollten jetzt eingeleitet werden?

6.2.3 ABC-Analyse/Multifaktoren-Analyse

Mit der ABC-Analyse kann ein Unternehmen seine Kunden **qualifizieren**. Die Kunden werden bei dieser Methode **eindimensional nach ihrer Bedeutung für das Unternehmen in Gruppen aufgeteilt**.

Die ABC-Analyse folgt dem Gedanken Paretos (1848 bis 1923, italienischer Nationalökonom, Prof. für politische Ökonomie an der Universität von Lausanne): Er erkannte, dass in vielen Märkten ein Großteil der Aktivitäten (80%) auf wenige Akteure (20%) zurückgeführt werden kann.

> In vielen Märkten kann ein Großteil der Aktivitäten (80%) auf wenige Akteure (20%) zurückgeführt werden

In der ABC-Analyse werden die **Kunden nach strategisch wichtigen Kriterien klassifiziert**: In der **A-Gruppe** sind die **wichtigsten Kunden**, in der **C-Gruppe** die **schwächsten Kunden**. Die Dreiteilung in A,B,C erweist sich oft als ausreichend, es kann aber auch eine Ausdehnung in weitere Gruppen vorgenommen werden. Bei welchem Wert die Grenzziehung für eine Gruppe erfolgt, muss jeweils individuell entschieden werden, es gibt hierzu keine mathematische Regel oder Vorschrift.

Bei der **klassischen ABC-Analyse** wird immer **ein einzelnes Klassifikationskriterium** verwendet. In der Praxis ist das i. d. R. der Umsatz:

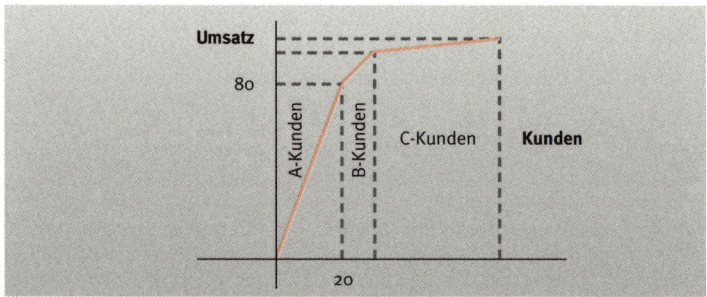

Abb. 6.3:   Typischer Umsatzverlauf der ABC-Analyse

Eine Beurteilung der Kunden sollte nicht nur auf einem Kriterium beruhen

Eine Beurteilung der Kunden sollte jedoch nicht nur auf einem Kriterium beruhen. Es sollten **mehrere strategisch wichtige Parameter** einbezogen werden, um zu einer aussagekräftigen Beurteilung der Kunden zu kommen. Neben dem **Umsatz** sollte – wenn möglich – der **Deckungsbeitrag** zur Beurteilung herangezogen werden. Darüber hinaus gibt es eine Vielzahl weiterer Kriterien wie z. B. Wettbewerbsaktivitäten, Bonität, Zahlungsmodus, Kooperationsbereitschaft, Betreuungserfordernis, Referenzkunde usw.

Zudem können die Kunden nach ihrem **Ist-Zustand** klassifiziert werden und/oder es werden **Potenzialdaten** verwendet, z. B. aktueller Umsatz und zukünftiger (geschätzter) Umsatz.

Mittels eines Punktbewertungsverfahrens mehrere Kriterien in eine Rangreihe bringen und eventuell gewichten

Werden **mehrere Kriterien** zur Kundenklassifikation eingesetzt, wird von einer **Multifaktoren-Analyse** oder einem **Scoring-Modell** gesprochen. Mittels eines **Punktbewertungsverfahrens** werden die Kriterien in eine **Rangreihe** gebracht.

Um Unterschiede in der Bedeutung von Kriterien zu erfassen, sollte eine **Gewichtung** der Kriterien vorgenommen werden (gewichtetes Punktbewertungsverfahren – vgl. nachfolgendes Beispiel).

Anhand der ABC-Analyse mit einem Kriterium oder in Form der Multifaktoren-Analyse haben die Unternehmen zum einen die Möglichkeit, die „wichtigen" von den weniger wichtigen Kunden zu trennen. Zum anderen können sie erkennen, wie stark der **Grad der Abhängigkeit**

von einzelnen Großkunden oder aber auch der **Grad der Verzettelung auf viele Kleinkunden** (vgl. Winkelmann 2000, S. 93) ist.

> **Beispiel**
>
> Ein Unternehmen will eine ABC-Analyse durchführen und feststellen, wie die Ressourcen „Besuchszeit der Außendienstmitarbeiter" und „Personalschulung" den Kunden zugeordnet sind. Die Kunden werden nach dem Kriterium „Umsatz", der innerhalb einer festgelegten Periode erzielt wurde, in eine Rangreihe gebracht:
>
> | Kunde | Umsatz | Klasse |
> |---|---|---|
> | Kunde 1 | 100.000 € | A-Kunden |
> | Kunde 2 | 95.000 € | |
> | Kunde 3 | 93.000 € | |
> | .... | .... | |
> | Kunde m | 50.000 € | B-Kunden |
> | Kunde m+1 | 43.000 € | |
> | Kunde m+2 | 38.000 € | |
> | .... | .... | |
> | Kunde n | 5.000 € | C-Kunden |
> | Kunde n+1 | 3.000 € | |
> | Kunde n+2 | 1.500 € | |
> | .... | .... | |
>
> In einer weiteren Analyse wird festgestellt, wie diesen Kunden die Besuchszeiten und die Personalschulungen zugeordnet werden können. Dies führt zu folgendem Ergebnis:
>
> | Kundenklasse | Zahl der Kunden in % | Anteil am Gesamtumsatz in % | Erh. Ress. Besuchszeit in % | Erh. Ress. Personalschulung in % |
> |---|---|---|---|---|
> | A | 5 | 50 | 10 | 20 |
> | B | 10 | 25 | 10 | 25 |
> | C | 25 | 15 | 30 | 35 |
> | D | 60 | 10 | 50 | 25 |
>
> Die Analyse zeigt deutlich, dass den umsatzschwachen, aber zahlenmäßig bedeutenden C- und D- Kunden ein Großteil der Ressourcen und damit der Kosten zufließt: 80 % der Besuchszeit des Außendienstes und 60 % der Personalschulungen. Im nächsten Schritt muss eine sinnvolle, zielgerichtete Zuordnung und Umverteilung der Ressourcen erfolgen.

Beispiel

Ein Hersteller will seine Kunden nach mehreren Kriterien mittels eines Scoring-Modells beurteilen. Die Gewichtungsfaktoren werden einmal – vor der Beurteilung – für alle Kriterien verbindlich festgelegt. Nachfolgend beispielhaft die Beurteilung von Kunde X:

Kriterium	Gewichtung 0,1–1,0	Ausprägung des Kriteriums von 1–10	Punktzahl/ Scoring-Wert
Beurteilung von Kunde X			
Umsatz	0,7	5	3,5
Deckungsbeitrag	1,0	7	7,0
Bonität	0,8	3	2,4
Wettbewerbsaktivitäten	0,7	8	5,6
Wachstumschancen des Kunden	0,6	8	4,8
Zahlungsweise	0,2	4	0,8
Kundenspezifischer Scoring-Wert			24,1

Der hier betrachtete Kunde X hat einen kundenspezifischen Scoring-Wert von 24,1.
Die maximale Punktzahl, die ein einzelner Kunde erhalten kann, ist 40. In diesem Fall hätte er in allen Merkmalsausprägungen den höchsten Wert 10 erhalten, multipliziert mit den Gewichtungsfaktoren ergibt sich der Punktwert 40.
Sind alle Kunden analysiert, werden sie entsprechend ihrer Punktzahl in eine Rangreihe gebracht und in ABC-Gruppen geordnet, z. B.:
A-Kunden = alle Kunden mit einem Scoring-Wert über 32
B-Kunden = alle Kunden mit einem Scoring-Wert zwischen 20 und 32
C-Kunden = alle Kunden mit einem Scoring-Wert von unter 20

Kunde X wäre in diesem Beispiel also ein B-Kunde.

ZUSAMMENFASSUNG **ÜBUNG**

- Bei der ABC-Analyse werden die Kunden anhand eines Kriteriums – meist der Umsatz – in eine Rangreihe gebracht und in Anlehnung an die Pareto-Regel (80:20-Regel) in Gruppen von wichtigen A-Kunden und weniger wichtigen B- und C-Kunden aufgeteilt.

- In der Multifaktoren-Analyse werden mehrere Kriterien zur Kundenbewertung eingesetzt. Diese Kriterien können vergangenheits- und zukunftsorientiert sein. Eine Gewichtung der Kriterien als Ausdruck ihrer strategischen Bedeutung für das Unternehmen ist sinnvoll. Auch hier werden die Kunden bewertet, die Bewertungen addiert und diese wiederum in eine Rangreihe gebracht, um die Kunden in Klassen einzuteilen.

ZUSAMMENFASSUNG **ÜBUNG**

- Nennen Sie mögliche Kundenklassifizierungs-Kriterien.
- Überlegen Sie, wie z. B. die Kriterien „Zahlungsweise", „Bonität" und „Wettbewerbsaktivitäten" operationalisiert werden können. D. h., erarbeiten Sie „Schlüssel", durch die die Bewertung, die jeder Kunde bei diesen Kriterien hat, ermittelt werden kann. (Die Ermittlung von Punkte-Bewertungsschlüsseln kann schwierig sein. Vor allem aber wird es in der Praxis sehr aufwendig, alle Kunden einer entsprechenden Untersuchung zu unterziehen.)

6.2.4 Portfolio-Analyse

Ein **Kundenportfolio** gibt die Möglichkeit, die Bedeutung und Investitionswürdigkeit von Kunden unter **zweidimensionalen** Gesichtspunkten zu beurteilen. Die Bestimmung der Position eines Kunden im Kundenportfolio kann nach verschiedenen Gesichtspunkten erfolgen.

Ein Kundenportfolio gibt die Möglichkeit, die Bedeutung und Investitionswürdigkeit von Kunden unter zweidimensionalen Gesichtspunkten zu beurteilen

Mögliche Merkmalkombinationen sind z. B.:
1) Umsatzwachstum – Lieferanteil
2) Kundenattraktivität – mögliche Position beim Kunden
3) Kundendeckungsbeitrag – Kundenzufriedenheit

Zu 1) Portfolio: **Umsatzwachstum – Lieferanteil**
Bei diesem Portfolio wird die Umsatzentwicklung der Kunden mit dem eigenen „Marktanteil" im Vergleich zu dem der Wettbewerber betrachtet. Dieses Portfolio zeigt die Kunden unter **taktischen Gesichtspunkten**. Es gibt dem Außendienstmitarbeiter eine Übersicht über die Kundenentwicklung und die Wettbewerbssituation bei den Kunden. Es unterstützt die **operative Einsatzsteuerung** des Außendienstes und ist eine Ergänzung für die strategische Kundenplanung der Verkaufsleiter.

Das Portfolio kann durch den Außendienstmitarbeiter erstellt werden. Es ist relativ schnell zu erstellen, fördert eine höhere Identifikation der Außendienstmitarbeiter mit den ggf. zu treffenden Maßnahmen und verbessert das analytische Denken (vgl. Winkelmann 2000, S. 206ff. bzgl. weiterer operativer Kundenportfolios).

> **ZUSAMMENFASSUNG** **ÜBUNG**
>
> | Kunde | Umsatzentwicklung letztes Jahr | Lieferanteil |
> |---|---|---|
> | Kunde A | − 5 % | 20 % |
> | Kunde B | + 3 % | 10 % |
> | Kunde C | + 10 % | 5 % |
> | Kunde D | − 8 % | 25 % |
> | Kunde E | − 3 % | 5 % |
> | Kunde F | + 15 % | 10 % |
> | Kunde G | + 8 % | 15 % |
> | Kunde H | + 4 % | 5 % |
> | Kunde I | + 6 % | 20 % |
>
> - Tragen Sie die Position der Kunden in einer 4-Feld-Matrix analog der Boston-Consulting-Group-Matrix ein. Welche Kunden sind Starkunden, Fragezeichenkunden, Abbau-Kunden und Melk-Kunden?
> - Üben Sie Kritik an diesem Portfolio.

Zu 2) Portfolio: **Kundenattraktivität – mögliche Position beim Kunden**
In diesem Portfolio werden die Kunden unter **strategischen Gesichtspunkten** betrachtet. Die zwei Hauptmerkmale: „Kundenattraktivität" und „mögliche Position beim Kunden" ergeben sich aus einem Scoring-Modell.

Nach Koinecke/Koinecke kann die Ermittlung der Merkmale folgendermaßen erfolgen (vgl. Koinecke/Koinecke 1996, S. 79):

	Kriterien	Bewertung					Werte Max. = je 30 Punkte
		1	2	3	4	5	
Kundenattraktivität	Ertragskraft/Bonität des Kunden				x		4
	Umsatzentwicklung des Kunden		x				3
	(Regionale) Marktposition des Kunden					x	5
	Marketingkonzept/Innovationskraft/Sortimentspol.	x					2
	Preis-/Konditionenpolitik				x		4
	Organisationsstruktur (Qualität/Quantität)			x			3
	Summe						21 von 30: 70 %

	Kriterien	Bewertung					Werte Max. = je 30 Punkte
		1	2	3	4	5	
Unsere mögliche Position beim Kunden	Unser Umsatzanteil am Potenzial des Kunden (= Lieferanteil)		x				2
	Unsere Umsatzentwicklung bei dem Kunden		x				2
	Deckungsbeitragsentwicklung des Kunden bei uns			x			3
	Unsere Wachstumschancen bei dem Kunden					x	5
	Kooperationsbereitschaft des Kunden mit uns				x		4
	Akzeptanz unseres Marketingkonzeptes			x			3
	Summe						19 von 30 = 63 %

Koinecke/Koinecke schlagen vor, die Kunden in eine **„9-Felder-Matrix"** einzutragen (ähnlich dem McKinsey Ansatz – hier werden die Parameter „Marktattraktivität" und relative „Wettbewerbsstärke" ebenfalls in ein 9-Felder-Portfolio eingetragen).

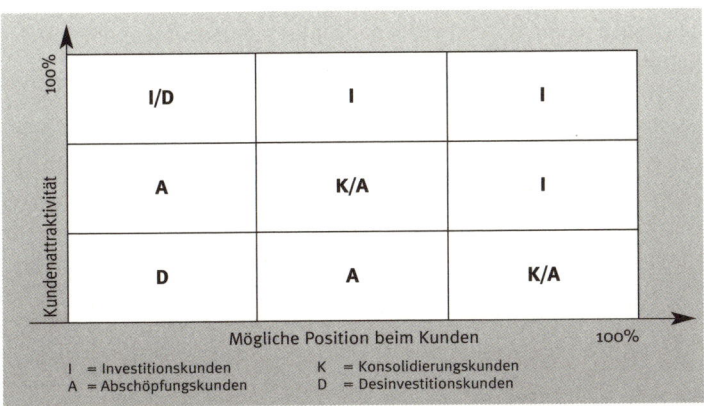

Abb. 6.4: *9-Felder-Kundenmatrix (Quelle: Koinecke, Jürgen / Koinecke, Jan; Mehr Profit im Vertrieb © 1996 verlag moderne industrie AG, S. 77)*

Folgende **Bearbeitungsstrategien** der Kunden sind vorzunehmen:
- I/D: Kunden werden ausgebaut (I-Kunden), oder das Unternehmen zieht sich zurück, da der Aufwand nicht zu vertreten ist (D-Kunden).
- I: Diese Kunden sind zukunftsträchtig, es lohnt sich, in diese Kunden zu investieren.
- K/A: Bei diesen Kunden sollte man den Aufwand in Grenzen halten, die Kunden – soweit möglich – gewinnträchtig stabilisieren (K-Kun-

den) oder unter Nutzung einer eigenen starken Position das herausholen, was möglich ist (A-Kunden – melken).
- A: Wenig Aufwand betreiben.
- D: Kundenbearbeitung einstellen, da sich der Aufwand nicht mehr lohnt.

Portfolio ist systematisch und umfassend, aber sehr aufwendig

Der **Vorteil** dieses Portfolios ist, dass die Beurteilung der Kunden und der eigenen Position bei den Kunden über die vielen Einzelkriterien systematisch und umfassend untersucht werden.

Der **Nachteil** liegt eben auch in dieser umfassenden Analyse, da der dafür zu betreibende Aufwand in zeitlicher und in personeller Hinsicht sehr intensiv ist.

Zu 3) Portfolio: **Kundendeckungsbeitrag – Kundenzufriedenheit**
Ein andere Möglichkeit zur Darstellung eines Kundenportfolios ist die Einteilung nach Kundendeckungsbeitrag und Kundenzufriedenheit. Die Ermittlung des Kundendeckungsbeitrags oder des Kundenertragswerts hilft dem Vertrieb, sich auf die ertragsstarken Kunden auszurichten. Um die Beziehung zu einem Kunden systematisch und langfristig zu entwickeln, muss der Faktor Kundenzufriedenheit in die Betrachtung miteinbezogen werden (vgl. Kothes 1999, S. 19).

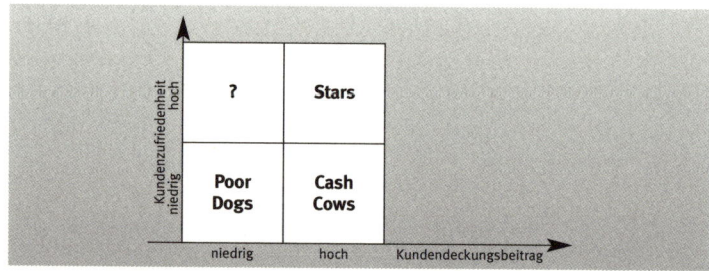

Abb. 6.5: 4-Felder-Kundenmatrix

ZUSAMMENFASSUNG **ÜBUNG**

- Mit Portfolio-Analysen können die Bedeutung und die Investitionswürdigkeit von Kunden unter zweidimensionalen Gesichtspunkten beurteilt werden.
- Mögliche Kriterienkombinationen sind bei operativen Portfolios z. B.: Umsatzwachstum – Lieferanteil, bei strategischen Portfolios z. B. Kundenattraktivität – eigene Position beim Kunden oder Kundendeckungsbeitrag – Kundenzufriedenheit.

> **ZUSAMMENFASSUNG ÜBUNG**
>
> - Überlegen Sie sich weitere Merkmalskombinationen für
>   a) operative Portfolios,
>   b) strategische Portfolios.
> - Worin unterscheiden sich operative von strategischen Portfolios?
> - Was ist der Vorteil operativer Portfolios?

6.2.5 Kundendeckungsbeitrag

Mit der Kundendeckungsbeitragsrechnung wird sichtbar gemacht, welchen Beitrag jeder einzelne Kunde zur Deckung der fixen Kosten und zur Erzielung des Gewinns leistet.

Welchen Beitrag leistet ein Kunde zur Deckung der fixen Kosten und zur Erzielung des Gewinns?

Eine **Kundendeckungsbeitragsrechnung** enthält die folgenden Informationen:

	Bruttoumsatz des Kunden	
−	Erlösschmälerungen	Rabatte, Bonus, Skonto
−	Retouren/Gutschriften	
=	**Nettoumsatz des Kunden**	
−	Herstellkosten (Werksabgabepreis)	
=	**Kundendeckungsbeitrag I**	
−	Kosten der Logistik	Kosten der Warenlogistik/Frachtkosten; auch Kosten der Informations- und Datenlogistik
−	Kosten der Werbung und Verkaufsförderung	Bei Handelskunden z. B. Werbekostenzuschüsse, Kosten der Regalpflege/Merchandising, VKF-Material/Displays, Produktmuster, Proben, Personalschulung usw.
−	Kosten des Vertriebs	Umsatzprovisionen, Prämien, Reisekosten, Bewirtungskosten usw.
−	weitere variable/direkte Kosten des Kunden	z. B. im technischen Bereich: Kosten für Forschung & Entwicklung, Kosten für anwendungstechnische Beratung
=	**Kundendeckungsbeitrag II**	

Abb. 6.6: Inhalt und Aufbau einer Kundendeckungsbeitragsrechnung

Welchen **Nutzen** hat eine Kundendeckungsbeitragsrechnung?
- Sie zwingt, über wirklich alle Kosten nachzudenken, die ein Kunde verursacht, und diese Kosten zusammenzustellen.

- Sie fördert, sich mit den Ursachen von Kosten zu beschäftigen, und zeigt die Ansatzpunkte von Ineffizienzen.
- Sie gibt die Chance auf Einsparungen oder Verlagerung auf andere, als effizienter erachtete Kostenarten.
- Sie lenkt die Betrachtung auf alle Leistungen, die ein Kunde erhält (und kann z. B. die Fixierung auf die Betrachtung von Konditionen relativieren).

ZUSAMMENFASSUNG **ÜBUNG**

Die Kundendeckungsbeitragsrechnung eines Mehrproduktunternehmens, das alle Produkte im gleichen Absatzkanal vertreibt, zeigt folgendes Ergebnis bei Erlösschmälerungen und Herstellkosten:

	Kunde 1	%		Kunde 2	%		Kunde 3	%	
Brutto-Umsatz	100.000	100		150.000	100		180.000	100	
Erlösschmälerungen	12.000	12		15.000	10		27.000	15	
Nettoumsatz	88.000	88	100	135.000	90	100	153.000	85	100
Herstellkosten	35.200		40	33.750		25	76.500		50
Deckungsbeitrag I	52.800		60	101.250		75	76.500		50

- Ordnen Sie die Kunden nach ihrer Bedeutung im Umsatz und ihrer Bedeutung im Deckungsbeitrag I.
- Versuchen Sie Gründe zu finden, warum Erlösschmälerungen derart unterschiedlich hoch sein können.
- Versuchen Sie zu begründen, warum die Herstellkosten unterschiedlich hoch sind.
- Was könnte man im Fall von Kunde 1 und Kunde 3 versuchen, um ggf. die Herstellkosten prozentual zu senken?

6.2.6 Kundenkapitalwert/Customer Lifetime Value (CLV)

Der Wert der Kunden über die erwartete Dauer einer Geschäftsbeziehung wird geschätzt

Der Kundenkapitalwert oder Customer Lifetime Value **dynamisiert die Kundenbetrachtung**, indem der Faktor Zeit in die Betrachtung einfließt. Es wird der „Wert der Kunden über die erwartete Dauer einer Geschäftsbeziehung geschätzt" (Winkelmann 2000. S. 214); denn ein Kunde erhält seinen Kapitalwert für den Anbieter erst über den Zeitraum der Kundenbindung. Wie bei der klassischen Investitionsrechnung werden bei dieser Methode die **erwarteten Ein- und Auszahlungen diskontiert**. Grundlagen sind Erfahrungen und Annahmen über die durchschnittliche Anzahl der Jahre einer Kundenbeziehung.

Die Berechnungsformel für den Customer Lifetime Value lautet (vgl. Fuchs 2000, S. 88; vgl. Link/Hildebrand 1993, S. 55):

$$\text{Kapitalwert} = \sum_{t=0}^{t=n} \frac{e_t - a_t}{(1+i)^t}$$

e_t: (erwartete) Einzahlungen aus der Geschäftsbeziehung in Periode t
a_t: (erwartete) Auszahlungen aus der Geschäftsbeziehung in Periode t
i: Diskontierungsfuß zur Abzinsung auf einen einheitlichen Referenzzeitpunkt
t: Periode (t = 0, 1, 2, ..., n)
n: Dauer der Geschäftsbeziehung

Ist der errechnete Kapitalwert negativ, sollte auf die Kundenbeziehung verzichtet werden. Ein positiver Wert bedeutet, dass der Kunde über die getätigten Auszahlungen hinaus die erwartete Verzinsung und einen Gewinn erwirtschaftet. Nach dieser Methode sollten sich Unternehmen auf die Kunden konzentrieren, die den höchsten Customer Lifetime Value aufweisen.

> Unternehmen sollten sich auf die Kunden konzentrieren, die den höchsten Customer Lifetime Value aufweisen

Der **Vorteil** der Methode liegt darin, den Wert eines Kunden quantifizierbar und damit vergleichbar machen zu können. Der **Nachteil** liegt in der Methode selbst, die z. B. eine Schätzung der kundenspezifischen Zahlungsströme in der Zukunft verlangt. Das ist gerade unter den heutigen wirtschaftlichen Bedingungen sehr schwer.

ZUSAMMENFASSUNG **ÜBUNG**

- Mit der Kundendeckungsbeitragsrechnung wird sichtbar gemacht, welche Kosten ein Kunde verursacht und welchen Beitrag er zur Deckung der fixen Kosten und zur Erzielung eines Gewinns liefert.
- Die Kundenkapitalwertmethode hingegen ist dynamisch, indem der Faktor Zeit in die Betrachtung einfließt. Es wird der Wert des Kunden über die erwartete Dauer der Geschäftsbeziehung geschätzt.

6.2.7 Analyse der Kundenzufriedenheit

Zur Ermittlung von Kundenzufriedenheit gibt es kein allgemein gültiges Rezept oder gar einen universell einsetzbaren Fragebogen. Folgende „Daten" lassen sich jedoch erfassen (vgl. Ramme 2002, S. 443):

- **Analyse der Entwicklung von Umsatz, Deckungsbeitrag, Lieferanteil, Fluktuation bei den Kunden**: Tendenziell steigern zufriedene Kunden den Umsatz. Die Zufriedenheit kann sich in einem guten Deckungsbeitrag äußern, da der Umgang mit den Kunden „einfacher" ist und dadurch weniger Kosten verursacht werden. Der Lieferanteil sollte stabil und tendenziell wachsend, die Kundenfluktuation eher gering sein. Aus Sicht des Unternehmens handelt es sich hier um objektive Messverfahren. Die Kennziffern geben allerdings nur Anhaltspunkte zur Kundenzufriedenheit. Sie gelten nicht als valide (vgl. Töpfer 1999, S. 301).

Bei hoher Kundenzufriedenheit steigt tendenziell der Umsatz

- **Systematische Erfassung und Analyse von Kundenäußerungen z. B. gegenüber den Außendienstmitarbeitern**: Diese Äußerungen müssen in den Besuchsberichten festgehalten und systematisch ausgewertet werden.
- **Befragung der Kunden**: Sie ermöglicht den Grad der Zufriedenheit festzustellen und zeigt, wo die Stärken und Schwächen des Unternehmens absolut und auch im Vergleich zum Wettbewerber sind.

Bei den beiden letzten Methoden handelt es sich um sog. subjektive Verfahren, da sie aus Kundensicht erfolgen (vgl. bzgl. weiterer Methoden zur Messung der Kundenzufriedenheit: Kotler/Bliemel 2000, S. 63 ff.; vgl. Fuchs 2000, S. 22 f.).

Der Wert der Kundenzufriedenheit allein, der z. B. durch einen Fragebogen erhoben wurde, hat noch nicht sehr viel Aussagekraft. Um das Ausmaß und die Entwicklung der Kundenzufriedenheit beurteilen zu können, muss ein Unternehmen Vergleichswerte haben.

Vergleich mit Konkurrenten

Deshalb **vergleichen** Unternehmen ihren eigenen Zufriedenheitswert mit dem des stärksten Konkurrenten. Der Vergleich kann auch mit einem Unternehmen aus einer anderen Branche angestellt werden, das für eine besonders hohe Kundenzufriedenheit bekannt ist. Es wird also ein sog. „Benchmarking" der Kundenzufriedenheit durchgeführt. Über die Kundenorientierung der eigenen Mitarbeiter gibt ein Benchmarking der verschiedenen Abteilungen Aufschluss.

Vergleich im Zeitablauf

Die **Kundenzufriedenheit** muss auch **im Zeitablauf** verfolgt werden. Wie entwickelt sie sich? Bleibt sie stabil, wird sie besser oder werden die Kunden sukzessive unzufrieden und es müssen schnellstens Gegenmaßnahmen ergriffen werden?

Der **Nutzen von Untersuchungen** zur Kundenzufriedenheit besteht hauptsächlich darin:
- Sie überprüfen das Leistungsangebot in regelmäßigen Abständen.

- Sie zeigen die Entwicklung der Qualität des Leistungsangebots im Zeitverlauf.
- Sie helfen frühzeitig Veränderungen der Kundenerwartungen bzw. der Kundenzufriedenheit festzustellen.
- Sie fördern die Durchsetzung und Festigung von internen Qualitätssicherungsprogrammen.
- Sie motivieren die Mitarbeiter.

ZUSAMMENFASSUNG **ÜBUNG**

- Verschiedene Controlling-Instrumente helfen, den Fokus auf den „richtigen" Kunden zu legen.
- Die in der Praxis am häufigsten eingesetzten Instrumente sind die ABC-Analyse und die Kundendeckungsbeitragsrechnung.
- Weitere Instrumente stehen in Form der Portfolio-Analyse, der Kundenzufriedenheits-Analyse und der Analyse des Customer Lifetime Value zur Verfügung.

ZUSAMMENFASSUNG **ÜBUNG**

Versuchen Sie, einen Fragebogen zur Messung der Kundenzufriedenheit zu entwickeln.

6.3 Controlling der Vertriebsergebnisse

Nachfolgend werden zunächst **„klassische" operative Instrumente** besprochen, die in der Vertriebspraxis zur direkten Steuerung und Kontrolle der Verkaufsmannschaft eingesetzt werden. Soweit es das **Ergebnis der Mitarbeiter** anbelangt, sind diese klassischen Instrumente das Berichtswesen, Kennzahlen und Deckungsbeitragsrechnungen. Die **Tätigkeit** und das **Verhalten** des Verkäufers wird durch **Beurteilungssysteme** ermittelt.

Den Abschluss bildet ein kurzer Ausblick auf **„moderne" strategische Steuerungsinstrumente**, das **Benchmarking** und die **Balanced Scorecard**, die mittlerweile ebenfalls in (einigen) Vertriebsorganisationen Einzug gehalten haben.

6.3.1 Berichtswesen

Das Erstellen von Berichten gehört zu den **Standardtätigkeiten** eines Verkäufers. Ziel dieser Berichte ist die **Kontrolle** der Verkäuferleistung, aber auch die **Planung** und **Realisierung** zukünftiger Verkaufsaktivitäten (vgl. Weiss 2000, S. 369). Weiterhin haben Berichte **Informationsfunktion**. In dieser Funktion sollen Berichte Kollegen oder andere Abteilungen über das Kundengespräch und Vereinbarungen mit den Kunden informieren; dies ist insbesondere bei (Groß-)Projekten wichtig, in die viele Abteilungen involviert sind.

Folgende Arten von Berichten lassen sich unterscheiden (vgl. Weiss 2000, S. 369ff):

- **Besuchsberichte**:
  Hiermit dokumentiert der Verkäufer den Erfolg, den sein Besuch bei einem aktuellen oder potenziellen Kunden hat. Die **wichtigsten Informationen**, die in einem Besuchsbericht enthalten sein sollten, sind:
  - das besuchte Unternehmen (einschl. Datum, Uhrzeit und Gesprächsdauer),
  - der/die Gesprächspartner,
  - der Anlass des Besuchs,
  - das Besuchsergebnis,
  - weitere Informationen, z. B. über Wettbewerber, mögliche Reklamationen, neue Projekte, Veränderungen beim Kunden usw.,
  - die nächsten Schritte/„follow up", d. h., wer muss was, bis wann erledigen.

  Für Besuchsberichte gibt es **kein Standardformat**, jedes Unternehmen gestaltet die Formulare nach den individuellen Bedürfnissen.

- **Tagesberichte**:
  Diese geben Auskunft über die Aktivitäten und den Erfolg eines Verkäufers. Sie werden z. B. in der Konsumgüterindustrie oder der Pharmaindustrie erstellt, wenn ein Außendienstmitarbeiter mehrere Handelskunden/Apotheken an einem Tag besucht. Die **wichtigsten Informationen** in einem Tagesbericht sind:
  - Auflistung der besuchten Unternehmen (in Besuchsreihenfolge)
  - Anzahl der Aufträge (manche Besuche sind „Leerbesuche", d. h. es wird kein Auftrag erteilt)
  - Art sonstiger Aktivitäten, die bei dem Kundenbesuch erledigt wurden (z. B. Regalräumen, Display aufstellen, usw.)
  - ggf. Anzahl von Besuchen bei potenziellen Neukunden
  - Anwesenheitszeit beim Kunden
  - Fahrtzeit/zurückgelegte Kilometer

- **Wochenberichte**:
  Diese sind empfehlenswert, wenn
  - der Berichtsinhalt kurz ist,

- nur eine relativ geringe Anzahl von Kunden am Tag besucht werden und
- ein Soll-Ist-Vergleich „Besuchsplan und tatsächlich durchgeführte Besuche" notwendig sind.

- **Spezialberichte**:
  Hierunter können Marktberichte und auch Sonderberichte verstanden werden:
    - **Marktberichte** sollen die Informationen beispielsweise von Marktforschungsinstituten ergänzen und in regelmäßigen Abständen einen Eindruck der Mitarbeiter von der Situation im Markt, Neuprodukten, Wettbewerbsaktivitäten usw. liefern.
    - **Sonderberichte** werden zu speziellen Themen wie z. B. Auswertung von Kundenreklamationen, Kundenvorschlägen usw. erstellt.

Sonderberichte werden zu speziellen Themen wie z.B. Auswertung von Kundenreklamationen, Kundenvorschlägen usw. erstellt

6.3.2 Kennzahlen

Kennzahlen sind verdichtete Informationen über quantifizierbare betriebliche Tatbestände. Sie ermöglichen eine einfache **Kontrolle** von Abläufen und Ergebnissen. Sie unterstützen die **Planung** und werden zur **Steuerung** von Aktivitäten eingesetzt.

Folgende **Arten von Kennzahlen** können unterschieden werden:
- **Absolute Zahlen** (deren Vergleich schwer zu interpretieren ist)
- **Verhältniszahlen**
  - als Prozentsatz, z. B. x % Marktanteil, oder
  - auf Indexbasis, wird meist genutzt, um Veränderungen über einen Zeitraum aufzuzeigen, z. B. „1992: Index 100" – „2002: Index 150"

Einsatzbereiche von Kennzahlen sind:
- **Leistungsvergleiche** (z. B. von Personen, Abteilungen, Unternehmen, Maschinen)
- **Zeitvergleiche** (Gegenüberstellung von Kennzahlen aus verschiedenen Zeiträumen)
- **Soll-Ist-Vergleiche** (Gegenüberstellung von Soll- und Ist-Zahlen aus einem Zeitraum)
- **Ursachenanalyse** (Zerlegung einer Maßzahl in einzelne Komponenten, z. B. Gewinn in Kosten, Preis, Menge)

Kennzahlen sind verdichtete Informationen über quantifizierbare betriebliche Tatbestände

Zur Unternehmensbeurteilung häufig eingesetzte **Kennzahlensysteme** sind das DuPont-System, das ZVEI-Kennzahlensystem und das RL-Kennzahlensystem (vgl. Horvarth 2001, S. 571 ff.).

In der **Vertriebsarbeit** sollen Kennzahlen vor allem zeigen:
- wie Arbeitsweise und Ergebnisse der Verkäufer zu bewerten sind,
- wie die Ergebnisse bei den verschiedenen Kunden untereinander zu bewerten sind,
- inwieweit Verkaufsmöglichkeiten ausgeschöpft sind.

Bei der **Beurteilung der Leistung des einzelnen Verkäufers** z. B. erfolgt die Darstellung der Kennzahlen als:
- **Verkäufer-Verkäufer-Vergleich** oder als
- **Entwicklung bei einem Verkäufer im Zeitablauf.**

Einige typische Kennzahlen, die im Vertrieb eingesetzt werden, sind in nachstehender Tabelle aufgeführt und als Verkäufer-Verkäufer-Vergleich dargestellt (die **fettgedruckten** Zahlen geben bei den beiden Kennzahlen den Rangplatz der Verkäufer an):

Außendienstmitarbeiter	Durchschnittliche Kundenanzahl	Umsatz insgesamt in €	Durchschnittlicher Umsatz in € pro Kunde		Anzahl Besuche pro Tag	Zahl neuer Kunden bezogen auf Gesamtkundenzahl	Durchschnittlicher DB pro Kunde als Prozentsatz vom Umsatz	
Herr A	200	420.000	2.100	4	5,6	20 = 10,0 %	45 %	2
Herr C	210	490.000	2.333	2	5,8	15 = 7,1 %	40 %	4
Frau F	190	480.000	2.526	1	5,2	5 = 2,6 %	50 %	1
Frau J	195	440.000	2.256	3	5,6	5 = 2,5 %	42 %	3
Herr M	205	390.000	1.902	5	5,8	10 = 4,9 %	38 %	5

Abb. 6.7: Beispielhafte Kennzahlen im Vertrieb als Verkäufer-Verkäufer-Vergleich

Um die **Effizienz des Verkäufereinsatzes** zu beurteilen, werden z. B. folgende Kennzahlen benutzt:
- Ø Umsatz je Tag / Ø Kosten je Tag
- Ø Umsatz je Besuch / Ø Kosten je Besuch
- Ø Umsatz je Auftrag / Ø Kosten je Auftrag
- Ø Umsatz je Kunde und Besuch / Ø Kosten je Kunde und Besuch
- Umsatz bzw. Deckungsbeitrag je Verkaufsgebiet
- Besuchszeit je Kontakt usw.

6.3.3 Vertriebsergebnisrechnung

Die **Aufgaben der Vertriebsergebnisrechnung** sind im Wesentlichen (vgl. Weiss 2000, S. 378 ff.):

- Erfassung und Überwachung der für die Vertriebsaufgabe entstandenen Kosten.
- Ermittlung der entstandenen Kosten für die jeweiligen Verkaufssegmente. Verkaufssegmente sind z. B. Kunden, Absatzwege, Verkaufsbezirke, Aufträge usw.
- Feststellung des Bruttogewinns (Deckungsbeitrag) als Beurteilungsinstrument für den Erfolg oder Misserfolg der jeweiligen Verkaufssegmente.
- Verfolgung der Entwicklung der Ergebnisse im Vergleich zur Planung und im Zeitablauf.

Aufgaben der Vertriebsergebnisrechnung

In Kap. 2.5.3 wurde bereits eine Gesamtvertriebsergebnisrechnung nach Kunden bzw. Kundengruppen vorgestellt, in Kap. 6.2.5 eine Deckungsbeitragsrechnung, die das Ergebnis einzelner Kunden zeigt. Analog kann der **Deckungsbeitrag** z. B. für einen einzelnen Verkaufsbezirk oder für Absatzwege/Vertriebsschienen aufgezeigt werden.

ZUSAMMENFASSUNG | ÜBUNG

- Kennzahlen und Verkaufsergebnisrechnungen dienen dazu, die Effizienz und Wirtschaftlichkeit der Vertriebsarbeit nach verschiedenen Kriterien zu überprüfen.
- Kennzahlen werden in der operativen Vertriebsarbeit vor allem eingesetzt, um Verkäufer-Verkäufer-Vergleiche zu erhalten.
- Verkaufssegmentbezogene Ergebnisrechnungen in Form von Deckungsbeitragsrechnungen schärfen das Kostenbewusstsein der Mitarbeiter.

ZUSAMMENFASSUNG | ÜBUNG

- Erläutern Sie das Berichtswesen im Vertrieb.
- Versuchen Sie selbst ein Formular für einen „Besuchsbericht" zu erstellen.
- Nennen Sie Einsatzbereiche von Kennzahlen.
- Entwickeln Sie weitere Kennzahlen, mit denen die Vertriebsarbeit gemessen werden kann.
- Interpretieren Sie die Abbildung 6.7.

> • Wie sieht die Deckungsbeitragsrechnung für einen Verkaufsbezirk/Außendienstmitarbeiter aus? Versuchen Sie möglichst viele Kostenarten zu erfassen.

6.3.4 Beurteilungen

Es interessiert nicht nur, welche Ergebnisse erreicht wurden, sondern auch, wie diese erreicht wurden

Im Vertrieb soll nicht nur gemessen werden, welche Ergebnisse erreicht wurden, sondern auch, wie die Ergebnisse zustande gekommen sind.

Die Vertriebsleitung muss wissen, **was die Verkäufer bei den Kunden machen**. Interessant sind hierfür beispielsweise die folgenden Fragen:
- Wie bereitet der Verkäufer seinen Kundenbesuch vor?
- Wie tritt er bei dem Kunden auf?
- Wie führt er das Verkaufsgespräch?
- Wie ist seine Beratung?
- Was macht er besonders gut und was macht er eher schlecht?
- Repräsentiert er das Unternehmen richtig?
- Setzt er die Verkaufshilfen gezielt ein?

Regelmäßige Verkäuferbeurteilungen ratsam

Zur Beantwortung dieser Fragen empfiehlt es sich, regelmäßig **Verkäuferbeurteilungen** durchzuführen. Solche Beurteilungen haben das **Ziel**:
- eine Verbesserung des Verkäuferverhaltens zu erreichen,
- eine Steigerung der Verkaufsleistung zu verwirklichen
- und Entwicklungsmöglichkeiten bei dem Verkäufer zu erkennen.

Die Verkäuferkontrolle ist auf verschiedene Arten möglich:
- **Selbstkontrolle des Verkäufers**, z. B. indem er regelmäßig eine Checkliste für die Durchführung von Besuchen ausfüllt;
- **Besuchsbegleitung durch den Vorgesetzten**; er kann dem Mitarbeiter unmittelbar Feedback geben.
- **Kundenbefragung**.

An die Beurteilung sollte sich ein Beurteilungsgespräch – evtl. verbunden mit Schulungsmaßnahmen – anschließen

„Die Beurteilung des Mitarbeiters sollte kein Selbstzweck sein, sondern Ansatz zur Verbesserung der Verkäuferleistungen des Beurteilten sein. Aus diesem Grund muss sich an die Beurteilung ein **Beurteilungsgespräch** anschließen." (Weiss 2000, S. 393) Mit dem Beurteilungsgespräch sollten **Maßnahmen** verbunden werden wie Training, Schulung, Selbstbeobachtung usw., die zu einer nachhaltigen Leistungsverbesserung führen.

> **ZUSAMMENFASSUNG** **ÜBUNG**
>
> Sie sind Außendienstmitarbeiter und erwarten zum ersten Mal die Mitreise Ihres Vorgesetzten bei Kundenbesuchen. Sie wissen nicht genau, wie die Beurteilung ablaufen wird. Machen Sie sich Gedanken darüber, worauf sich die Beurteilung beziehen könnte. Entwickeln Sie einen Beurteilungsbogen.

6.3.5 Benchmarking und Balanced Scorecard

Zum Abschluss der Controlling-Instrumente im Vertrieb werden zwei Instrumente vorgestellt, die der strategischen Vertriebssteuerung und -planung zugeordnet sind: Benchmarking und Balanced Scorecard.

Bench Marks sind Höhenfestpunkte zur Ermittlung von topografischen Höhenwerten und Unterschieden in den Höhenwerten.

In diesem Sinn wird unter **Benchmarking** das **Messen der eigenen Leistung** (Performance) **an der Leistung des besten Wettbewerbers** verstanden.

Anstelle des besten Wettbewerbers kann der Leistungsvergleich auch mit einem Unternehmen erfolgen, das für seine herausragende Leistung auf dem speziellen Gebiet bekannt ist. Benchmarking kann auch zum Leistungsvergleich interner Funktionen eingesetzt werden (vgl. Camp 1994, S. 77).

Benchmarking ist im Grunde eine **Weiterentwicklung des Kennzahlenvergleichs** (vgl. Horvarth 2001, S. 569). Entstanden ist es Ende der 80er Jahre bei der Firma Xerox zur Analyse beträchtlicher Herstellungskosten-Unterschiede von Kopierern.

Benchmarking kann auch zum Leistungsvergleich interner Funktionen eingesetzt werden

→ *Benchmarking wird von Unternehmen eingesetzt, die eine objektive Einschätzung ihrer eigenen Leistungsfähigkeit gewinnen wollen.*

Diese Unternehmen wollen gezielt die **Erfahrungen** anderer Unternehmen **nutzen**, um die eigene **Leistung** zu **steigern**. Ganz einfach, aber sehr treffend kann man Benchmarking auch beschreiben als: „Vom Besten lernen, um selbst Spitze zu sein" (Winkelmann 2002a, S. 115).

„Vom Besten lernen, um selbst Spitze zu sein."

Die Betrachtung von Benchmarking erfolgt in der Regel als **Prozessbeschreibung**. Camp konstruiert den Benchmarking-Prozess in fünf Stufen, wobei jede Stufe nochmals in einzelne Schritte unterteilt ist (vgl. Camp 1994, S. 22ff.):

Abb. 6.8: Der Benchmarking-Prozessablauf in fünf Stufen nach Camp (vgl. Dostal 2001, S. 47)

Benchmarking kann im Vertrieb **zur Steuerung und Leistungsverbesserung** eingesetzt werden. (Weiterführende Informationen zum Thema finden Sie beispielsweise in Winkelmann 1999, S. 42, Kuhlmann 2001, S. 346 ff.)

Die **Balanced Scorecard** ist ein Führungs- und Steuerungsinstrument zur **Umsetzung strategischer Ziele in operative Maßnahmen**. Das Konzept der BSC wurde von Kaplan und Norton an der Harvard Business School entwickelt (vgl. Kaplan/ Norton 1997). Entstanden ist die Balanced Scorecard aus der Kritik an den klassischen Kennzahlen.

Nach Schätzungen der Gartner Group nutzten im Jahr 2000 bereits 40 % der Fortune-1.000-Unternehmen das Konzept der BSC. Es handelt sich bei der BSC also nicht um einen vorübergehenden Trend (vgl. Horvarth/Partner 2001, S. 2f).

Was kann die BSC im Einzelnen leisten? Sie dient zur **Bewältigung** folgender **kritischer Managementprozesse**:
- „Klärung und Konsensbildung in bezug auf die Strategie
- Kommunikation der Strategie im gesamten Unternehmen
- Anpassung von abteilungsspezifischen und persönlichen Zielen an die Strategie
- Verknüpfung der strategischen Ziele mit längerfristigen Zielen und Jahresbudgets
- Identifikation und Verknüpfung strategischer Initiativen
- Durchführung von periodischen und systematischen Strategie-Reviews
- Feedback und Lernen über die Verbesserungsmöglichkeiten der Strategie" (Horvarth 2001, S. 265)

> Die Balanced Scorecard ist ein Führungs- und Steuerungsinstrument zur Umsetzung strategischer Ziele in operative Maßnahmen

Die Balanced Scorecard ist also ein Werkzeug zur systematischen Planung von Geschäftsprozessen. Das Besondere an der BSC ist, dass diese Planung verknüpft ist mit Kennziffern, die als konkrete Steuerungsgrößen auf die Unternehmenstätigkeiten einwirken.

Eine BSC besteht zur Wahrung der Übersichtlichkeit in der Regel aus nicht mehr als 25 aufeinander abgestimmten Kennzahlen. Diese beziehen sich auf die Leistungsbereiche/Perspektiven (vgl. Horvarth 2001, S. 266):
- **Finanziell**: Die finanziellen Kennzahlen sollen zeigen, ob die Strategie zu einer Verbesserung des Ergebnisses führt.
- **Kunde**: Hier wird der Blickwinkel des Kunden eingenommen. Es wird ermittelt, wie das Unternehmen aus der Sicht des Kunden eingeschätzt wird.
- **Interne Geschäftsprozesse**: Was muss intern gemacht werden, um die Kundenanforderungen zu erfüllen?
- **Lernen und Entwicklung**: Fähigkeit, sich zu verbessern und Innovationen einzuführen.

Vom Aufbau her folgt eine BSC folgender **Struktur**:
- **Perspektive/Leistungsbereich**, z.B. „Kunden"
- **Ziele**: diese sind konkret zu benennen, z.B. „Kundenzufriedenheit"
- **Kennzahl**: An dieser Stelle wird die Kennzahl festgelegt, durch die das Ziel gemessen/beurteilt werden soll, z.B. „Anzahl zufriedener Kunden"
- **Konkrete Vorgaben**: Festlegung, wie sich die Kennzahl verändern muss, um das Ziel zu erreichen bzw. dem Ziel näher zu kommen
- **Maßnahmen**: Was soll getan werden, um die Vorgabe zu erreichen

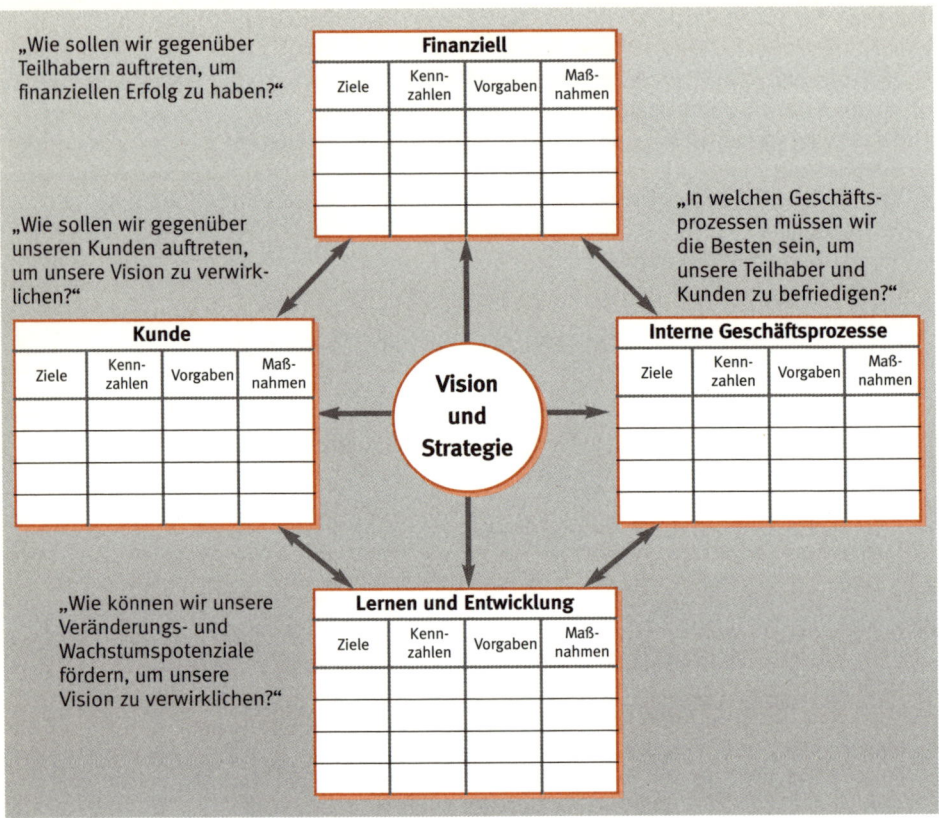

Abb. 6.9: *Die Balanced Scorecard (vgl. Kaplan/Norton 1997, S. 9)*

Wie kann die BSC im Vertrieb eingesetzt werden? Zunächst sind die Zielsetzungen für das gesamte Unternehmen durch das Top Management festzulegen. Man kann auch von einer „generischen" System-Scorecard sprechen.

Auf Basis dieser übergeordneten Scorecard können weitere („Sub")-Scorecards definiert werden. „Die System-Scorecard ergibt sich im Rahmen ihrer Erstellung insbesondere aus einer jeweils zu berücksichtigenden Unternehmensphilosophie, -politik und -kultur. Die Erarbeitung einer System-Scorecard hat die Vermeidung eines ‚Wildwuchses' an Sub-Scorecards zum Ziel" (Werner 2000, S. 14).

Für den Vertriebsbereich könnte beispielsweise die folgende Balanced Scorecard entwickelt werden:

Perspektive	Ziele	Kennzahl	Konkrete Vorgaben	Maßnahmen
Kunden	Kundenzufriedenheit steigern	Anzahl zufriedener Kunden	Steigerung der zufriedenen Kunden um 10% vs. Vorjahr (Messung durch Kundenbefragung)	• Verbesserung der Prozessabläufe bei der Auftragsabwicklung • Einführung eines Beschwerdemanagements • Teambildung Innendienst –Außendienst
Interne Geschäftsprozesse	Schnellere Belieferung der Kunden	Dauer der Auftragsabwicklung	Auftragsabwicklung und Versand innerhalb 1 Tag	• Projektteam • Externe Organisationsberatung • Ergebnisse bis ...
Finanzen	Umsatz mit Neukunden erhöhen	Umsatz Neukunden/Gesamtumsatz	15% Neukundenumsatzanteil	• Einstellung von 2 neuen Mitarbeitern für Neukundenakquisition
Lernen und Entwicklung	Mitarbeiterqualifikation im Bereich Händlerschulung	Fortbildungsmaßnahmen	3 Schulungen im nächsten Geschäftsjahr à 2 Tage	• Erstellen eines Trainingsprogramms • Budgetierung der Kosten
	Mitarbeiterzufriedenheit	Anzahl Gespräche zwischen Key-Account-Management und Verkaufsleitung	Mindestens 4 Gespräche monatlich	• Einführung eines Jour Fix

Abb. 6.10: *Beispielhafte Balanced Scorecard für den Vertrieb*

ZUSAMMENFASSUNG ÜBUNG

- Benchmarking ist der Vergleich der eigenen Leistung mit der Leistung des besten Wettbewerbers bzw. mit einem anderen Unternehmen, das für seine herausragenden Leistungen auf dem Gebiet bekannt ist. Benchmarking kann auch gegen interne Funktionen erfolgen. Benchmarking ist eine Weiterentwicklung des Kennzahlenvergleichs. Mit Benchmarking will das Unternehmen oder z. B. die Abteilung von den Besten lernen, um selbst Spitze zu sein.
- Die Balanced Scorecard ist ein Führungs- und Steuerungssystem zur Umsetzung strategischer Ziele in operative Maßnahmen. Meist werden vier Leistungsbereiche/Perspektiven in das Scorecard-System einbezogen. Nach Kaplan/Norton sind das: die Finanzperspektive, die Kundenperspektive, die Perspektive der internen

Geschäftsprozesse und die Lern- und Entwicklungsperspektive. Ausgehend von einer System-Scorecard für das ganze Unternehmen können Sub-Scorecards für einzelne Funktionsbereiche wie auch den Vertrieb gebildet werden.

ZUSAMMENFASSUNG **ÜBUNG**

- Im Vertrieb soll ein Benchmarking eingeführt werden. Wie gehen Sie vor?
- Entwickeln Sie auf Basis von Abb. 6.10 weitere Ziele, Kennzahlen, konkrete Vorgehensweisen und Maßnahmen für den Vertrieb.

Literaturverzeichnis

Backhaus (1997): Backhaus, K.: Industriegütermarketing. 5. Aufl. München 1997
Bänsch (1998): Bänsch, A.: Verkaufspsychologie und Verkaufstechnik. 7. Aufl., München 1998
Ballhaus/Stippel (1999): Ballhaus J./Stippel, P.: Der Verkäufer als Erfolgsberater. in: Absatzwirtschaft 8/99, s. 68-70.
Becker (1998): Becker, J.: Marketing-Konzeption. 6. Aufl., München 1998
Berne (1994): Berne, E.: Spiele der Erwachsenen. Reinbek 1994
Biehl (2000): Biehl, B.: Mehr Engagement am POS. in: Lebensmittel Zeitung 12 v. 24.3.2000, S. 48-50
Biehl (2001): Biehl, B.: Berater statt Verräumer, in: Lebensmittel Zeitung 10 v. 9.3.2001, S. 41-44
Birker/Birker (2000): Birker G./Birker, K.: Was ist NLP?, 3. Aufl., Reinbek 2000
Blake/Kelly (1994): Blake, R.R./Kelly, R.: Der Kunde steht im Mittelpunkt. München 1994
Blake/Mouton (1988): Blake, R.R./Mouton, J.S.: Besser verkaufen durch GRID. München 1988
Blettner/Knopp/Schmidt (1998):Blettner, K./Knopp, P./Schmidt, A.: Strukturwandel in der Warendistribution. hrsg. von INMIT, Institut für Mittelstandsökonomie an der Universität Trier
Bröckermann(2002): Bröckermann, R.: Entgelte für Vertriebsmitarbeiter. in: Pepels, W. (Hrsg.): Handbuch Vertrieb. München 2002, S. 493-510
Bülow (1999): Bülow, P.: Handelsrecht. 3. Aufl., Heidelberg 1999
Bußmann (1993): Bußmann, W.F.: Lean Selling. Landsberg a.L. 1993
Camp (1994): Camp, R.C.: Benchmarking. München 1994
CDH (2003): Centralvereinigung Deutscher Wirtschaftsverbände für Handelsvermittlung und Vertrieb (CDH) 2003: Daten und Fakten. http://www.cdh.de/g/datenundfakten.html , Stand 21.1.2003
CPM (2003): CPM. Bad Homburg, Homepage, http://www.de.cpm-int.com
CRM Report (2003): CRM-Report 2003 – Die besten Systeme für Vertrieb und Marketing, hrsg. von Sales Business/Schwetz, W., Wiesbaden 2003
Czech-Winkelmann (2002): Czech-Winkelmann, S.: Handbuch Trade-Marketing. Berlin 2002

Czech-Winkelmann (2002a): Czech-Winkelmann, S.: Planung im Vertrieb. In: Pepels, W. (Hrsg.): Handbuch Vertrieb. München 2002, S. 51-66

Dalrymple/Corn/DeCarlo (2001): Dalrymple, D./Corn, W.L./DeCarlo, T.E: Sales Management – Concepts and Cases, 7. Aufl., New York 2001

Dichtl/Schneider (1994): Dichtl, E./Schneider, S.: Kundenzufriedenheit im Zeitalter des Beziehungsmanagement, in: Belz, C./ Schögel, M./Kramer, M. (Hrsg.): Lean Management und Lean Marketing. St. Gallen (Thexis-Verlag) 1994, S. 6-12

Diller (1989): Key-Account Management als vertikales Marketingkonzept, in: Marketing-ZFP, Heft 4, 4. Quartal 1989, S. 213-223

Diller (1993): Diller, H.: Key-Account-Management auf dem Prüfstand. In: Irrgang, W. (Hrsg.): Vertikales Marketing im Wandel. München 1993, S. 49-80

Dostal (2001): Dostal, F.: Der Vertrieb komplexer IT-Dienstleistungen. Diplomarbeit an der FH Wiesbaden

Ehrmann (2002): Ehrmann, H.: Vertriebscontrolling und -budget. In: Pepels, W. (Hrsg.): Handbuch Vertrieb. München 2002, S. 865-898

Enkelmann (2002): Enkelmann, N.: Motivieren statt Monieren. in acquisa, 07/2002, S. 70-71

Festinger (1957): Festinger, L.: A Theory of Cognitive Dissonance. Stanford 1957

Forgas (1994): Forgas, J.P.: Soziale Interaktion und Kommunikation. Weinheim 1994

Frerk (2001): Frerk, T.: Einführung einer Vertriebs- und Tourenplanungs-Software bei Liebherr-Hausgeräte. in: Lose-Blattwerk Verkauf, 6. Folgelfg. Kap. 04.03, Mai 2001, Wiesbaden

Fuchs (2000): Fuchs, W.A.: After Sales Communication. Berlin 2000

Gallup (2002): Gallup GmbH Deutschland, Pressemeldung, Potsdam

Gommes/Zimmermann (1993): Gommes, P./Zimmermann, T. Unternehmensorganisation. 2. Aufl., Frankfurt/New York 1993

Goldmann (2002): Goldmann, H.M.: Wie man Kunden gewinnt. 13. Aufl., Berlin 2002

Häussermann (1983): Häussermann, E.A.: Bezirkseinteilung, wirkungsvolle Kundenklassifizierung und Besuchsaktivität. Landsberg a.L. 1983

Handelsblatt 30.8.2001: Handelsblatt: Gebildete Außendienstler haben mehr. http://www.handelsblatt.com/hbiwwwangebot/fn/ relhbi/sfn/buildhbi/cn/GoArt.../index.htm Stand 16.11.2001

Hassmann (1997): Hassmann, V.: Der Weg zum richtigen CAS-System, in: Verkauf aktuell, http://www.verkauf-aktuell.de/fb0201.htm

Hassmann (1996): Hassmann, V.: Kienbaum-Studie 1996. In: sales profi 10/96, S. 7

Herndl (2001): Herndl, K.: Auf dem Weg zum Profi im Verkauf. Wiesbaden 2001

Homburg/Schneider/Schäfer (2001): Homburg, C./Schneider, J./Schäfer, H.: Sales Excellence. Wiesbaden 2001

Horvarth (2001): Horvarth, P.: Controlling. 8. Aufl., München 2001

Horvarth/Partner (2001): Horvarth & Partner (Hrsg.) Balanced Scorecard umsetzen. 2. Aufl., Stuttgart 2001

Imai (1992): Imai, M.: Kaizen. 7. Aufl., München 1992

Jolson (1974): The Salesman´s Career Cycle. In: Journal of Marketing, Nr. 38, Juli 1974, S. 39-46

Jostock/Dißmann (2003): Jostock, H./Dißmann, J.: Verkürzte Kostenoptik ist ein schlechter Ratgeber. In: Lebensmittelzeitung 3 v. 17.1.2003, S. 50

Kaplan/Norton (1997): Kaplan, R.S./Norton, D.P.: Balanced Scorecard. Stuttgart 1997

Kano (1984): Kano, N.: Attractive Quality and Must-be-Quality. In: Hinshitu: The Journal of the Japanese Society for Quality Control, April 1984, S. 39-48

Kieser (2002): Führung und Vergütung von Vertriebsmitarbeitern im Profit-Center-Konzept. In: Pepels, W. (Hrsg.): Handbuch Vertrieb. München 2002, S. 511-537

Kleinaltenkamp/Fließ (1999): Kleinaltenkamp, M./Fließ, S.: Berufsbilder und Weiterbildungsbedarf im Technischen Vertrieb. Berlin/Heidelberg 1999

Koinecke/Koinecke (1996): Koinecke, J./Koinecke, J.: Mehr Profit im Vertrieb. Landsberg a.L. 1996

Kothes (1999): Kothes, B.W.: Kundenertragswert – Rechnen sich Ihre Kunden? In: Sales Profi 3/99. S. 18-20

Kotler/Bliemel (2001): Kotler, P./Bliemel, F.: Marketing-Management. 10. Aufl., Stuttgart 2001

Kreutzer (1999): Kreutzer, R.T.: Die Basis für den Dialog. In: Absatzwirtschaft 4/1990, S. 104-113

Kroeber-Riel/Weinberg (1996): Kroeber-Riel, W./Weinberg, P.: Konsumentenverhalten. München 1996

Küpper (1995): Küpper, H.-U.: Vertriebs-Controlling. In: Tietz, B./Köhler, R./Zentes, J. (Hrsg.): Handwörterbuch des Marketing. 2. Aufl., Stuttgart 1995, S. 2623

Kuhlmann (2001): Kuhlmann, E.: Industrielles Vertriebsmanagement. München 2001

Kutzschenbach (1997): Kutzschenbach, C. v.: Zwischen Wunsch und Wirklichkeit. In: sales profi 5/97, S. 8-17

Lenfers/Siepe (2002): Lenfers, H./Siepe, A.: Herausforderung: Führung – Der Vorstand als Coach, Thema des Monats Mai 2002, http://www.die-trainer.de/a_aktu/archiv/02/thema0502.html

Link/Gerth/Voßberg (2002): Link, J./Gerth, N./ Voßbeck, E.: Marketing-Controlling. München 2002

Link/Hildebrand (1993): Link, J./Hildebrand, V.: Database Marketing und Computer Aided Selling. München 1993

Meffert (1994): Meffert, H.: Marketing-Management: Analyse, Strategie, Implementierung. Wiesbaden 1994

Meffert (1998): Meffert, H.: Marketing: Grundlagen marktorientierter Unternehmensführung, 8. Aufl., Wiesbaden 1998

Mierzwa (2002): Mierzwa, M.: Kundenzufriedenheit verstehen und effektiv steigern. In: Direkt Marketing 7/2002, S. 10-15

Molcho (1983): Molcho, S.: Körpersprache. München 1983

Mühlberger (1997): Mühlberger, A.B.: Karten-Software erobert den Vertrieb. In: Sales profi 9/1997, S. 26-32

Müller (2001): Müller, M.: Management des Vertriebs – Gestaltung der Vertriebsorganisation. Vortrag gehalten an der FH Wiesbaden am 6.11.2001

o.V. (2001): Grundlagen CAS-Software: So unterstützen Sie Ihren Vertrieb. In: CRM Forum, http://www.crmforum.de/ grundlagen/CAS_software

o.V. (3/2003): Vertriebseffizienz. In: Absatzwirtschaft 3/2003, S. 49

Pepels (1999): Pepels, W.: Partialmodelle des organisationalen Beschaffungsverhaltens. In: Pepels, W. (Hrsg.): Käuferverhalten. Troisdorf 1999, S. 205-228

Pepels (2002): Pepels, W.: Stellenwert des Vertriebs in Literatur und Praxis. In: Pepels, W. (Hrsg.): Handbuch Vertrieb. München 2002, S. 1-9

Pepels (2002 a): Pepels, W.: Grundlagen Vertrieb. München 2002

Peter (1999): Peters, S.I.: Kundenbindung als Marketingziel. 2. Aufl., Wiesbaden 1999

Prittwitz (2001): Prittwitz, J.B.v.: Umfrage: Training – Methodenmix am sinnvollsten. In: acquisa 12/2001, S. 76-78

Puhlmann (1998): Puhlmann, H.: Ein Job zum Älterwerden. In: Lebensmittel Zeitung 12 v. 20.3.1998, S. 30-40

Rackham (1996): Rackham, N.: SPIN Selling. New York 1996

Ramme (2002): Ramme, I.: Kundenzufriedenheit und Kundenbindung. In: Pepels, W. (Hrsg.): Handbuch Vertrieb. München 2002, S. 437-452

Schneider (2002): Schneider, A.: Die Zukunft des Vertriebs. In acquisa 8/2002, S. 60-64

Schwetz (2000): Schwetz, W.: Customer Relationship Management. Wiesbaden 2000

Sidow (2000): Sidow, H.D.: Key Account Management. 6. Aufl., Landsberg a.L. 2000

Specht (1998): Specht, G.: Distributionsmanagement. 3. Aufl., Stuttgart 1998

Stanton/Spiro (1999): Stanton, W.J./Spiro, R.: Management of a Sales Force. 10. Aufl., Irwin McGraw-Hill 1999

Stauss/Seidel (2002): Stauss, B./Seidel, W.: Beschwerdemanagement. 3. Aufl., München 2002

Strohkendl (2002): Strohkendl, M.: Elektronische Hilfsmittel zur Steigerung der Effizienz im Außendienst. Diplomarbeit an der FH Wiesbaden 2002

Super/Sverko/Super (1995): Super, D.E./Sverko, B./Super, C.M.: Life Roles, Values, And Careers. Verlag Jossey-Bass, Inc. 1995

Töpfer (1999): Töpfer, A.: Die Analyseverfahren zur Messung der Kundenzufriedenheit und Kundenbindung. In: Töpfer, A. (Hrsg.): Kundenzufriedenheit – messen und steigern, 2. Aufl., Neuwied 1999, S. 299-370

Ulsamer (1995): Ulsamer, B.: Macht oder Kooperation. In: Management & Seminar 4/95, S. 21-23

Ulsamer/Blickhan (1995): Ulsamer, B./Blickhan, C.: NLP für Einsteiger. 8. Aufl., Offenbach 1995

Webster/Wind (1972): Webster, F. E./Wind, Y.: Organizational Buying Behaviour. New Jersey 1972

Werner (2000): Werner, H.: Die Balanced Scorecard im Supply Chain Management/Teil II, in: Distribution 5/2000, S. 14-15

Weiss (1998): Weiss, H.C.: Verkaufsgesprächsführung. 3. Aufl., Ludwigshafen 1998

Weiss (2000): Weiss, H. C.: Verkauf. 5. Aufl., Ludwigshafen 2000

Wiefels (1976): Wiefels, J.: Handelsrecht I. Heidelberg 1976

Wilson (1975): Wilson, M. T.: Verkaufsaußendienst. 3. Aufl., Landsberg a. L. 1975

Winkelmann (1999): Winkelmann, P.: Benchmarking und CAS/CRM – Perfekts Frühwarn-System. In: Sales Profi 6/1999, S. 40-44

Winkelmann (2000): Winkelmann, P.: Vertriebskonzeption und Vertriebssteuerung. München 2000

Winkelmann (2002): Winkelmann, P.: Vertriebsautomatisierung – Stand und Ausblick. In: Pepels, W. (Hrsg.): Handbuch Vertrieb. München 2002

Winkelmann (2002a): Winkelmann, P., Marketing und Vertrieb. 3. Aufl., München 2002

Witt (1996): Witt, J.: Prozessorientiertes Verkaufsmanagement. Wiesbaden 1996

Wittenhagen (2002): Wittenhagen, J.: Die Einsamkeit des Großflächenverkäufers. in: LZ 40 v. 4.10.2002, S. 41-43

Wöhe (1993): Wöhe, G.: Einführung in die Allgemeine Betriebswirtschaftslehre, 18. Aufl., München 1993

Abkürzungsverzeichnis

B2B	Business to Business	**GIS**	Grafische Informationssysteme
B2C	Business to Consumer		
BDI	Bundesverband der Deutschen Industrie	**GVL**	Gebietsverkaufsleiter
		HGB	Handelsgesetzbuch
BetrVG	Betriebsverfassungsgesetz	**KAM**	Key-Account-Management
BGB	Bürgerliches Gesetzbuch	**KKV**	komparativer Konkurrenzvorteil
BSC	Balanced Scorecard	**LAN**	Local Area Network
C2C	Consumer to Consumer	**LEH**	Lebensmitteleinzelhandel
CAS	Computer Aided Selling		
		MHD	Mindesthaltbarkeitsdatum
CDH	Centralvereinigung deutscher Wirtschaftsverbände für Handelsvermittlungen	**NLP**	Neurolinguistisches Programmieren
		PDA	Personal Digital Assistant
CLC	Customer Life Cycle (Kundenlebenszyklus)	**POS**	Point of Sale
		PR	Public Relations
		S	Sender
CLV	Customer Lifetime Value (Kundenkapitalwert)	**SMAC**	specific, measurable, achievable, consistent
CRM	Customer Relationship Management	**SRM**	Supplier Relationship Management
DB	Deckungsbeitrag	**SWOT**	Strengths, Weaknesses, Opportunities, Threats
E	Empfänger		
ECR	Efficient Consumer Response	**TQM**	Total Quality Management
EDI	Electronic Data Interchange	**USP**	Unique Selling Proposition
EU	Europäische Union		

Stichwortverzeichnis

A

ABC-Analyse 209 ff.
Ablauforganisation 76, 82 ff.
Absatzmittler 9
Absatzweg 9
Absatzwegepolitik 9
Abschlusstechnik 171
Adams 129
After-Procurement-Phase 103
After-Sales 9
After-Sales-Phase 116 ff.
Akquisitorischer Vertrieb 8
Aktionsabsprachen 49
Aktionsdurchführung 49
Aktionsüberwachung 49
Analyse der Vertriebssituation 17 ff.
Angebot 112 f.
Angebotsformen 112
Anreizsystem, immaterielles 133
Anreizsystem, materielles 133
Anreizsysteme 133
Anteil-je-Produkteinheit-Methode 39
Arbeitslastverfahren 56
Arbeitszeitgestaltung 133
Artefakte 162, 180
Aufbauorganisation 76 ff.
Auftragsabwicklung 114 ff.
Auftragserteilung 114
Ausgabenorientierte Methode 39
Außendienstmitarbeiter 48 ff., 132
Außendienstmitarbeiter, Tagesablauf eines 53
Außendienstorganisation 55 ff.
Außenringverfahren 71

B

Balanced Scorecard 111, 228 ff.
Bedürfnispyramide 129
Benchmark 158
Benchmarking 227 ff.
Beratungsfunktionen 48
Bereich, nonverbaler 162
Berichtswesen 221
Berufslebenszyklus 131
Beschwerdemanagement 117
Besuchsberichte 222
Besuchsfrequenz 57
Besuchshäufigkeit 57
Besuchsplanung 57
Besuchstage 58
Besuchsvorbereitung 162
Betriebsrat 61, 149
Beurteilungen 226
Bottom-up 38
Buying Center 106 ff.

C

Cafeteriasystem 133 f.
CAS 193
CLC 208
CLV 218
Computer Aided Selling 193 ff.
Confirmations/Disconfirmations-Paradigma 119
Controlling im Vertrieb 206
CRM 12
Cross-Selling 163
Customer Life Circle 208
Customer Lifetime Value 218
Customer Management Process 100
Customer Service 74

Customer-Relationship-
  Management 12
Customer-Teams 46

D
Deckungsbeitrag 225
Degressive Provision 143 f.
Dissonanzen, kognitive 116
Distribution, physische 8
Distributionspolitik 8
Down-up 38

E
ECR 27
Efficient Consumer Response 27
Einfirmenvertreter 88
Einkäufertypen 113
Einwandbehandlung 170
Einwegabsatz 9
Elektronische Verkaufshilfen 189
E-Mail-Dienstleister 86
Emotionen 127
Equity-Theorie 129
Ergebnisplan 34
Erwartungsvalenztheorie 130
Events 55, 133

F
Feldorganisation 31, 53 ff.
Festgehalt 143
Fragearten 168
Fragetechniken 168
Führungsrichtlinien 28
Funktionaler Sinn, Vertrieb im 8

G
Gebietskarten-Software 65
Gebietsverkaufsleiter 45
Geldprämien 149

Geografische Informationssysteme 65
Gesprächsführung 167
Gewinnvergleichsrechnungen 91
GIS 65
Gleichheitstheorie 129
Grenzen des Verkaufsbezirkes 63
Größe des Verkaufsbezirkes 63

H
Handelsmarken 20
Handelsvertreter 87
Handelsvertretervertrag 91
Handelsvertretungen 87 ff.
Herzberg 129
Hygiene-Faktoren 129

I
Immaterielles Anreizsystem 133
Incentive 135
Informationssysteme, geografische 65
Innendienst 73 ff.
Institutioneller Sinn, Vertrieb im 8
Interaktionsprozesse 111

J
Jahresgesprächsfolder 184

K
Kano-Modell 120
Kennzahlen 223
Key-Account-Management 42 ff.
Key-Account-Manager 42
Key-Account-Manager, regionaler 45
Kognitive Dissonanzen 116
Kognitive Prozesse 127

Kommunikation, nonverbale 180
Kommunikationsinstrumente 105
Konkurrenzorientierte Methode 39
Kontaktanbahnung 105
Kontaktaufnahme 105 ff.
Körpersprache 162, 180
Kostenbudgets 39
Kritisches Umsatzniveau 92
Kuchenprinzip, Tourenplanung nach dem 68
Kundenanfrage 112
Kundenbearbeitung, Organisation der 27 ff.
Kundenbedürfnisse 109 f.
Kundenbesuchs-Management 162
Kundenbindung 116, 119, 121
Kunden-Controlling 207 ff.
Kundendeckungsbeitrag 217
Kundendeckungsbeitragsrechnung 217
Kundendienst 116
Kundenkapitalwert 218
Kundenlebenszyklus 208
Kundenloyalität 121
Kundenmanagement-Prozess 100 ff.
Kundenorientierung 12 ff., 121
Kundenplan 30
Kundenportfolio 213
Kundenqualifizierung 207
Kundenstatus 207 f.
Kundenzufriedenheit 16, 119, 121, 219

L

Lage eines Verkaufsbezirkes 64
Leistungsbedingungen 128

Leistungsbereitschaft 128
Leistungsfähigkeit 128
Lieferantenmanagement-Prozess 100
Lineare Provision 143 f.
Linienfunktion 45
Listungsdurchsetzung, physische 49
Loyalitätsleiter 207

M

Make or Buy 85
Make-or-Buy-Strategie 27
Managementaufgaben der Vertriebsleitung 16 ff.
Marketingplanung, operative 9
Marketingplanung, strategische 9
Maslow 129
Materielles Anreizsystem 133
Matrixform 45
McGregor 129
Mehrfirmenvertreter 88
Mehrwegabsatz 9
Mehrwochentouren 70
Merchandiser 50
Merchandising 50
Methode, ausgabenorientierte 39
Methode, konkurrenzorientierte 39
Mitarbeiterentwicklung 155 ff.
Mitarbeitertraining 155 ff.
Motivation 126 ff.
Motivations- und Förderungsplan 32
Motivationsinstrumente 133
Motivationsstrategie 28
Motivationstheorien 129, 132
Motivatoren 129
Multifaktoren-Analyse 209 ff.

N

Nachkaufphase 116
Nachkauf-Service 116
Neuproduktvorstellung 49
Neurolinguistische Programmierung 162, 177
NLP 177 ff.
Nonverbale Kommunikation 180
Nonverbaler Bereich 162

O

Operationale Tourenplanung 67
Operative Marketingplanung 9
Organisation der Kundenbearbeitung 27
Organisation der Vertriebsabteilung 28
Organisationsplan 32
Outsourcen 85

P

Personalplan 32
Physische Distribution 8
Physische Listungsdurchsetzung 49
Platzierung 50
Portfolio-Analyse 213 ff.
POS-Aktivitäten 20
POS-Manager 48
Prämien 146
Preferred supplier position 16
Pre-Procurement-Phase 103
Pre-Sales 8
Pre-Sales-Phase 105 ff.
Procurement-Phase 103
Programmierung, neurolinguistische 162, 177
Progressive Provision 143 f.
Provision 89, 143
Provision, degressive 143 f.

Provision, lineare 143 f.
Provision, progressive 143 f.
Prozent Vertriebskosten/Umsatz 59
Prozent-vom-Umsatz-Methode 39
Prozesse, kognitive 127

Q

Qualifikationen 156

R

Regalservice 50, 54
Regionaler Key-Account-Manager 45
Reisender 87
Rentabilität 122
Routenplanung 66 ff.

S

Sachprämien 137, 149
Sales 8
Sales-Phase 111 ff.
Salesfolder 184 ff.
Sales-Service-Agenturen 50
Schnittstellenprobleme 82
Schulung 153
Selektionsstrategie 9
Selling Center 107
Service-Organisationen 95 ff.
Shopperverhalten 20
SMAC-Regel 26
SPIN-Methode 166
Sprungtourenverfahren, Tourenplanung nach dem 69
Stimulierungsstrategie 27
Strategische Marketingplanung 9
Strategische Tourenplanung 67
Supplier Management Process 100
SWOT-Analyse 24

T

Tagesablauf eines Außendienstmitarbeiters 53
Tagesberichte 222
Teamverkauf 75
Tele-Sales Organisationen 86
Theorie XY 129
Top-down 38
Tourenplanung 66 ff.
Tourenplanung nach dem Kuchenprinzip 68
Tourenplanung nach dem Sprungtourenverfahren 69
Tourenplanung, operationale 67
Tourenplanung, strategische 67
Trade Marketing 19
Training 153
Trainingsbedarf 158
Trainingsmethoden 159
Trainingsprogramme 157
Transaktions-Analyse 173 ff.
Travelling Salesman Problem 71
Triebe 127
TSP 71

U

Umsatzniveau, kritisches 92
Umsatzplanung 37

V

Vergütung 139 ff.
Vergütungsstrategie 28
Verkauf 8
Verkäuferbeurteilungen 226
Verkäufertypen 114
Verkäufer-Verkäufer-Vergleich 224
Verkaufsbezirk, Grenzen des 63
Verkaufsbezirk, Größe des 63
Verkaufsbezirk, Lage eines 64
Verkaufsbezirke 62 ff.

Verkaufschance 110
Verkaufsförderer 54
Verkaufsformel 164
Verkaufsgebiet 62
Verkaufsgespräch 161 ff.
Verkaufsgitter 113
Verkaufshandbuch 184
Verkaufshilfen 184 ff.
Verkaufshilfen, elektronische 189
Verkaufskampagnen 38
Verkaufsunterstützung 38
Verkaufswettbewerbe 133, 136
Vertragliche Vertriebsbindungssysteme 9
Vertragsabschluss 114
Vertrieb 8
Vertrieb im funktionalen Sinn 8
Vertrieb im institutionellen Sinn 8
Vertrieb, akquisitorischer 8
Vertriebsabteilung, Organisation der 28, 76 ff.
Vertriebsbindungssysteme, vertragliche 9
Vertriebscontrolling 206, 221 ff.
Vertriebsergebnisrechnung 224 f.
Vertriebsleitung, Managementaufgaben der 16
Vertriebslinie 20
Vertriebsmanagement 9
Vertriebsorganisation 44 ff.
Vertriebsplan 29 ff.
Vertriebsressourcenplan 32
Vertriebsschiene 20
Vertriebssituation, Analyse der 17 ff.
Vertriebsstrategie 27 ff.
Vertriebstagung 136
Vertriebsziele 24 ff.
Vroom 130

W

Werbedamen 54
Wettbewerbsregeln 137
Wochenberichte 222
Work-Life-Balance-Programm
　133 f.

Z

Ziel-und-Aufgaben-Methode
　37
Zusatzverkäufe 163
Zweifaktorentheorie 129
Zweitplatzierung 50

Cornelsen

12 x kurz und gut:

Berning
Prozessmanagement und Logistik
ISBN 3-464-49511-6

Berning
Grundlagen der Produktion
ISBN 3-464-49513-2

Birker
Einführung in die Betriebswirtschaftslehre
ISBN 3-464-49501-9

Czech-Winkelmann
Vertrieb
ISBN 3-464-49523-0

Danne/Heider-Knabe
Personalwirtschaft
ISBN 3-464-49532-9

Danne/Keil
Wirtschaftsprivatrecht I
2. aktualisierte Auflage
ISBN 3-464-49506-X

Danne/Keil
Wirtschaftsprivatrecht II
ISBN 3-464-49507-8

Erke
Grundlagen der modernen Makroökonomik
ISBN 3-464-49521-3

Lohse
Allgemeine Steuerlehre, Steuern auf Umsatz und Gewerbeertrag
ISBN 3-464-49517-5

Lohse
Steuern auf Einkommen und Erbschaft
ISBN 3-464-49519-1

Uhe
Operatives Marketing
ISBN 3-464-49504-3

Uhe
Strategisches Marketing
ISBN 3-464-49503-5

Cornelsen Studien-Bausteine Wirtschaft bereiten Sie optimal auf Ihre Prüfungen im Wirtschaftsbereich vor.

Cornelsen Verlag
14328 Berlin
www.cornelsen.de

Mit Deckungsbeitrag ohne Aufpreis!

In diesem Buch werden alle gängigen Systeme und Verfahren der Kosten- und Leistungsrechnung vorgestellt und in Beispielrechnungen angewendet. Auch die neueren Entwicklungen werden beschrieben. Viele Grafiken erleichtern das Verständnis, die umfangreiche Formelsammlung am Ende des Buches ermöglicht einen gut strukturierten Schnellzugriff.

Frank Baum
Kosten- und Leistungsrechnung

176 Seiten, kartoniert
ISBN 3-464-49509-4

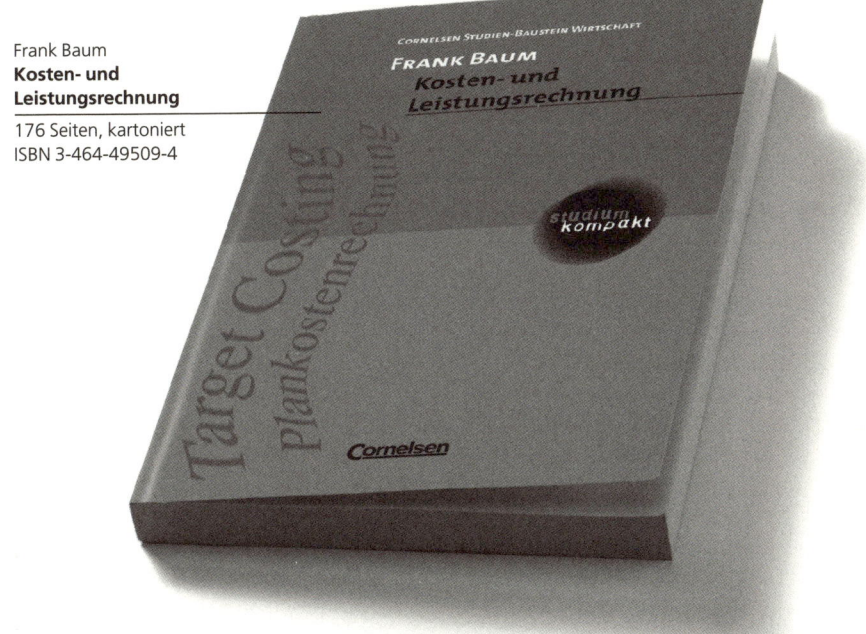

Erhältlich im Buchhandel. Weitere Informationen zur Reihe **Cornelsen Studien-Bausteine Wirtschaft** gibt es im Buchhandel oder direkt beim Verlag.

Cornelsen Verlag
14328 Berlin
www.cornelsen.de